◆統計ライブラリー◆

回帰分析

新装版

佐和隆光
［著］

朝倉書店

本書は，統計ライブラリー『回帰分析』（1979年刊行）を再刊行したものです．

はしがき

数多くある統計手法のうち，もっとも実用に供されることの多いのが，回帰分析(regression analysis)である．その応用領域は，自然諸科学，工学から人文・社会諸科学に至るまで，はなはだ広範囲に及んでいる．また，その歴史も古く，19世紀初頭のガウスによる最小2乗法の発見にまで遡れる．実際，回帰分析の理論の大まかな骨子は，今から150年ほど前に，天文学や測地学への応用を旨として，ガウスによって形づくられた．その後，生物学，農学，経済学等へと次第に応用領域を広げるとともに，理論面での彫琢と精緻化がなされてきた．純理論的には，線形代数と十分統計量の一般理論にもとづいて，線形回帰分析の理論は，きれいに体系化されている．だがしかし，回帰分析の応用を目指す者にとっては，理論体系の美しさを賞玩してすますわけにはいかない．

統計学のこの分野における，過去十数年間の動向を振り返ってみると，大別して二つの流れが認められる．ひとつは，線形回帰の理論を抽象代数的に再構成して，より一層の精緻化を目指す立場である．いまひとつは，いわゆる「データ解析学派」の主導のもとに，推測統計的枠組みにしばられることなく，残差分析や非線形問題などを，プラグマティックに取り扱おうという立場である．様々な新しい手法が提案され，計算プログラムが開発され，広く実用に供されている．

本書では，こうした最近の研究動向をふまえた上で，理論面での自己完結性(self-sufficiency)をねらうとともに，データ解析学派の研究成果の積極的導入をはかった．つまり前半部において，線形代数と数理統計の一般理論をベースに，線形回帰分析の理論を，ほぼ完全な証明つきで展開する．そして後半部において，回帰モデルの妥当性を診断するための方法，モデル改善のためのてだて，等々のプラクティカルな手法について述べる．前半部と後半部が，木に竹を接いだかのようにならないよう，私なりに工夫をこらしたつもりである．もちろん，回帰分析に関連する，ありとあらゆる手法を，200ページ足らずの本書に網羅することは望むべくもない．紙幅の都合で割愛せざるをえなかったものも少なくない．どこまで成功しているかは別として，回帰分析の理論と応用にかんする中級程度のテキストブックに，「何を書き何を書くべきでないか」について，私なりに細心の気配りをしたつもりである．また，読者の理解をたすけるために，数値例や応用例をなるたけ多く盛りこむように努めた．

本書の構成については，第1章の終りに書いたので，ここでの再述はさけたい．

本書を執筆する過程で，多くの方々から，ひとかたならぬお世話をこうむった．原稿と校正刷りを精読され，いくたの的確なコメントと議論を提供してくださった片岡佑作(京都産業大学)，加納悟(横浜国立大学)の両氏には，この場をかりて，あつく御礼を申しあげたい．また，筆者が統計学を学び始めて以来の恩師である竹内啓先生には，本書の執筆を思いたった頃から，折にふれて数数の有益な助言を賜った．あつく謝意を表したい．最後に，すみずみまで心を配って本書の刊行にあたられた，朝倉書店の編集部の方々に，心からの感謝の気持ちを表する次第である．

1979年3月　京都紫野にて

佐　和　隆　光

目　　次

1. 回帰分析への誘い

人間社会や自然現象における，多少とも複雑な事象を統計解析しようとすれば，個々の変量を個別にとりあげて分析するだけでは不十分である．そのためには，複数個の変量（多変量）間の関係のあり方を総括的に分析する必要にせまられることが多い．この本のテーマである回帰分析（regression analysis）とは，多変量間の関係を解析するための，もっとも基本的な統計手法のひとつにほかならない．

多変量間の関係を解析するための統計手法一般のことを，通常，多変量解析法（multivariate analysis）という．近年，電子計算機の発達にたすけられて，多変量解析法の応用は，すこぶる盛んである．なかでも回帰分析が，もっとも広く実用されている．自然科学であれ人文・社会科学であれ，多変量のあいだの因果関係や相互依存関係を解析する必要に迫られることが，多いからであろう．また回帰分析は，“予測”という営みとも大いに関わっている．私たちは常日頃，意識するとしないにかかわらず，回帰分析のお世話になっている．病気の診断，天気予報，選挙予測，景気予報，等々の背後には，陰に陽に，回帰分析が控えているのである．

回帰分析の理論と応用について詳しく説くのが，言うまでもなく，この本のねらいである．回帰分析のすべてを習得するには，最後のページまで読みきって頂くほかないけれども，まずはじめにこの章で，回帰分析というものの鳥瞰的スケッチを試み，初学者のための誘いとしたい．すでに初歩的な回帰分析にお馴じみの読者は，この章をとばして，第2章から始められても一向にさしつかえない．

1.1 2変数回帰

1.1.1 相関と関係

まずはじめに，2個の変量間の関係について考えてみよう．たとえば，身長と体重，血圧と年齢，所得と知能指数，夫の年齢と妻の年齢，(体積一定の気体の)温度と圧力，施肥量と収穫高，入試の成績と入学後の成績，等々．これらの2変量間には，なんらかの“関係”が存在するであろうことを，誰もが知っている．しかし，“関係”の中味は多種多様である．たとえば(体積一定の)気体の温度と圧力は，測定誤差を別にすれば，「2変量の積が一定値に等しい」というエクザクトな関係で結ばれる．身長と体重のあいだに，そうした厳密な関係が存在するとは誰も思わない．しかし，「身長の高い人は総じて体重も重かろう」という“傾向”としての相関関係が存在することはまちがいない．一般に，2個以上の変量が「かなりの程度の規則正しさをもって，増減をともにする関係」のことを**相関**(correlation)関係という．所得とIQの間にも，やはり一方が高ければ他方も高かろう，という共変的傾向が認められるであろう．だからといって「IQの差が所得格差を決める」と結論するのは，いささか速断である．2変量が相関しているからといって，ただちに一方の変量が他方の変量を決定する，という一方向の因果関係を帰納するのは誤りである．もちろん，相関関係の存在が，因果関係の存在を確証するための有力な拠りどころとなることは確かである．

見せかけの相関(spurious correlation)ということも，しばしば起こりがちである．たとえば，「血圧と所得の間に正の相関がある」という命題は，おそらく統計的に真であろう．しかし，これらの2変量の間には，体重と身長のような(同じ個体のサイズを2種類の尺度で測るという)直接的相関関係は認められないし，いわんや一方が原因で他方が結果という因果的関係もありそうにない．日本のような年功序列賃金の国では，所得は年齢と正の相関をもち，また一般に，血圧と年齢との間にも正の相関が存在すると考えられる．その結果として，個人の所得と血圧の間に正の相関が認められることになるのであろう．

以上に述べたように，2個の変量が相関しているということは，両者の間に何らかの“関係”が存在していることを，たんに示唆するにすぎない．それが因果関係なのか，あるいは第三の変量を介しての見せかけの相関なのかは，つまるところ，(所与のデータ以外の)先験情報にもとづいて判断すべき問題である．また，統計学でいうところの相関関係は，「線形な共変関係」という限定的な意味につかわれることが多い．したがって，「関係はあっても相関はない」というケースも，間々ありうることに注意しておこう．

1.1.2 相関係数

2変量 X と Y にかんする n 個の観測値 (x_i, y_i) $(i=1, 2, \cdots, n)$ が与えられたとしよう．2変量間の“関係”を記述するための，もっとも基本的な統計量は**相関係数**(correlation coefficient)

$$r=\frac{s_{xy}}{s_x s_y} \tag{1.1}$$

である．ただし

$$\begin{aligned} &s_{xy}=n^{-1}\sum_{i=1}^{n}(x_i-\bar{x})(y_i-\bar{y}), \\ &s_x{}^2=n^{-1}\sum_{i=1}^{n}(x_i-\bar{x})^2, \qquad s_y{}^2=n^{-1}\sum_{i=1}^{n}(y_i-\bar{y})^2, \\ &\bar{x}=n^{-1}\sum_{i=1}^{n}x_i, \qquad \bar{y}=n^{-1}\sum_{i=1}^{n}y_i \end{aligned} \tag{1.2}$$

である．r の絶対値が1を超えないことを，次のようにして示すことができる．任意の実数にたいして

$$t^2 s_x{}^2-2ts_{xy}+s_y{}^2=n^{-1}\sum\{(y_i-\bar{y})-t(x_i-\bar{x})\}^2\geq 0 \tag{1.3}$$

が成りたつ．このことは，左辺の2次関数の判別式が非正であることを意味する，すなわち

$$s_{xy}{}^2-s_x{}^2 s_y{}^2\leq 0. \tag{1.4}$$

これは $r^2\leq 1$，すなわち $|r|\leq 1$ を意味する．$|r|=1$ となるのは判別式がゼロのとき，すなわち (1.3) の左辺をゼロにするような実数 t が存在する場合である．すなわち

$$y_i-\bar{y}=t_0(x_i-\bar{x}), \qquad i=1, 2, \cdots, n \tag{1.5}$$

となる実数 $t_0(\fallingdotseq 0)$ が存在する場合にかぎり，$|r|=1$ となる．別の言葉でいいかえれば，n 個の観測値が一直線上に並ぶときにかぎり，$|r|=1$ となる．$t_0>0$ のとき $r=+1$ となり，$t_0<0$ のとき $r=-1$ となる．

表 1.1　数値例 1

首回り (X)	腕の長さ (Y)
38	81
40	82
34	78
41	81
34	75
38	79
42	83
36	79
35	77
39	80

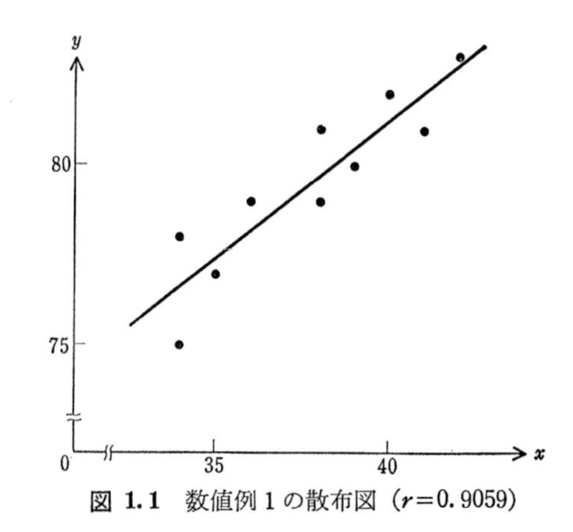

図 1.1　数値例 1 の散布図 ($r=0.9059$)

表 1.2　数値例 2

施肥量 (X)	収穫高 (Y)
10	9.5
20	12.0
30	14.5
40	16.0
50	16.0
60	17.5
70	18.0
80	19.0
90	19.0
100	19.5

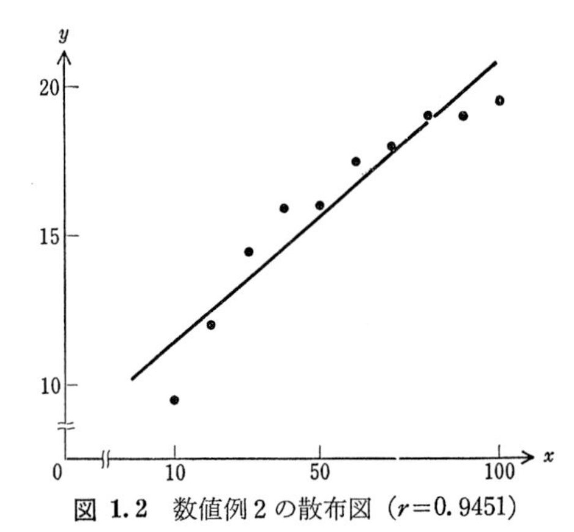

図 1.2　数値例 2 の散布図 ($r=0.9451$)

以上の演算から明らかなように，相関係数によって測れるのは，線形な関係からの乖離の程度であって，より広義の(非線形をも含めた)関係の尺度とはなりえない．散布図が図 1.1 のようになるとき，X と Y の関係は線形に近く，相関係数によって関係の強弱を測るのは妥当である．他方，散布図が図 1.2 のようであれば，X と Y の関係が非線形である可能性が高く，この場合，相関係数は適切な関係の尺度とはなりえない．

「関係の尺度」としての相関係数には，上に述べたような限界があるけれども，適当に工夫をこらすことによって，その適用範囲を拡げることができる．たとえば，表 1.2 の変量 X と Y を対数変換(各変量の対数をとる)して，あら

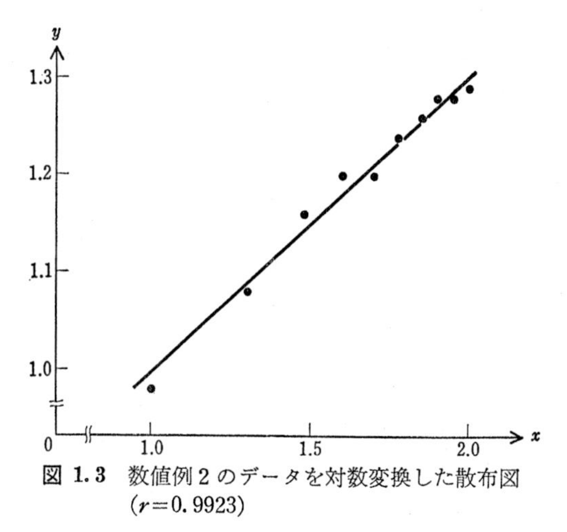

図 1.3 数値例2のデータを対数変換した散布図
($r=0.9923$)

ためて観測値をプロットしなおしてみると，図1.3のようになる．変換された観測値($\log x_i$, $\log y_i$)は直線のまわりにばらついている．すなわち，$\log X$と$\log Y$の関係は，直線関係に近いものとなり，相関係数によってそれらの関係の程度を測ることが妥当とみなされる．実際，対数変換された変量間の相関係数は0.9923となり，変換前のそれ0.9451よりも大きい．

1.1.3 線形回帰モデル

2個の変量間に有意な相関関係が認められたとしよう．このような関係の背後にある“構造”を解析してみたい，あるいは，そうした関係を“予測”に役だてたいと考えるのが，自然な発想の展開であろう．

たとえば，施肥量(X)と収穫高(Y)との間には，図1.2にみるように，「Xを増やせばYも増える」という関係が明確に認められる．こうした関係を，**因果関係**(causal relationship)とみなすことに，誰しも異論はあるまい．いうまでもなく，Xが原因(またはインプット)であり，Yが結果(またはアウトプット)である．両者の関係を$Y=f(X)$と書いてみる．ところでしかし，収穫高に影響するのは施肥量だけではない．地味，気温，降雨量等も，収穫高を決める重要な因子であろう．図1.2にプロットされた観測値が，施肥量以外の因子を等しく制御した実験によって得られたものであるとしても，すべての(x_i, y_i)が，なんらかの簡単な数式を厳密に満足するとは，とうてい考えられない．地味そ

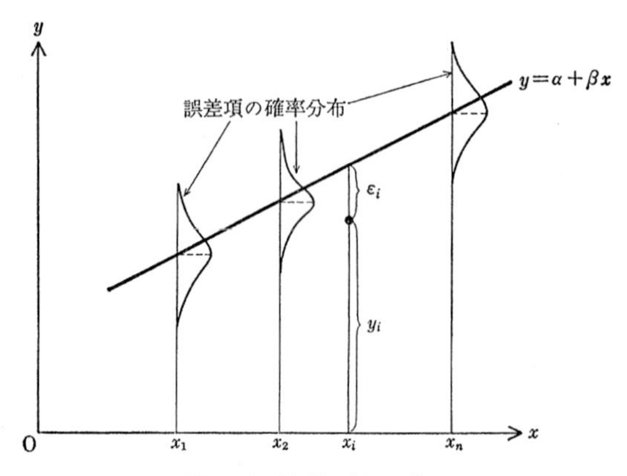

図 1.4　線形回帰モデル

の他の因子を完璧に等しく制御することは，実際問題として不可能であろうし，また自然界の因果関係が，簡単な数学的関数によって正確に表現される保障はない．すでに§1.1.2でみたように，施肥量(X)と収穫高(Y)との関係は，たんなる線形式よりも対数線形式によって，より良く近似できそうである．そこで

$$\log Y=\alpha+\beta \log X+\varepsilon \tag{1.6}$$

という関係式を想定してみる．αとβは未知の母数(パラメータ)であり，εは**確率誤差項**である．すなわち，αとβで決まる対数線形式(図1.3の直線)が，XとYの基本的な関係式としてまずある．実際の観測値 (x_i, y_i) のすべてが，こうした単純な関係式を厳密に満たすわけではない．そこで，対数線形式と観測値とのズレを，確率的な誤差項εによるものと解釈しようというわけである．すなわち，各 (x_i, y_i) にたいしては，

$$\log y_i=\alpha+\beta \log x_i+\varepsilon_i, \qquad (i=1, 2, \cdots, 10) \tag{1.7}$$

となる(図1.4参照)．

誤差項εは，平均が0で分散が一定の確率変数であり，異なる観測値に対応する誤差項はおたがいに無相関である，と仮定される．こうして定式化されたモデルのことを，(対数)**線形回帰モデル**という．さらに「εが正規分布にしたがう」という仮定を追加したモデルのことを，**線形正規回帰モデル**という．

(1.6) の両辺を微分すれば，$(dY/Y)/(dX/X)=\beta$という関係が導かれる．すなわちβは，施肥量の増加率にたいする収穫高の増加率の比(弾力性係数)であり，この値を推定することじたい有意味であろう．また，αとβの値を推定すれば，施肥量の変化に対応する収穫量の変化を“予測”することができる．

回帰モデルの右辺にある変数を**独立変数**または**説明変数**とよび，左辺にある変数のことを**従属変数**または**被説明変数**とよぶ．未知母数βのことを**回帰係数**とよぶ．

1.1.4 2次元正規分布の回帰関数

次に図1.1にプロットされたデータについて考えてみよう．首回り(X)と腕の長さ(Y)とのあいだには，線形な関係が存在することが，図から読みとれる．しかし，この関係を因果関係とみなすのは，どうみても不適切である．XとYは，ひとりの人間の身体の異なる部位の測定値であって，それらの間の関係は，因果の序列をともなわない，純粋な相関関係である．そこで(X, Y)を，2次元正規分布にしたがう確率変数とみなし，(x_i, y_i) $(i=1, 2, \cdots, n)$をそうした母集団からのランダム標本とみなすことにしよう．母集団分布の密度関数を

$$(1.8)\quad f_{XY}(x, y)=\frac{1}{(2\pi)\sigma_x\sigma_y\sqrt{1-\rho^2}}\exp\left\{-\frac{1}{2(1-\rho^2)}\left[\left(\frac{x-\mu_x}{\sigma_x}\right)^2 -2\rho\left(\frac{x-\mu_x}{\sigma_x}\right)\left(\frac{y-\mu_y}{\sigma_y}\right)+\left(\frac{y-\mu_y}{\sigma_y}\right)^2\right]\right\}$$

と書くことにする．

さて，レディメードのワイシャツメーカーにとって，成人男子の首回りと腕の長さの関係のあり方は，大きな関心事であろう．首回りが$x(X=x)$の人の腕の長さ(Y)は，平均的に，どのくらいと予想されるか．さらに一歩進んで，首回りがxの人の腕の長さ(Y)の90%信頼区間を求めたい．すなわち，条件つき期待値$\mu_{Y\cdot x}=E(Y|X=x)$の点推定と区間推定に，ワイシャツメーカーは関心をもつ．2次元正規分布の仮定のもとで(詳しくは§3.1.2参照)，$\mu_{Y\cdot x}$は

$$(1.9)\quad \mu_{Y\cdot x}=E(Y|X=x) =\mu_y+\rho\frac{\sigma_y}{\sigma_x}(x-\mu_x)$$

というxの線形式になる．$Y-\mu_{Y\cdot x}=\varepsilon$とすれば，$E(\varepsilon|X=x)=0$，その分散は

$$(1.10)\quad V(\varepsilon|x)=\sigma_y{}^2(1-\rho^2)$$

となる．X と Y の母相関係数 ρ が ± 1 に近ければ近いほど，Y の $\mu_{Y\cdot x}$ まわりのバラツキは小さくなること，さらに，$V(\varepsilon)$ は x と無関係であることに注意しよう．表記を簡単にするために，$\rho\sigma_y/\sigma_x=\beta$，$\mu_y-\mu_x\rho\sigma_y/\sigma_x=\alpha$，$\sigma^2=\sigma_y{}^2(1-\rho^2)$ とおけば，Y と x の関係を

(1.11) $$Y=\alpha+\beta x+\varepsilon, \qquad E(\varepsilon)=0, \qquad V(\varepsilon)=\sigma^2$$

と書くことができる．変数変換の有無を別にすれば，これは (1.6) とまったく同等なモデルである．

(1.2) で定義された $\bar{x}, \bar{y}, s_x, s_y, s_{xy}$ はそれぞれ $\mu_x, \mu_y, \sigma_x, \sigma_y, \rho\sigma_x\sigma_y$ の最尤推定値である．したがって，回帰モデル (1.11) の未知母数の最尤推定値は，それぞれ

(1.12) $$\hat{\alpha}=\bar{y}-\hat{\beta}\bar{x}, \qquad \hat{\beta}=\frac{s_{xy}}{s_x{}^2},$$
$$\hat{\sigma}^2=s_y{}^2-\frac{s_{xy}{}^2}{s_x{}^2}$$

によって与えられる．

表 1.1 のデータについて，α, β, σ^2 を推定してみると，以下のとおりである．

(1.13) $$\hat{\mu}_{Y\cdot x}=50.75+0.7625\,x, \qquad \hat{V}(Y|x)=1.1775.$$

この推定結果から，次のような推論が可能である．たとえば，首回りが 38 cm の人の腕の長さの平均値は，およそ 79.7 cm である．さらに，首回りが 38 cm の人の腕の長さは，90％の信頼度をもって区間 (77.6, 81.8) に含まれる(信頼区間および予測区間の構成については§5.2 および§5.3 を参照せよ)．

条件つき期待値 $\mu_{Y\cdot x}$ のことを，**回帰関数** (regression function) という．回帰関数が線形になるのは，2次元正規分布のいちじるしい特徴のひとつである．

ところで，2次元正規分布にしたがう 2 変量 X と Y は，まったく相互に対称である．したがって，X の Y にたいする回帰

(1.14) $$\mu_{X\cdot y}=\mu_x+\rho\frac{\sigma_x}{\sigma_y}(y-\mu_y)$$

を考えることもできる．おなじく $X-\mu_{X\cdot y}=\varepsilon'$，$\beta'=\rho\sigma_x/\sigma_y$，$\alpha'=\mu_x-\beta'\mu_y$ として，線形回帰モデル

(1.15) $$X=\alpha'+\beta' y+\varepsilon'$$

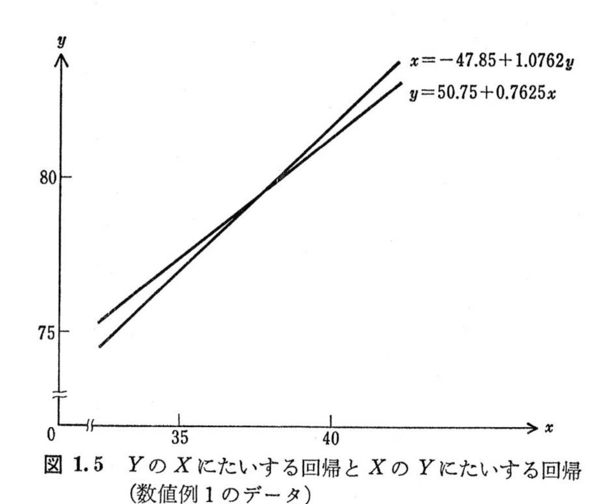

図 1.5 YのXにたいする回帰とXのYにたいする回帰
(数値例1のデータ)

がみちびかれる．一般に $\beta \neq 1/\beta'$ だから，２本の回帰直線 $x=\alpha'+\beta' y$ と $y=\alpha+\beta x$ は一致しない．推定された回帰直線についても同様である．表1.1のデータから推定される $\mu_{X\cdot y}$ は

(1.16) $$\hat{\mu}_{X\cdot y}=-47.85+1.0762\,y$$

となる(図1.5および図3.1参照)．

統計学の用語として，“回帰”という言葉をはじめて用いたのは，生物統計学者ガルトン(Francis Galton, 1822–1907)である．ガルトンは，次のような事実を発見した．父親の身長(X)と息子の身長(Y)のペアの測定値を多数集めてみたところ，背の高い父親をもつ息子達の平均身長は父親ほどは高くない．逆に，背の低い父親をもつ息子達の平均身長は父親ほどには低くない．すなわち，第2世代は“平均”の方向に“回帰”するという事実に気づいた．この事実を理論的に“説明”するのはたやすい．(X, Y)が２次元正規分布にしたがうと仮定し，さらに $\mu_x=\mu_y$, $\sigma_x=\sigma_y$ (世代間の定常性)を仮定する．(1.9) より

(1.17) $$\mu_{Y\cdot x}-x=-(1-\rho)(x-\mu_x)$$

を得る．$x>\mu_x$ (すなわち父親の身長が平均以上)ならば，$\mu_{Y\cdot x}<x$ となり，$x<\mu_x$ (父親の身長が平均以下)ならば，$\mu_{Y\cdot x}>x$ となる．この結果は，ガルトンの観測した事実とみごとに符号する．ただし，以上の事実ないし理論は，「人間

の体格は世代を経るにつれて，次第に平均に“回帰”してゆく，すなわち個体間の差異は薄れてゆく」ということを，まったく意味しないことに注意しておこう(その理由についての考察は読者にまかそう).

1.2　最小２乗推定

２変量正規分布を前提とした回帰モデルの場合，分布の未知母数の最尤推定値を代入して，回帰係数を最尤推定できた．しかしながら，より一般の回帰モデルの回帰係数は，以下のような最小２乗の原理にもとづいて推定される．各観測点 (x_i, y_i) と未知の回帰直線 $y=\alpha+\beta x$ との垂直方向の距離の平方和

$$S(\alpha, \beta)=\sum_{i=1}^{n}(y_i-\alpha-\beta x_i)^2 \tag{1.18}$$

が最小になるように，α と β の推定値を定める，というのが最小２乗の原理である．途中の計算は省いて，結論だけを述べると，$S(\alpha, \beta)$ を最小にする最小２乗推定値 $\hat{\beta}$ と $\hat{\alpha}$ は，それぞれ

$$\hat{\beta}=\frac{s_{xy}}{s_x{}^2}, \qquad \hat{\alpha}=\bar{y}-\hat{\beta}\bar{x} \tag{1.19}$$

によって与えられる．最小２乗推定値 $\hat{\beta}$ と相関係数 r との間には，$\hat{\beta}=s_y r/s_x$ という関係式が成りたつ．また，§1.1.3 で得られた最尤推定値は，最小２乗推定値とまったく同じである．

回帰直線と観測点との距離の測り方は，他にもいろいろと考えられる．たとえば，垂直方向の差の絶対値の総和という測り方もあろうし，また，観測点から回帰直線に下した垂線の２乗和という測り方もある．前者の“距離”を最小にするように α と β を推定する方法のことを，**最小絶対偏差推定法**といい，後者の“距離”にもとづく推定法を，**直交回帰法**という．いずれも，ある特定の状況のもとでは，最小２乗法よりも望ましい性質をもつことがあるけれども，一般には，最小２乗法が最も望ましいとされている．その理由を，以下，簡単に述べておこう．

第１に，最小２乗法は計算が簡単であること．直交回帰や最小絶対偏差法の場合，推定値を (1.19) のように簡単に書き下すことはできないし，また，実際の計算手続きも繁雑である．そして第２に，最小２乗法は，次のような望まし

い特性をもっている．（i） $\hat{\alpha}$ と $\hat{\beta}$ は，α と β の片寄りのない推定値である，すなわち，$E(\hat{\alpha})=\alpha$，$E(\hat{\beta})=\beta$ となる．（ii） $\hat{\alpha}$ と $\hat{\beta}$ の分散は，他のどんな線形不偏推定値（y_i の 1 次式で表される片寄りのない α と β の推定値）のそれよりも小さい．（iii） 正規分布の仮定を追加すれば，もっと強く，$\hat{\alpha}$ と $\hat{\beta}$ の分散は，他のどんな不偏推定値のそれよりも小さい．特性（ii）のことを，**ガウス=マルコフの定理**という．さらに第3に，正規分布を仮定すれば，最小 2 乗推定値は最尤推定値に一致する．この点もまた，最小 2 乗法の長所のひとつとされている．

表 1.2 のデータを用いて，線形式と対数線形式の両方を最小 2 乗推定してみ

表 1.3 数値例 2 の回帰分析による推計値と残差

観測値	推計値 (1.20)	残差	推計値 (1.21)
9.5	11.5	−2.0	9.8
12.0	12.5	−0.5	12.2
14.5	13.5	1.0	13.9
16.0	14.6	1.4	15.1
16.0	15.6	0.4	16.2
17.5	16.6	0.9	17.2
18.0	17.6	0.4	18.1
19.0	18.7	0.3	18.8
19.0	19.7	−0.7	19.5
19.5	20.7	−1.2	20.2

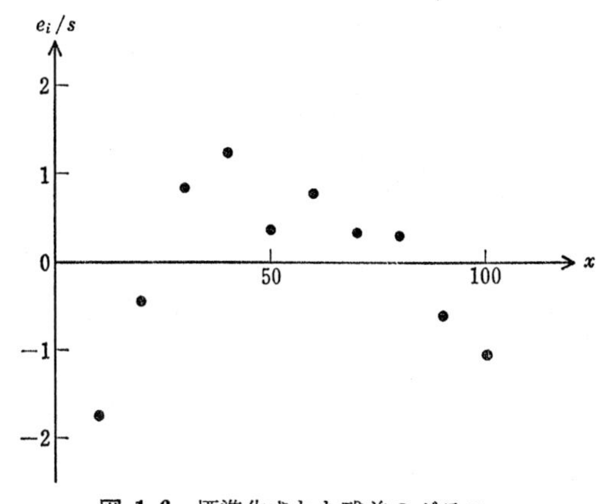

図 1.6 標準化された残差のグラフ（数値例 2 の線形回帰による）

ると，次のような結果が得られる．

$$\hat{y}=10.47+0.1024\,x, \tag{1.20}$$

$$\log\hat{y}=0.6792+0.3127\log x \tag{1.21}$$

これら2式のあてはまりの良さを比較するために，各々の回帰式から得られる推計値を表1.3に掲げておく．対数線形式の方が，はるかに良好な適合度を示している．

従属変数の観測値 y_i と，その推計値 $\hat{y}_i=\hat{\alpha}+\hat{\beta}x_i$ の差 $e_i=y_i-\hat{y}_i$ のことを，**残差**(residual)という．誤差項 ε_i は観測不可能である．そこで，残差 e_i を ε_i の“推計値”とみなすことにして，誤差分散 σ^2 を

$$s^2=\frac{1}{n-2}\sum_{i=1}^{n}e_i^2 \tag{1.22}$$

によって推定する．残差の平方和を $n-2$ で除したのは，$E(s^2)=\sigma^2$ とするためである．線形回帰（1.20）の誤差分散推定値は $s=1.1375$ となる．

残差系列 $e_i(i=1,2,\cdots,n)$は，回帰式のあてはまりの良さや，モデルの仮定の当否を検討するうえでの，重要な情報源である．図1.6は，回帰式（1.20）の標準化された残差 e_i/s をプロットしたものである．誤差項はおたがいに無相関であり分散が一定である，という仮定がもし正しければ，残差は，もっと不規則かつ一様な散らばり方をするはずである．残差系列にみられる規則性を，回帰式（1.20）に何か欠陥のある証拠とみることができる．容易に想像されるように，ほんらい非線形な関係にある観測値系列に線形式をあてはめたことが，こうした規則性の原因である．対数線形回帰式（1.21）でおきかえることによって，こうした欠陥は是正されるはずである．

回帰式の係数値は，たまたま得られた一組の標本データにもとづいて推定されるわけだから，推定値が一定の標本誤差をもつことを，あらかじめ覚悟しておかないといけない．標本誤差をどう評価するか，また予測の誤差をどう評価するか，等々については，ここでは立ち入らない．

1.3　本書のプラン

さて以上によって，回帰分析の何たるかについて，ひととおりの感触を味わ

って頂けたかと思う．詳細については，以下の各章で順を追って説きすすめる．第1章を閉じる前に，以下，2章から7章までの各章の概要を紹介しておこう．

第2章は，線形代数の概説である．回帰分析の理論を習得するうえで，行列代数を避けて通ることは，ほとんど不可能といってよい．いいかえれば，行列代数に習熟しておけば，回帰分析の基本的理論を学ぶことは，なんの雑作もないともいえる．回帰分析の理論を学ぶうえで必要にして十分と思われる線形代数の諸定理を，ほぼ完全な証明つきで収めたのが第2章である．

第3章は，線形代数とならんで，回帰分析の理論を支えるもう一本の柱である，多変量正規分布に関連する分布論をまとめたものである．通常の入門的統計学の知識をもつ読者を念頭において書いたつもりである．第2章で学んだ線形代数の知識が，この章でふんだんに用いられる．

第4章では，もっとも標準的な線形回帰モデルの最小2乗推定の理論をとりあげる．ここで“標準的”というのは，「もっとも好都合な仮定にもとづく」という意味である．こうした仮定のもとで，最小2乗法は，いかにすぐれた推定法であるかということが，様々な角度から論証される．

線形回帰モデルにおける仮説検定，信頼区間，予測区間，許容区間，等の構成方法がひきつづく第5章の課題である．そして第6章では，“標準”からはずれた回帰モデルをとりあつかう．“標準的”モデルというのは，都合のよい理想的仮定を前提としている．理想状態と現実とのあいだには，多かれ少なかれ，隔たりがある．こうした隔たりが，最小2乗推定法の良さをどの程度そこなうものなのかという問題，さらに，最小2乗法にとって都合の悪い状況下では，どういう推定法を用いればよいか，といった問題が，この章のテーマである．前節で少し触れた，残差系列によるモデル診断法についても，この章で詳述する．

第7章では，説明変数の選択，多重共線，非線形性，等の説明変数にかかわる諸問題がとりあげられる．回帰分析を実際のデータに適用する際にでくわす，やっかいな諸問題への対処法を，実践的な立場から多角的に議論する．応用の観点からは，もっとも重要な章というべきであろう．

2. ベクトルと行列

回帰分析の理論を学ぶうえで，ベクトルと行列についての知識，すなわち線形代数の知識が基本的である．行列を一切つかわずに回帰分析の理論と方法を述べることも，もちろん可能ではある．実際，そうした方針で書かれたテキストも少なくない．しかし，繁雑な添え字と二重の総和記号($\sum$)に悩まされて，かえって理解が妨げられることにもなりかねないし，そのうえ，線形回帰の幾何学的イメージを伝えることが困難である．初等的線形代数にいったん習熟してしまえば，線形回帰分析の理解が格段にたやすくなること，うけあいである．第1章を読んで，回帰分析にかんするおおまかな理解を得られた読者は，この先しばらく数学の方に迂回して頂き，次章以降の展開のための備えとして頂きたい．すでに線形代数をよく御存知の読者には，この章をとばして頂いて結構である．ただし，次章以降において，この章で述べられる線形代数の諸定理が，何度となく参照されることになるので，そうした進んだ読者にとっても，この章がまったく無駄というわけではなかろう．

2.1 ベクトルとベクトル空間

2.1.1 ベクトルの演算

まずはじめに，ベクトルを定義づけることから始めよう．私たちが“もの”の特性を量的に記述しようとするとき，単一の数値によっては記述しきれないことが間々ありうる．たとえば，ある人の体格を記述しようとすれば，身長，体重，胸囲，等々，複数個の測定値を組合せたい．また，ある時点における物価水準を記述しようとする場合にも，一般物価指数という単一の数値よりも，適当に分類された財グループ別の物価水準(したがって複数個の数値)を与えた方が，よりきめ細かに実態を伝えることができよう．すなわち一般に，k 個の数値の並び $(x_1, x_2, \cdots, x_k)$ によって“もの”の持性を記述する必要が，日常生活においても，また科学や技術の場においても，頻繁に生じてくる．これらの k 個の数値の並ぶ順序(いいかえれば x の下につく添字)には，ちゃんとした意味がある．たとえば，ある生徒の1学期の期末試験の点数を，数学・英語・国語・理科・社会の順序に並べたとする．これらの5個の数値の順序をデタラメにいれかえてしまうと，数値の伝える情報はウソになる．

さて以上のような考察をもとに，k 個の数値の順序づけられた並び $(x_1, x_2, \cdots, x_k)$ を最小の単位とする空間を想定し，その上にしかるべき演算を定義してやると便利ではなかろうか．まず表記の便宜上，$(x_1, x_2, \cdots, x_k)$ をゴチック体で $\boldsymbol{x}$ と書き，それを k 次元(行)**ベクトル**(vector)と呼ぶことにしよう．数値を縦に並べたベクトルのことを列ベクトルという．一般に，ベクトルの要素 x_i は実数とは限らないし，また次元も有限とは限らない．しかし，通常の回帰分析の理論においては，有限次元の実ベクトル(要素が実数)を考えるだけでほぼ十分なので，以下，とくに断わらない限り，たんにベクトルといえば，有限次元の実ベクトルを指すものとする．

さてかりに $\boldsymbol{x}$ をある生徒の前期の k 科目の点数の並びとし，$\boldsymbol{y}$ を同じ生徒の後期の点数の並びとしよう．前期と後期の科目別の点数和 $\boldsymbol{x}+\boldsymbol{y}$ を

(2.1)
$$\boldsymbol{x}+\boldsymbol{y}=(x_1+y_1,\ x_2+y_2,\ \cdots,\ x_k+y_k)$$

と定義するのが自然である．すなわち，二つの k 次元ベクトルの和は，対応する要素どうしの和を要素とする k 次元ベクトルとする．次にベクトル $\boldsymbol{x}$ を，k 個の財の価格を順に並べたものとしよう．日米両国の物価を比較するために，両国の価格水準をドルで表示したいとする．そのためには，円，ドル交換レートの逆数を，日本の価格ベクトル $\boldsymbol{x}$ のすべての要素にかければよい．このような演算を，一般に

(2.2)
$$c\boldsymbol{x}=(cx_1, cx_2, \cdots, cx_k)$$

と定義する．c は実数であるが，線形代数においては，とくに**スカラー**(scalar)という名称でよばれ，上記の演算のことを**スカラー乗積**(scalar multiplication)という．

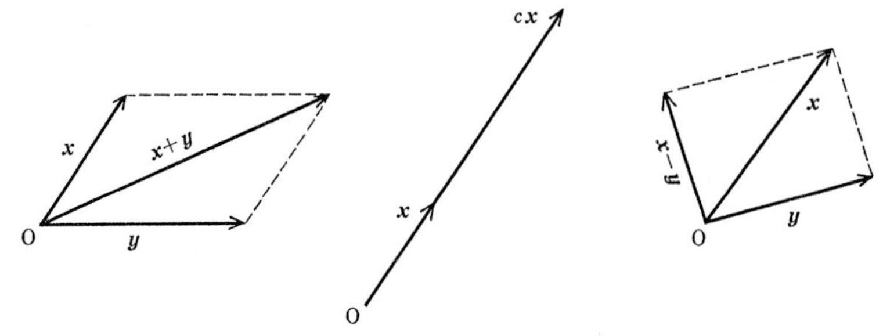

図 2.1　ベクトルの和・スカラー乗積・差

k 次元ベクトル $\boldsymbol{x}$ と $\boldsymbol{y}$ の差 $\boldsymbol{x}-\boldsymbol{y}$ は，これを $\boldsymbol{x}+(-1)\boldsymbol{y}$ とみれば，演算規則 (2.1) と (2.2) より

(2.3)　$$\boldsymbol{x}-\boldsymbol{y}=(x_1-y_1,\ x_2-y_2,\ \cdots,\ x_k-y_k)$$

となる(次元の異なるベクトルどうしにベクトルの和や差を定義できないことに注意しておこう)．要素がすべて0であるようなベクトルのことを**零ベクトル**といい，$\boldsymbol{0}$ と書く．

2次元ベクトル $\boldsymbol{x}=(x_1, x_2)$ を，2次元座標平面上の点または矢線(原点を始点とする有向線分)とみなすことができる．同様に，k 次元ベクトル $\boldsymbol{x}=(x_1, x_2, \cdots, x_k)$を，$k$ 次元座標空間内の矢線とみなすことにしよう．上記の演算の幾何学的な意味づけについては，図 2.1 にみるとおりである．

k 次元ベクトルの各要素は任意の実数値をとりうるものとし，ベクトル全体の集合を，k 次元**ベクトル空間**と呼び，R^k と書くことにしよう．すなわち，2次元ベクトル空間とは，原点を始点とし平面上の点に向かう矢線全体の集合と思えばよい(ベクトル空間とは，もっと抽象的かつ一般的な概念であり，n 次元ベクトルの全体というのは，その一例にすぎない．しかし，回帰分析の理論を展開するうえで，一般のベクトル空間から説きおこすのはたいして意味がないと考え，一般論への深入りをさけることにした)．

n 次元ベクトル空間 R^n の部分集合で，次の条件をみたすものを**線形部分空間**(linear subspace)という．その条件とは「和 (2.1) とスカラー乗積 (2.2) にかんして閉じている，すなわち $\boldsymbol{x}$ と $\boldsymbol{y}$ がともに，線形部分空間 $\mathscr{M}$ に属するならば $a\boldsymbol{x}+b\boldsymbol{y}$ もまた $\mathscr{M}$ に属する」．たとえば，n 次元ベクトル空間から k 個のベクトル $\boldsymbol{x}_1, \boldsymbol{x}_2, \cdots, \boldsymbol{x}_k$ を勝手に選んできて，それらの1次結合の全体

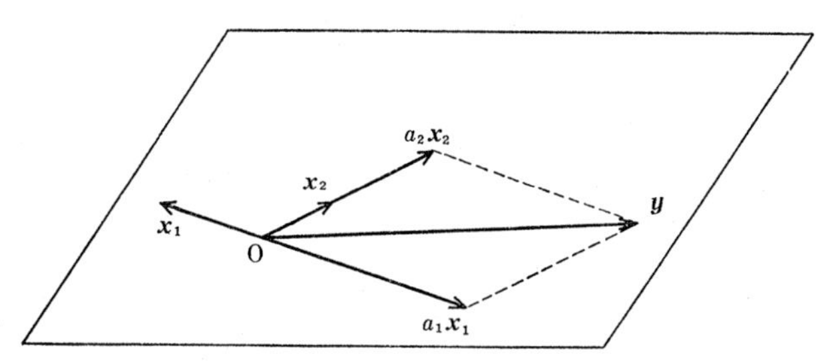

図 2.2 $\boldsymbol{x}_1$ と $\boldsymbol{x}_2$ によって張られる線形部分空間と，そこに属するベクトル $\boldsymbol{y}(=a_1\boldsymbol{x}_1+a_2\boldsymbol{x}_2)$

$$\left\{\boldsymbol{y}:\boldsymbol{y}=\sum_{j=1}^{k}a_j\boldsymbol{x}_j,\ a_j\text{ は任意の実数}\right\}$$

を考えてみる．これが線形部分空間であることはすぐにわかる．このようにして構成される線形部分空間のことを，$\boldsymbol{x}_1, \boldsymbol{x}_2, \cdots, \boldsymbol{x}_k$ によって**張られる**(または生成される)線形部分空間という．

2.1.2 ベクトル空間の基底

k 個のベクトル $\boldsymbol{x}_1, \boldsymbol{x}_2, \cdots, \boldsymbol{x}_k$ が与えられたとしよう．これらのベクトルの集合について，1次独立または1次従属の区別をおこなう．

$$a_1\boldsymbol{x}_1+a_2\boldsymbol{x}_2+\cdots+a_k\boldsymbol{x}_k=\boldsymbol{0} \tag{2.4}$$

ということが，すべての a_i が0のときに限って成りたつとすれば，$\boldsymbol{x}_1, \boldsymbol{x}_2, \cdots, \boldsymbol{x}_k$ は**1次独立**だという．逆に，a_i のうち少なくとも一つが0でなくても，上の等式が成りたつならば，$\boldsymbol{x}_1, \boldsymbol{x}_2, \cdots, \boldsymbol{x}_k$ は**1次従属**だという．

定義から明らかなように，零ベクトル $\boldsymbol{0}$ を含む集合は，必ず1次従属である．なぜなら，$\boldsymbol{0}$ の係数が非零であっても，他のベクトルの係数をぜんぶ0にすれば，つねに (2.4) が成りたつからである．

(i) $\{\boldsymbol{x}_1, \boldsymbol{x}_2, \cdots, \boldsymbol{x}_k\}$ が1次独立であり，$\{\boldsymbol{x}_1, \boldsymbol{x}_2, \cdots, \boldsymbol{x}_k, \boldsymbol{y}\}$ が1次従属ならば $\boldsymbol{y}$ は，$\{\boldsymbol{x}_1, \boldsymbol{x}_2, \cdots, \boldsymbol{x}_k\}$ の1次結合として，一意的に表現できる．

$\{\boldsymbol{x}_1, \cdots, \boldsymbol{x}_k, \boldsymbol{y}\}$ が1次従属であることから，すべてが0でない a_i によって，$a_1\boldsymbol{x}_1+\cdots+a_k\boldsymbol{x}_k+a_{k+1}\boldsymbol{y}=\boldsymbol{0}$ と書くことができる．$a_{k+1}=0$ ならば，$\{\boldsymbol{x}_1, \cdots, \boldsymbol{x}_k\}$ が1次従属ということになり仮定に反するから，$a_{k+1}\neq 0$ である．したがって $\boldsymbol{y}=a_1/a_{k+1}\boldsymbol{x}_1+\cdots+a_k/a_{k+1}\boldsymbol{x}_k$ という表現が許される．すなわち，$\boldsymbol{y}$ を $\{\boldsymbol{x}_1, \cdots, \boldsymbol{x}_k\}$ の1次結合として表現できる．もし2通りの表現，$\boldsymbol{y}=b_1\boldsymbol{x}_1+\cdots+b_k\boldsymbol{x}_k$，$\boldsymbol{y}=c_1\boldsymbol{x}_1+\cdots+c_k\boldsymbol{x}_k$ があったとしよう．これら2式の両辺の差をとると，$\boldsymbol{0}=(b_1-c_1)\boldsymbol{x}_1+\cdots+(b_k-c_k)\boldsymbol{x}_k$ となる．$\{\boldsymbol{x}_1, \cdots, \boldsymbol{x}_k\}$ は1次独立だか

ら，$b_1-c_1=0$，…，$b_k-c_k=0$ でなければならない．すなわち $b_i=c_i\,(i=1,\cdots,k)$ となり，表現の一意性が示された．

さて，ベクトル空間(または線形部分空間)V に含まれる1次独立なベクトルの集合 $\{\boldsymbol{x}_1, \boldsymbol{x}_2, \cdots \boldsymbol{x}_k\}$ を考えよう．もし V に含まれる任意のベクトルがそれらの1次結合として表現できる(V が $\boldsymbol{x}_1, \cdots, \boldsymbol{x}_k$ によって張られる)ならば，$\{\boldsymbol{x}_1, \boldsymbol{x}_2, \cdots, \boldsymbol{x}_k\}$ のことを V の**基底**(basis)という．基底について，以下のことがいえる．

(ii)　すべてのベクトル空間(または線形部分空間)は基底をもつ．

まずはじめに V から任意のベクトル $\boldsymbol{x}_1\,(\neq \boldsymbol{0})$ を選び，次に $\boldsymbol{x}_1$ と独立な($\boldsymbol{x}_1$ のスカラー倍にならない)ベクトル $\boldsymbol{x}_2$ を V から選ぶ．そして次に，$\boldsymbol{x}_1, \boldsymbol{x}_2$ と独立な($\boldsymbol{x}_1$ と $\boldsymbol{x}_2$ の1次結合として表現されない)ベクトル $\boldsymbol{x}_3$ をとる．こうした手続きを順次すすめていくと，すでに選ばれた k 個のベクトル $\boldsymbol{x}_1, \cdots, \boldsymbol{x}_k$ と独立なものが V のなかに存在しなくなるかもしれない．だとすれば，定義により $\{\boldsymbol{x}_1, \cdots, \boldsymbol{x}_k\}$ は V の基底となる．もしこうした手続きがいつまでたっても終らないとすれば，V は無限次元である(ベクトル空間の次元については後述)ということになる．無限次元のベクトル空間の基底の存在についていうには，より込み入った議論が必要なため，ここでは立ち入らないことにする．先にも述べたように，この本の範囲内での回帰分析の理論を習得するためには，有限次元のベクトル空間に限定してもなんらさしつかえない．

基底の選び方は一意的でない．しかしながら，基底を構成するベクトルの個数(V の次元)は一意的である．すなわち，以下のことが成りたつ．

(iii)　$\{\boldsymbol{x}_1, \cdots, \boldsymbol{x}_k\}$ と $\{\boldsymbol{y}_1, \cdots, \boldsymbol{y}_s\}$ がいずれも V の基底ならば，$s=k$ である．

かりに $s>k$ だとしよう．$\{\boldsymbol{x}_1, \cdots, \boldsymbol{x}_k\}$ が基底だから $\{\boldsymbol{y}_1, \boldsymbol{x}_1, \cdots, \boldsymbol{x}_k\}$ は1次従属のはずである．(i)により $\boldsymbol{y}_1=a_1\boldsymbol{x}_1+\cdots+a_k\boldsymbol{x}_k$ と書けるが，$\boldsymbol{y}_1\neq\boldsymbol{0}$ だから，少なくとも1個の a は0でない．一般性を失うことなく $a_k\neq 0$ とすれば，$\boldsymbol{x}_k$ は $\{\boldsymbol{y}_1, \boldsymbol{x}_1, \cdots, \boldsymbol{x}_{k-1}\}$ の1次結合として表されることになり，$\boldsymbol{x}_k$ を除いた集合 $\{\boldsymbol{y}_1, \boldsymbol{x}_1, \cdots, \boldsymbol{x}_{k-1}\}$ によって V を張ることが可能である．そこでさらに $\boldsymbol{y}_2$ を加えて $\{\boldsymbol{y}_2, \boldsymbol{y}_1, \boldsymbol{x}_1, \cdots, \boldsymbol{x}_{k-1}\}$ という1次従属な集合を考える．そこで同様にして，$\{\boldsymbol{y}_2, \boldsymbol{y}_1, \boldsymbol{x}_1, \cdots, \boldsymbol{x}_{k-2}\}$ によって V を張ることが可能なことを示せる．このような手続きを順次くりかえしていくと，$\{\boldsymbol{y}_1, \boldsymbol{y}_2, \cdots, \boldsymbol{y}_k\}$ によって V を張れる，ということになる．すなわち $\boldsymbol{y}_{k+1}, \cdots, \boldsymbol{y}_s$ は $\{\boldsymbol{y}_1, \cdots, \boldsymbol{y}_k\}$ に1次従属ということになり，$\{\boldsymbol{y}_1, \cdots, \boldsymbol{y}_s\}$ が基底であるという前提に矛盾する．かくして $s=k$ であることが示された．

基底を構成するベクトルの個数 k のことを，V の**次元**(dimension)といい，$\dim V=k$ と書く．k は，V にふくまれる1次独立なベクトルの最大個数であるとともに，V を張るために必要なベクトルの最小個数でもある．

V の基底を $\{\boldsymbol{x}_1, \cdots, \boldsymbol{x}_k\}$ とするとき，V に属する任意のベクトル $\boldsymbol{y}$ は，k 個の

基底ベクトルの1次結合として表わされるが，その表現のしかたは一意的である．このことは，(i) よりただちに明らかであろう．

第 i 要素が1で，他の要素がすべて0であるような n 次元ベクトル $\boldsymbol{e}_i=(0\cdots010\cdots0)$ のことを，n 次元単位ベクトルという．任意の n 次元ベクトル $\boldsymbol{x}$ は $\boldsymbol{x}=x_1\boldsymbol{e}_1+x_2\boldsymbol{e}_2+\cdots+x_n\boldsymbol{e}_n$ として，$\boldsymbol{e}_1,\cdots,\boldsymbol{e}_n$ の1次結合に書ける．$\boldsymbol{e}_1,\boldsymbol{e}_2,\cdots,\boldsymbol{e}_n$ が1次独立なことは明らかである．したがって，$\{\boldsymbol{e}_1,\boldsymbol{e}_2,\cdots,\boldsymbol{e}_n\}$ は n 次元ベクトル空間 R^n の基底となり，n 次元ベクトル全体の集合 R^n の次元は n である．またこれより，R^n には，1次独立なベクトルはたかだか n 個しか存在しないことがわかる．

2.1.3 1次方程式

連立1次方程式

$$
\begin{aligned}
a_{11}x_1+a_{12}x_2+\cdots+a_{1m}x_m&=b_1,\\
a_{21}x_1+a_{22}x_2+\cdots+a_{2m}x_m&=b_2,\\
\cdots\cdots\cdots\cdots\cdots&\cdots,\\
a_{n1}x_1+a_{n2}x_2+\cdots+a_{nm}x_m&=b_n
\end{aligned}
\tag{2.5}
$$

を，ベクトルを用いて

$$
x_1\boldsymbol{a}_1+x_2\boldsymbol{a}_2+\cdots+x_m\boldsymbol{a}_m=\boldsymbol{b} \tag{2.6}
$$

と簡潔に表記できる．ただし，$\boldsymbol{a}_j=(a_{1j},a_{2j},\cdots,a_{nj})$，$\boldsymbol{b}=(b_1,b_2,\cdots,b_n)$ である．$\boldsymbol{b}=\boldsymbol{0}$ としたときの方程式

$$
x_1\boldsymbol{a}_1+x_2\boldsymbol{a}_2+\cdots+x_m\boldsymbol{a}_m=\boldsymbol{0} \tag{2.7}
$$

のことを**同次** (homogeneous) **方程式**という．一見して明らかなように，$x_1=x_2=\cdots=x_m=0$ は (2.7) の解のひとつである．このような解のことを自明解という．

(i) 方程式 (2.7) に自明でない解が存在するための必要十分条件は，ベクトルの集合 $\{\boldsymbol{a}_1,\boldsymbol{a}_2,\cdots,\boldsymbol{a}_m\}$ が1次従属なことである．

このことは，1次独立・従属の定義から明らかであろう．以下，解 $(x_1,\cdots,x_m)$ を m 次元ベクトルとみなし，$\boldsymbol{x}$ と書く．

m 次元ベクトル $\boldsymbol{x}_1$ と $\boldsymbol{x}_2$ がともに (2.7) の解だとすれば，これらの任意の1次結合 $\alpha\boldsymbol{x}_1+\beta\boldsymbol{x}_2$ もまた解である．したがって，(2.7) の解全体の集合は線

形部分空間を構成する．これを，解空間とよび$\mathcal{S}$と書くことにしよう．

(ii)　$\{\boldsymbol{a}_1, \boldsymbol{a}_2, \cdots, \boldsymbol{a}_m\}$で張られる線形部分空間を$\mathcal{M}$とすれば

$$\dim \mathcal{S} = m - \dim \mathcal{M} \tag{2.8}$$

である．

$\dim \mathcal{M} = k$とし，一般性を失うことなく，$\boldsymbol{a}_1, \boldsymbol{a}_2, \cdots, \boldsymbol{a}_k$が1次独立としよう．残りの$m-k$個のベクトルは$\mathcal{M}$の基底$\{\boldsymbol{a}_1, \boldsymbol{a}_2, \cdots, \boldsymbol{a}_k\}$の1次結合

$$\boldsymbol{a}_{k+j} = c_{1j}\boldsymbol{a}_1 + c_{2j}\boldsymbol{a}_2 + \cdots + c_{kj}\boldsymbol{a}_k, \qquad j = 1, \cdots, m-k \tag{2.9}$$

として表現できる．したがって

$$\begin{aligned} \boldsymbol{c}_1 &= (c_{11}, c_{21}, \cdots, c_{k1}, -1, 0, \cdots, 0), \\ \boldsymbol{c}_2 &= (c_{12}, c_{22}, \cdots, c_{k2}, 0, -1, \cdots, 0), \\ &\cdots\cdots\cdots\cdots\cdots\cdots, \\ \boldsymbol{c}_{m-k} &= (c_{1,m-k}, c_{2,m-k}, \cdots, c_{k,m-k}, 0, 0, \cdots, -1) \end{aligned} \tag{2.10}$$

は(2.7)の1次独立な解である．さて，任意の解を$\boldsymbol{x}$とすれば

$$\boldsymbol{y} = \boldsymbol{x} + x_{k+1}\boldsymbol{c}_1 + \cdots + x_m\boldsymbol{c}_{m-k} \tag{2.11}$$

もまた解である．ところがこの解は$(y_1, y_2, \cdots, y_k, 0, \cdots, 0)$という格好をしており，$y_1\boldsymbol{a}_1 + \cdots + y_k\boldsymbol{a}_k = \boldsymbol{0}$となることを意味する．少なくとも一つの$y_j \neq 0$であることは，$\boldsymbol{a}_1, \cdots, \boldsymbol{a}_k$が1次独立であるという仮定に反する．したがって$\boldsymbol{y} = \boldsymbol{0}$となることが必要であり，$\boldsymbol{x}$は$\{\boldsymbol{c}_1, \cdots, \boldsymbol{c}_{m-k}\}$の1次結合として表現されねばならない．すなわち，解空間$\mathcal{S}$の次元は$m-k$である．

次に，一般の非同次方程式((2.6)において$\boldsymbol{b} \neq 0$)を考えよう．まず解の存在について，次のことがいえる．

(iii)　非同次方程式(2.6)に解が存在するための必要十分条件は，$\boldsymbol{b}$が$\{\boldsymbol{a}_1, \cdots, \boldsymbol{a}_m\}$によって張られる線形部分空間$\mathcal{M}$に属していることである．

証明は読者にまかせよう．

$\{\boldsymbol{a}_1, \cdots, \boldsymbol{a}_m\}$によって張られる線形部分空間の次元を$\dim\{\boldsymbol{a}_1, \cdots, \boldsymbol{a}_m\}$と書くことにすれば，上の定理の条件を

$$\dim\{\boldsymbol{a}_1, \cdots, \boldsymbol{a}_m, \boldsymbol{b}\} = \dim\{\boldsymbol{a}_1, \cdots, \boldsymbol{a}_m\} \tag{2.12}$$

と表わせる．一般に，1次独立なn次元ベクトルの個数はnを超えないから，$\dim\{\boldsymbol{a}_1, \cdots, \boldsymbol{a}_m\} = n$ならば，$\boldsymbol{b}$が何であれ，(2.6)に解が存在する．

ついで解の一意性が問題となる．

(iv)　(2.6)に一意的な解が存在するための必要十分条件は，$\dim\{\boldsymbol{a}_1, \cdots, \boldsymbol{a}_m, \boldsymbol{b}\} = \dim\{\boldsymbol{a}_1, \cdots, \boldsymbol{a}_m\} = m$となることである．

$\dim\{\boldsymbol{a}_1, \cdots, \boldsymbol{a}_m, \boldsymbol{b}\} = \dim\{\boldsymbol{a}_1, \cdots, \boldsymbol{a}_m\}$ より，まず解の存在が確かめられる．そこで，$\boldsymbol{x}_0$ を (2.6) の解 (特殊解) とし，$\boldsymbol{y}$ を同次方程式 (2.7) の任意の解とすれば，$\boldsymbol{x}_0+\boldsymbol{y}$ もまた (2.6) の解である．逆に，$\boldsymbol{x}$ を (2.6) の任意の解とすれば，$\boldsymbol{y}=\boldsymbol{x}-\boldsymbol{x}_0$ は (2.7) の解である．したがって，(2.6) の一般解を

(2.13) $$\boldsymbol{x}=\boldsymbol{x}_0+\boldsymbol{y}, \qquad \boldsymbol{y}\in\mathcal{S}$$

と表現できる．ただし $\mathcal{S}$ は，(2.7) の解空間である．これより，$\boldsymbol{x}_0$ が (2.6) の一意解であるためには，$\mathcal{S}=\{\boldsymbol{0}\}$ であることが必要十分である．(ii) より，$\mathcal{S}=\{\boldsymbol{0}\}$ であるための必要十分条件は $\dim\{\boldsymbol{a}_1, \cdots, \boldsymbol{a}_m\}=m$ であることがわかる．

2.1.4 内積と射影

二つの n 次元ベクトル $\boldsymbol{x}$ と $\boldsymbol{y}$ の**内積** (inner product) とは

(2.14) $$(\boldsymbol{x}, \boldsymbol{y})=\sum_{i=1}^{n} x_i y_i$$

によって定義される量のことである．$(\boldsymbol{x}, \boldsymbol{y})=(\boldsymbol{y}, \boldsymbol{x})$，$(\boldsymbol{x}+\boldsymbol{y}, \boldsymbol{z})=(\boldsymbol{x}, \boldsymbol{z})+(\boldsymbol{y}, \boldsymbol{z})$，$(c\boldsymbol{x}, \boldsymbol{y})=c(\boldsymbol{x}, \boldsymbol{y})$ が成りたつことは容易に確かめられる．

(2.15) $$(\boldsymbol{x}, \boldsymbol{x})=\sum_{i=1}^{n} x_i^2$$

の平方根を，ベクトル $\boldsymbol{x}$ の長さ，または**ノルム** (norm) といい，$\|\boldsymbol{x}\|$ と表記する．$\|\boldsymbol{x}\|=0$ は $\boldsymbol{x}=\boldsymbol{0}$ を意味する．二つの n 次元ベクトル $\boldsymbol{x}$ と $\boldsymbol{y}$ の間の角度 θ を

(2.16) $$\cos\theta=\frac{(\boldsymbol{x}, \boldsymbol{y})}{\|\boldsymbol{x}\|\cdot\|\boldsymbol{y}\|}$$

によって定義する．この式の右辺の絶対値が1を超えないことは，以下のようにして示される．任意の実数 t にたいして

(2.17) $$\|t\boldsymbol{x}+\boldsymbol{y}\|^2=t^2(\boldsymbol{x}, \boldsymbol{x})+2t(\boldsymbol{x}, \boldsymbol{y})+(\boldsymbol{y}, \boldsymbol{y})\geq 0$$

となる．したがって上式の右辺を t の2次関数とみなせば，その判別式 $(\boldsymbol{x}, \boldsymbol{y})^2-(\boldsymbol{x}, \boldsymbol{x})(\boldsymbol{y}, \boldsymbol{y})$ は負または0である．すなわち

(2.18) $$|(\boldsymbol{x}, \boldsymbol{y})|\leq\|\boldsymbol{x}\|\cdot\|\boldsymbol{y}\|$$

である．この不等式を**シュバルツ** (Schwarz) **の不等式**という．$(\boldsymbol{x}, \boldsymbol{y})=0$ のとき，$\cos\theta=0$ すなわち $\theta=\pi/2$ となり，$\boldsymbol{x}$ と $\boldsymbol{y}$ はたがいに**直交** (orthogonal) するという．線形部分空間 V のすべてのベクトルと直交するベクトル全体の集合のことを V の**直交補空間** (orthogonal complement) といい，$V^{\perp}$ と表記する．$V^{\perp}$ もまた線形部分空間である．

さて線形部分空間 V の基底 $\{\boldsymbol{z}_1, \boldsymbol{z}_2, \cdots, \boldsymbol{z}_k\}$ で $(\boldsymbol{z}_i, \boldsymbol{z}_j)=0$，$i\neq j$，$i, j=1, 2, \cdots,$

kとなるものを，**直交基底**(orthogonal basis)という．さらに$\|z_i\|=1$，$i=1, 2, \cdots, k$を満たすならば，それを**正規直交基底**(orthonormal basis)という．Vの任意の基底 $(\boldsymbol{x}_1, \boldsymbol{x}_2, \cdots, \boldsymbol{x}_k)$ があたえられたとき，次のようにして，正規直交基底を構成してやることができる．

$$
\begin{aligned}
&z_1^* = \boldsymbol{x}_1,\\
&\boldsymbol{z}_2^* = \boldsymbol{x}_2 - a_{21}\boldsymbol{z}_1^*,\\
(2.19)\qquad &\boldsymbol{z}_3^* = \boldsymbol{x}_3 - a_{32}\boldsymbol{z}_2^* - a_{31}\boldsymbol{z}_1^*,\\
&\cdots\cdots\cdots\cdots\cdots\cdots\cdots\cdots,\\
&\boldsymbol{z}_i^* = \boldsymbol{x}_i - a_{i,i-1}\boldsymbol{z}_{i-1}^* - \cdots - a_{i1}\boldsymbol{z}_1^*,\\
&\cdots\cdots\cdots\cdots\cdots\cdots\cdots\cdots\cdots\cdots,\\
&\boldsymbol{z}_k^* = \boldsymbol{x}_k - a_{k,k-1}\boldsymbol{z}_{k-1}^* - \cdots - a_{k1}\boldsymbol{z}_1^*,
\end{aligned}
$$

係数a_{ij}は，$\boldsymbol{z}_i^*$が$\boldsymbol{z}_{i-1}^*, \cdots, \boldsymbol{z}_1^*$と直交する(内積がゼロになる)という条件から一意に定まる．すなわち

$$
(2.20)\qquad (\boldsymbol{x}_i, \boldsymbol{z}_1^*) = a_{i1}(\boldsymbol{z}_1^*, \boldsymbol{z}_1^*),\quad (\boldsymbol{x}_i, \boldsymbol{z}_2^*) = a_{i2}(\boldsymbol{z}_2^*, \boldsymbol{z}_2^*),\quad \cdots,\quad (\boldsymbol{x}_i, \boldsymbol{z}_{i-1}^*) = a_{i,i-1}(\boldsymbol{z}_{i-1}^*, \boldsymbol{z}_{i-1}^*).
$$

$\boldsymbol{x}_1, \cdots, \boldsymbol{x}_k$が1次独立であることから，$z_i^* \neq \boldsymbol{0}$である．したがって

$$
(2.21)\qquad z_i = z_i^*/\|z_i^*\|
$$

と基準化してやれば，$\|z_i\|=1$，$(z_i, z_j)=0$，$i \neq j$となり，$(\boldsymbol{z}_1, \boldsymbol{z}_2, \cdots, \boldsymbol{z}_k)$ は正規直交基底となる．このようにして正規直交基底を構成する方法のことを，**グラム=シュミットの直交化**という．

（i） n次元空間R^nのなかの任意の線形部分空間を$\mathcal{M}$とする．$\mathcal{M}$に属さない任意のn次元ベクトルを$\boldsymbol{x}$とするとき，

$$
(2.22)\qquad \boldsymbol{x} = \boldsymbol{y} + z,\qquad \boldsymbol{y} \in \mathcal{M},\qquad (\boldsymbol{y}, \boldsymbol{z}) = 0
$$

となるn次元ベクトル$\boldsymbol{y}$とzが一意的に定まる．$\boldsymbol{y}$を$\boldsymbol{x}$の$\mathcal{M}$への**射影**(projection)といい，$\boldsymbol{z}$を$\boldsymbol{x}$から$\mathcal{M}$への**垂線**(perpendicular)，または$\mathcal{M}^\perp$への射影という．

$\dim \mathcal{M} = k$とし，$\{\boldsymbol{u}_1, \boldsymbol{u}_2, \cdots, \boldsymbol{u}_k\}$をその基底とする．$\boldsymbol{x} \notin \mathcal{M}$より$\boldsymbol{x}$は$\boldsymbol{u}_1, \cdots, \boldsymbol{u}_k$と1次独立である．したがって$\{\boldsymbol{u}_1, \boldsymbol{u}_2, \cdots, \boldsymbol{u}_k, \boldsymbol{x}\}$は$k+1$次線形部分空間の基底となる．グラム=シュミットの直交化法により，直交基底 $(\boldsymbol{v}_1, \boldsymbol{v}_2, \cdots, \boldsymbol{v}_k, \boldsymbol{v}_{k+1})$ を構成したとする．

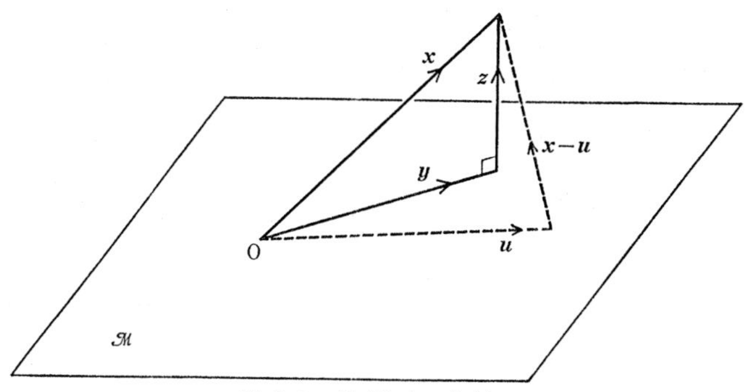

図 2.3 射影と垂線

(2.23) $$\boldsymbol{v}_{k+1}=\boldsymbol{x}-a_{k+1,k}\boldsymbol{v}_k-\cdots-a_{k+1,1}\boldsymbol{v}_1$$

となることから，$\boldsymbol{y}=a_{k+1,k}\boldsymbol{v}_k+\cdots+a_{k+1,1}\boldsymbol{v}_1$，$\boldsymbol{z}=\boldsymbol{v}_{k+1}$ とすれば，確かに $\boldsymbol{x}=\boldsymbol{y}+\boldsymbol{z}$，$\boldsymbol{y}\in\mathcal{M}$，$\boldsymbol{z}\in\mathcal{M}^{\perp}$ となる($\boldsymbol{v}_1,\cdots,\boldsymbol{v}_k$ は $\mathcal{M}$ の直交基底となることに注意)．次に一意性を証明する．条件を満たす2通りの分解 $\boldsymbol{x}=\boldsymbol{y}_1+\boldsymbol{z}_1$，$\boldsymbol{x}=\boldsymbol{y}_2+\boldsymbol{z}_2$ があったとする．$(\boldsymbol{y}_1-\boldsymbol{y}_2)+(\boldsymbol{z}_1-\boldsymbol{z}_2)=\boldsymbol{0}$ と $(\boldsymbol{y}_1-\boldsymbol{y}_2)$ の内積をとると

(2.24) $$\|\boldsymbol{y}_1-\boldsymbol{y}_2\|^2+(\boldsymbol{z}_1-\boldsymbol{z}_2,\ \boldsymbol{y}_1-\boldsymbol{y}_2)=0.$$

左辺の第2項は，分解の直交性により0である．したがって $\|\boldsymbol{y}_1-\boldsymbol{y}_2\|=0$ すなわち $\boldsymbol{y}_1=\boldsymbol{y}_2$ となる．

(ii) $\boldsymbol{x}$ から $\mathcal{M}$ への垂線 $\boldsymbol{z}$ は，次のような性質をもつ．

(2.25) $$\|\boldsymbol{z}\|=\min_{u}\|\boldsymbol{x}-\boldsymbol{u}\|,\qquad \boldsymbol{u}\in\mathcal{M}.$$

すなわち $\boldsymbol{z}$ は $\boldsymbol{x}$ から $\mathcal{M}$ への最短距離である．

$\boldsymbol{x}$ を (2.22) のように分解すれば，次の不等式を得る．

(2.26) $$\|\boldsymbol{x}-\boldsymbol{u}\|^2=\|\boldsymbol{y}+\boldsymbol{z}-\boldsymbol{u}\|^2=\|\boldsymbol{y}-\boldsymbol{u}\|^2+\|\boldsymbol{z}\|^2\geq\|\boldsymbol{z}\|^2.$$

等号が成りたつのは $\boldsymbol{u}=\boldsymbol{y}$ の場合に限られる(図2.3を参照)．

(iii) $\{\boldsymbol{x}_1,\boldsymbol{x}_2,\cdots,\boldsymbol{x}_k\}$ を基底とする線形部分空間を $\mathcal{M}$ とし，その直交補空間を $\mathcal{M}^{\perp}$ とする．そのとき

(2.27) $$\dim\mathcal{M}^{\perp}=n-k$$

が成りたつ．

$\mathcal{M}^{\perp}$ は線形部分空間である．その基底を $\{\boldsymbol{y}_1,\boldsymbol{y}_2,\cdots,\boldsymbol{y}_s\}$ とすれば，$\{\boldsymbol{x}_1,\cdots,\boldsymbol{x}_k,\boldsymbol{y}_1,\cdots,\boldsymbol{y}_s\}$ は1次独立である．これら $k+s$ 個のベクトルを基底とする部分空間を $\mathcal{S}$ とする．したがって $k+s\leq n$ である．$k+s<n$ とすれば，$\boldsymbol{x}_i$ および $\boldsymbol{y}_i$ と独立なベクトル(すなわち $\mathcal{S}$ に属さない) $\boldsymbol{z}$ が存在することになる．

(2.28) $$\boldsymbol{z}=\boldsymbol{u}+\boldsymbol{v},\quad \boldsymbol{u}\in\mathcal{S},\quad \boldsymbol{v}\in\mathcal{S}^{\perp},\quad \boldsymbol{v}\neq\boldsymbol{0}$$

と直交分解したとき，$\boldsymbol{v}$ は $\boldsymbol{x}_1, \cdots, \boldsymbol{x}_k$ と直交する．ということは，$\boldsymbol{v} \in \mathcal{M}^{\perp}$，すなわち $\boldsymbol{v} \in \mathcal{S}$ を意味し，矛盾である．したがって $k+s=n$.

2.2　行列と行列式

2.2.1　行列の演算

あわせて mn 個の実数を，m 行 n 列の長方形に配列したもの

$$\boldsymbol{A}=\begin{bmatrix} a_{11} & a_{12} & \cdots & a_{1n} \\ a_{21} & a_{22} & \cdots & a_{2n} \\ \vdots & \vdots & & \vdots \\ a_{m1} & a_{m2} & \cdots & a_{mn} \end{bmatrix}$$

を $m\times n$ 実**行列**(matrix)という．a_{ij} を (i,j) 要素という．上記の行列を簡略化して $\boldsymbol{A}=(a_{ij})$ と書くことにする．行の数と列の数の等しい行列($m=n$)のことを**正方行列**(square matrix)という．

ベクトルの演算とおなじく，$m\times n$ 行列 $\boldsymbol{A}=(a_{ij})$ と $\boldsymbol{B}=(b_{ij})$ との和を

$$\boldsymbol{A}+\boldsymbol{B}=(a_{ij}+b_{ij}) \tag{2.29}$$

と定義し，スカラー乗積を

$$c\boldsymbol{A}=(ca_{ij}) \tag{2.30}$$

と定義する．さらに，$m\times p$ 行列 $\boldsymbol{A}$ と $p\times n$ 行列 $\boldsymbol{B}$ の積を

$$\boldsymbol{AB}=\left(\sum_{k=1}^{p} a_{ik}\, b_{kj}\right) \tag{2.31}$$

と定義する．$\boldsymbol{AB}$ は $m\times n$ 行列である．積 $\boldsymbol{AB}$ が定義されるためには，$\boldsymbol{A}$ の列の数 (p) と $\boldsymbol{B}$ の行の数 (p) が等しくなければならない．したがって，$\boldsymbol{AB}$ が定義されたとしても，$\boldsymbol{BA}$ もまた定義されるとは限らない．またたとえ $\boldsymbol{BA}$ が定義されたとしても，一般に $\boldsymbol{AB} \fallingdotseq \boldsymbol{BA}$ である．つまり，実数の積とは違って，一般に交換則は成りたたない．しかし，結合則

$$(\boldsymbol{AB})\boldsymbol{C}=\boldsymbol{A}(\boldsymbol{BC})=\boldsymbol{ABC} \tag{2.32}$$

や分配則

$$\boldsymbol{A}(\boldsymbol{B}+\boldsymbol{C})=\boldsymbol{AB}+\boldsymbol{AC} \tag{2.33}$$

は成りたつ．A を $m\times n$ 行列とするとき

$$A+0=A, \tag{2.34}$$

$$AI=A \tag{2.35}$$

となる $m\times n$ 行列 0 のことを**零行列**といい，$n\times n$ 行列 $\boldsymbol{I}$ のことを**単位行列** (unit matrix) または恒等行列 (identity matrix) という．零行列は，すべての要素が 0 の行列であり，単位行列は，対角線上の要素がすべて 1 であり，非対角要素がすべて 0 の正方行列である．$\boldsymbol{I}=(\delta_{ij})$ と書くことがある．すなわち δ_{ij} は $i=j$ のとき 1，$i\neq j$ のとき 0 を示すクロネッカーのデルタと呼ばれる記号である．$m\times n$ 行列 $A=(a_{ij})$ の行と列をいれかえた $n\times m$ 行列のことを A の**転置行列** (transpose matrix) といい，A' とあらわす．すなわち A' は a_{ji} を (i,j) 要素とする行列

$$A'=(a_{ji}) \tag{2.36}$$

である．定義からただちに明らかなように

$$(AB)'=B'A' \tag{2.37}$$

が成りたつ．$A=A'$ となる，すなわち $a_{ij}=a_{ji}$ となる正方行列 A を**対称行列** (symmetric matrix) という．

m 次元列ベクトル $\boldsymbol{x}$ を，$m\times 1$ 行列とみなすことができる．転置 $\boldsymbol{x}'$ は行ベクトルである．m 次元ベクトル $\boldsymbol{x}, \boldsymbol{y}$ の内積は $(\boldsymbol{x}, \boldsymbol{y})=\boldsymbol{x}'\boldsymbol{y}$ と書ける．また $A=(\boldsymbol{a}_1, \boldsymbol{a}_2, \cdots, \boldsymbol{a}_m)$，$\boldsymbol{x}'=(x_1, x_2, \cdots, x_m)$ として，1 次方程式 (2.6) を $A\boldsymbol{x}=\boldsymbol{b}$ と書くことができる (ただし $\boldsymbol{a}_j$ および $\boldsymbol{b}$ は列ベクトルとみなす)．

2.2.2 行列の階数と逆行列

$m\times n$ 行列 $A=(a_{ij})$ を m 次元列ベクトルを n 個並べたもの，または n 次元行ベクトルを m 個並べたものと考えよう．すなわち，A の各列または各行をベクトルとみなす．1 次独立な列の最大個数のことを，行列 A の**階数** (rank) といい，rank A と書く．それはまた，1 次独立な行の最大個数にも一致する[1]．したがって，転置行列 A' の階数は A の階数に等しい．

$m\times m$ 正方行列 $A=(a_{ij})$ の階数が m のとき，A は**非特異** (nonsingular) であるという．非特異行列 A にたいして

$$AA^{-1}=A^{-1}A=I \tag{2.38}$$

1) 証明は，佐武一郎「線形代数学」(裳華房) を参照せよ．

となるような行列 A^{-1} を一意的に定めることができる．このような行列 A^{-1} のことを，A の**逆行列**(inverse matrix)という．このことを以下に示そう．

$\boldsymbol{A}=(\boldsymbol{a}_1, \boldsymbol{a}_2, \cdots, \boldsymbol{a}_m)$ と書き，$\boldsymbol{A}^{-1}=(b_{ij})=(\boldsymbol{b}_1, \boldsymbol{b}_2, \cdots, \boldsymbol{b}_m)$ と書く．$\boldsymbol{A}\boldsymbol{A}^{-1}=\boldsymbol{I}$ より

(2.39)　$$\boldsymbol{A}\boldsymbol{b}_i=b_{i1}\boldsymbol{a}_1+b_{i2}\boldsymbol{a}_2+\cdots+b_{im}\boldsymbol{a}_m=\boldsymbol{e}_i, \qquad i=1, 2, \cdots, m$$

となる．$\boldsymbol{e}_i$ は第 i 要素が1であり他の要素は0の m 次元ベクトルである．(2.39) を $\boldsymbol{b}_i$ を未知数ベクトルとする非同次1次方程式とみなそう．rank $\boldsymbol{A}=m$ より，$\boldsymbol{a}_1, \cdots, \boldsymbol{a}_m$ は1次独立であり，さらに，1次独立な m 次元ベクトルはたかだか m 個しか存在しないから，一意解の存在条件 (2.12) は満たされる．かくして，m個の1次方程式 (2.39) には各々一意解が存在する．$\boldsymbol{A}\boldsymbol{A}^{-1}=\boldsymbol{I}$ となるような行列 $\boldsymbol{A}^{-1}=(b_{ij})$ の要素は一意的に定まる．同様に $\boldsymbol{C}\boldsymbol{A}=\boldsymbol{I}$ となるような行列を $\boldsymbol{C}$ とすれば

(2.40)　$$\boldsymbol{C}=\boldsymbol{C}\boldsymbol{I}=\boldsymbol{C}\boldsymbol{A}\boldsymbol{A}^{-1}=\boldsymbol{I}\boldsymbol{A}^{-1}=\boldsymbol{A}^{-1}$$

となる．

以上によって (2.38) を満たす行列 $\boldsymbol{A}^{-1}$ が一意的に存在することが示された．

(2.41)　$$(\boldsymbol{A}\boldsymbol{B})(\boldsymbol{B}^{-1}\boldsymbol{A}^{-1})=\boldsymbol{A}\boldsymbol{I}\boldsymbol{A}^{-1}=\boldsymbol{A}\boldsymbol{A}^{-1}=\boldsymbol{I}$$

したがって

(2.42)　$$(\boldsymbol{A}\boldsymbol{B})^{-1}=\boldsymbol{B}^{-1}\boldsymbol{A}^{-1}$$

となる．また $\boldsymbol{A}\boldsymbol{A}^{-1}=\boldsymbol{I}$ の両辺を転置すると $(\boldsymbol{A}^{-1})'\boldsymbol{A}'=\boldsymbol{I}$ となり

(2.43)　$$(\boldsymbol{A}')^{-1}=(\boldsymbol{A}^{-1})'$$

となることがわかる．

$\boldsymbol{A}$ と $\boldsymbol{D}$ を対称な非特異行列とする．このとき

(2.44)　$$\begin{bmatrix} \boldsymbol{A} & \boldsymbol{B} \\ \boldsymbol{B}' & \boldsymbol{D} \end{bmatrix}^{-1}=\begin{bmatrix} \boldsymbol{A}^{-1}+\boldsymbol{F}\boldsymbol{E}^{-1}\boldsymbol{F}' & -\boldsymbol{F}\boldsymbol{E}^{-1} \\ -\boldsymbol{E}^{-1}\boldsymbol{F}' & \boldsymbol{E}^{-1} \end{bmatrix}$$

が成りたつ．ただし $\boldsymbol{E}=\boldsymbol{D}-\boldsymbol{B}'\boldsymbol{A}^{-1}\boldsymbol{B}$，$\boldsymbol{F}=\boldsymbol{A}^{-1}\boldsymbol{B}$ である．

正方行列 $\boldsymbol{A}=(a_{ij})$ において $a_{ij}=0\,(i\neq j,\ i, j=1, 2, \cdots, m)$ となるとき，$\boldsymbol{A}$ を**対角行列**という．対角行列の逆行列はやはり対角行列であり，その対角要素は $1/a_{ii}$ である．また，$a_{ij}=0\,(i>j)$ となる正方行列 $\boldsymbol{A}$ のことを上側**三角行列**といい，$a_{ij}=0\,(i<j)$ となる正方行列 $\boldsymbol{A}$ のことを下側三角行列という．すべての対角要素 $a_{ii}\neq 0$ ならば，三角行列 $\boldsymbol{A}$ は非特異であり，逆行列 $\boldsymbol{A}^{-1}$ もまた三角行列である．

連立方程式 (2.5) を

(2.45)　$$\boldsymbol{A}\boldsymbol{x}=\boldsymbol{b}$$

と書くと，$\boldsymbol{A}$ が非特異ならば式の両辺に $\boldsymbol{A}^{-1}$ をかけて，$\boldsymbol{A}^{-1}\boldsymbol{A}\boldsymbol{x}=\boldsymbol{I}\boldsymbol{x}=\boldsymbol{A}^{-1}\boldsymbol{b}$. したがって解は $\boldsymbol{x}=\boldsymbol{A}^{-1}\boldsymbol{b}$ によって与えられる．

2.2.3 線形写像

一般に n 次元ベクトル $\boldsymbol{x}$ にたいして，m 次元ベクトル $\boldsymbol{y}$ を対応させるような関係を考えよう．これを

$$\boldsymbol{y}=T(\boldsymbol{x}) \tag{2.46}$$

と書く．$\boldsymbol{x}$ と $\boldsymbol{y}$ の関係のことを**写像**(mapping)または**変換**(transformation)という．写像 T が次の性質をもつとき，T を**線形写像**(linear mapping)という．

$$T(a\boldsymbol{x}_1+b\boldsymbol{x}_2)=aT(\boldsymbol{x}_1)+bT(\boldsymbol{x}_2) \tag{2.47}$$

ただし，$\boldsymbol{x}_1$ と $\boldsymbol{x}_2$ は任意の n 次元ベクトル，a と b は任意のスカラーである．

任意の $m\times n$ 行列 $\boldsymbol{A}$ にたいして，

$$\boldsymbol{y}=\boldsymbol{A}\boldsymbol{x}, \qquad \boldsymbol{x}\in R^n \tag{2.48}$$

という写像を考えることができる．容易にわかるように，(2.46) は R^n から R^m への線形写像である．R^n のベクトルの像となるような R^m 内のベクトル全体の集合

$$T_A(R^n)=\{\boldsymbol{y} : \boldsymbol{y}=\boldsymbol{A}\boldsymbol{x},\ \boldsymbol{x}\in R^n\} \tag{2.49}$$

のことを，**像空間**という．像空間は，$\boldsymbol{A}$ の n 個の列によって張られる R^m 内の線形部分空間であり，$T_A(R^n)$ の次元は $\boldsymbol{A}$ の階数（1次独立な列の最大個数）に等しい．したがって $\operatorname{rank}\boldsymbol{A}=m$ のとき，$T_A(R^n)=R^m$ となる．

$\boldsymbol{A}$ のすべての列と直交する m 次元ベクトル全体の集合 $\{\boldsymbol{y} : \boldsymbol{A}'\boldsymbol{y}=\boldsymbol{0}\}$ は線形部分空間であり，$T_A(R^n)$ の直交補空間となる．したがって，§2.1.4(iii) よりこのような部分空間の次元は，$m-\operatorname{rank}\boldsymbol{A}$ に等しい．

行列を線形写像と考えれば，行列の階数の意味が明確になり，次のような定理がたやすく証明される．

（i） $\operatorname{rank}\boldsymbol{A}\boldsymbol{A}'=\operatorname{rank}\boldsymbol{A}$.

（ii） $\operatorname{rank}\boldsymbol{A}\boldsymbol{B}\leq\operatorname{rank}\boldsymbol{A},\ \operatorname{rank}\boldsymbol{B}$, $\boldsymbol{A}$ は $m\times n$, $\boldsymbol{B}$ は $n\times q$.

（iii） $\operatorname{rank}\boldsymbol{A}\boldsymbol{B}=\operatorname{rank}\boldsymbol{A}$, $\boldsymbol{B}$ は非特異行列.

（iv） $\operatorname{rank}(\boldsymbol{A}+\boldsymbol{B})\leq\operatorname{rank}\boldsymbol{A}+\operatorname{rank}\boldsymbol{B}$.

（i） $\boldsymbol{A}'\boldsymbol{x}=\boldsymbol{0}$ ならば $\boldsymbol{A}\boldsymbol{A}'\boldsymbol{x}=\boldsymbol{0}$. また $\boldsymbol{A}\boldsymbol{A}'\boldsymbol{x}=\boldsymbol{0}$ ならば $\boldsymbol{x}'\boldsymbol{A}\boldsymbol{A}'\boldsymbol{x}=\|\boldsymbol{A}'\boldsymbol{x}\|^2=0$, すなわち

$\boldsymbol{A}'\boldsymbol{x}=\boldsymbol{0}$. したがって $\boldsymbol{A}'\boldsymbol{x}=\boldsymbol{0} \Leftrightarrow \boldsymbol{A}\boldsymbol{A}'\boldsymbol{x}=\boldsymbol{0}$ となり $T_A(R^n)^{\perp}=T_{AA'}(R^n)^{\perp}$. このことはまた $T_A(R^n)=T_{AA'}(R^n)$ を意味する. したがって rank $\boldsymbol{A}$=dim $T_A(R^n)$=dim $T_{AA'}(R^n)$ =rank $\boldsymbol{AA}'$.

(ii) $T_B(R^q)$ は R^n の部分空間である. したがって $T_A(T_B(R^q))\subseteq T_A(R^n)$, すなわち $T_{AB}(R^q)\subseteq T_A(R^n)$ となり $\dim T_{AB}(R^q)\leq \dim T_A(R^n)$. よって rank $\boldsymbol{AB}\leq$rank $\boldsymbol{A}$. 同様にして rank $\boldsymbol{B}'\boldsymbol{A}'\leq$ rank $\boldsymbol{B}'$ が示される.

(iii) $\boldsymbol{B}$ が非特異であることから $\boldsymbol{A}=(\boldsymbol{AB})\boldsymbol{B}^{-1}$. したがって (ii) より rank $\boldsymbol{A}\leq$ rank $\boldsymbol{AB}$. 他方 (ii) を直接適用すれば rank $\boldsymbol{AB}\leq$ rank $\boldsymbol{A}$. かくして rank $\boldsymbol{AB}$=rank $\boldsymbol{A}$ となる.

(iv) $\boldsymbol{A}'\boldsymbol{x}=\boldsymbol{0}$ かつ $\boldsymbol{B}'\boldsymbol{x}=\boldsymbol{0}$ ならば $(\boldsymbol{A}+\boldsymbol{B})'\boldsymbol{x}=\boldsymbol{0}$. したがって $T_{A+B}(R^n)^{\perp}\supseteq T_A(R^n)^{\perp}\cap T_B(R^n)^{\perp}=[T_A(R^n)\cup T_B(R^n)]^{\perp}$. かくして $n-$rank$(\boldsymbol{A}+\boldsymbol{B})\geq n-\dim[T_A(R^n)\cup T_B(R^n)]\geq n-$rank $\boldsymbol{A}-$rank $\boldsymbol{B}$.

2.2.4 行列式とトレース

順列 $(i_1, i_2, \cdots, i_n)$ が順列 $(1, 2, \cdots, n)$ から偶数回の数字のいれかえで得られるとき，それを偶順列といい，奇数回のいれかえで得られるとき，それを奇順列という．たとえば (2, 1, 3) は (1, 2, 3) の 1 と 2 をいれかえるだけで得られる．したがって (2, 1, 3) は奇順列である．また (3, 1, 2) を得るには，最低 2 回のいれかえが必要であるから，それは偶順列である．さて，偶順列にたいしては 1 を，奇順列にたいしては -1 を対応させる関数 $\mathrm{sgn}(i_1, i_2, \cdots, i_n)$ を考える．$m\times m$ 正方行列 $\boldsymbol{A}$ の**行列式**(determinant)は

$$|\boldsymbol{A}|=\sum \mathrm{sgn}(i_1, i_2, \cdots, i_m)a_{1i_1}a_{2i_2}\cdots a_{mi_m} \tag{2.50}$$

と定義される．ここで $\sum$ は，すべての順列($m!$通り)についての和を表わす．行列 $\boldsymbol{A}$ の i 行 j 列を除いて得られる $(m-1)\times(m-1)$ 行列の行列式に $(-1)^{i+j}$ をかけたものを a_{ij} の**余因子**(cofactor)といい，A_{ij} と書く．行列式の満たす諸性質を，以下にまとめておこう．

(i) $|\boldsymbol{A}|=0 \Leftrightarrow$ rank $\boldsymbol{A}<m$.

(ii) $|c\boldsymbol{A}|=c^m|\boldsymbol{A}|$, c はスカラー.

(iii) $\boldsymbol{A}$ の任意の 2 行(または列)を入れかえると，$|\boldsymbol{A}|$ の符号が変わる.

(iv) $|\boldsymbol{A}|=\sum_{j=1}^{m} a_{ij}A_{ij}=\sum_{i=1}^{m} a_{ij}A_{ij}$.

(v) $|\boldsymbol{A}|\neq 0$ ならば，$\boldsymbol{A}^{-1}=(A_{ji}/|\boldsymbol{A}|)$.

(vi) $|\boldsymbol{A}^{-1}|=1/|\boldsymbol{A}|$.

(vii) $\boldsymbol{A}$ と $\boldsymbol{B}$ がともに正方行列ならば，$|\boldsymbol{AB}|=|\boldsymbol{A}|\cdot|\boldsymbol{B}|$.

(viii) $\boldsymbol{A}$ が三角行列 ($a_{ij}=0,\ i<j$ または $a_{ij}=0,\ i>j$) ならば

$$|\boldsymbol{A}|=a_{11}a_{22}\cdots a_{mm}.$$

(ix) $\boldsymbol{A}$ と $\boldsymbol{D}$ は正方行列，$\boldsymbol{A}$ は非特異とすれば

(2.51)
$$\begin{vmatrix}\boldsymbol{A} & \boldsymbol{B}\\ \boldsymbol{C} & \boldsymbol{D}\end{vmatrix}=|\boldsymbol{A}|\,|\boldsymbol{D}-\boldsymbol{C}\boldsymbol{A}^{-1}\boldsymbol{B}|.$$

(x) $|\boldsymbol{A}'|=|\boldsymbol{A}|$.

正方行列 $\boldsymbol{A}=(a_{ij})$ の対角要素の和を**トレース** (trace) といい，$\mathrm{tr}\,\boldsymbol{A}$ と書く.

(2.52)
$$\mathrm{tr}\,\boldsymbol{A}=\sum_{i=1}^{m}a_{ii}.$$

トレースにかんして，以下のことが成りたつ.

(xi) $\mathrm{tr}(\boldsymbol{A}+\boldsymbol{B})=\mathrm{tr}\,\boldsymbol{A}+\mathrm{tr}\,\boldsymbol{B}$.

(xii) $\mathrm{tr}\,\boldsymbol{AB}=\mathrm{tr}\,\boldsymbol{BA}$.

(xiii) $\mathrm{tr}\,\boldsymbol{A}(\boldsymbol{A}'\boldsymbol{A})^{-1}\boldsymbol{A}'=m$，ただし $\boldsymbol{A}$ は $\mathrm{rank}\,\boldsymbol{A}=m$ の $n\times m$ 行列.

(xiv) $\boldsymbol{x}'\boldsymbol{A}\boldsymbol{x}=\mathrm{tr}\,\boldsymbol{A}\boldsymbol{x}\boldsymbol{x}'$.

証明は読者にまかそう.

2.2.5 直交行列と直交変換

(2.53)
$$\boldsymbol{P}'\boldsymbol{P}=\boldsymbol{I}$$

となる $m\times m$ 正方行列 $\boldsymbol{P}$ のことを**直交行列** (orthogonal matrix) という．$\boldsymbol{P}$ は明らかに非特異であり，逆行列 $\boldsymbol{P}^{-1}$ が存在する．(2.53) の両辺に右側から $\boldsymbol{P}^{-1}$ をかけると，$\boldsymbol{P}'\boldsymbol{P}\boldsymbol{P}^{-1}=\boldsymbol{P}^{-1}$，すなわち $\boldsymbol{P}'=\boldsymbol{P}^{-1}$ となることがわかる．したがって，$\boldsymbol{P}\boldsymbol{P}'=\boldsymbol{P}'\boldsymbol{P}=\boldsymbol{I}$ となる．(2.53) の両辺の行列式をとると

(2.54)
$$|\boldsymbol{P}'\boldsymbol{P}|=|\boldsymbol{P}'|\,|\boldsymbol{P}|=|\boldsymbol{P}|^2=|\boldsymbol{I}|=1$$

となり，直交行列の行列式は，$+1$ または -1 となることがわかる.

さて，直交行列 $\boldsymbol{P}$ をもちいた線形変換

(2.55)
$$\boldsymbol{y}=\boldsymbol{P}\boldsymbol{x}$$

を考えよう．このような変換を**直交変換**という．直交変換は，次のような性質をもつ.

(i) ベクトルの長さと角度は，直交変換によって不変に保たれる．すなわ

ち，$\boldsymbol{x} \xrightarrow{P} \boldsymbol{y}$ とすれば，$\|\boldsymbol{y}\|=\|\boldsymbol{x}\|$，そして $\boldsymbol{x}_1 \xrightarrow{P} \boldsymbol{y}_1$，$\boldsymbol{x}_2 \xrightarrow{P} \boldsymbol{y}_2$ とすれば，$(\boldsymbol{x}_1, \boldsymbol{x}_2)=(\boldsymbol{y}_1, \boldsymbol{y}_2)$ である((2.16)による角度の定義を参照せよ)．

$\|\boldsymbol{y}\|^2=\|\boldsymbol{P}\boldsymbol{x}\|^2=\boldsymbol{x}'\boldsymbol{P}'\boldsymbol{P}\boldsymbol{x}=\boldsymbol{x}'\boldsymbol{x}=\|\boldsymbol{x}\|^2$．$(\boldsymbol{y}_1, \boldsymbol{y}_2)=(\boldsymbol{P}\boldsymbol{x}_1, \boldsymbol{P}\boldsymbol{x}_2)=\boldsymbol{x}_1'\boldsymbol{P}'\boldsymbol{P}\boldsymbol{x}_2=\boldsymbol{x}_1'\boldsymbol{x}_2=(\boldsymbol{x}_1, \boldsymbol{x}_2)$．

2.3　2次形式の標準化

2.3.1　固有値と固有ベクトル

$\boldsymbol{A}=(a_{ij})$ を $m\times m$ 正方行列とするとき

$$|\boldsymbol{A}-\lambda\boldsymbol{I}|=0 \tag{2.56}$$

は λ にかんする m 次方程式を与える．この方程式を**固有方程式**(characteristic equation)と呼び，その根 $\lambda_i, i=1, 2, \cdots, m$ のことを固有根または**固有値**(characteristic root, eigen-value)という．さらに，$\boldsymbol{A}\boldsymbol{p}_i=\lambda_i\boldsymbol{p}_i$ となる m 次元ベクトル $\boldsymbol{p}_i(\neq\boldsymbol{0})$ のことを，λ_i に対応する**固有ベクトル**という．λ_i が (2.56) を満たすということは，$\mathrm{rank}(\boldsymbol{A}-\lambda_i\boldsymbol{I})<m$ を意味し，$[\boldsymbol{A}-\lambda_i\boldsymbol{I}]\boldsymbol{p}_i=\boldsymbol{0}$ となる $\boldsymbol{p}_i(\neq\boldsymbol{0})$ が存在する($\boldsymbol{p}_i$ は必ずしも一意的でないことに注意．また一般に λ_i や $\boldsymbol{p}_i$ は複素数や複素ベクトルになることもある)．

対称行列の固有値・固有ベクトルの性質が，統計学において頻繁に用いられる．そこで以下，対称行列を中心に，固有値と固有ベクトルの性質をみていこう．

(i)　対称行列 $\boldsymbol{A}$ の m 個の固有値はすべて実数であり，対応する固有ベクトルもまた実ベクトルにとれる．

固有値を $\lambda=\mu+i\xi$ とし，固有ベクトルを $\boldsymbol{p}=\boldsymbol{u}+i\boldsymbol{v}$ とすれば，$\boldsymbol{A}(\boldsymbol{u}+i\boldsymbol{v})=(\mu+i\xi)(\boldsymbol{u}+i\boldsymbol{v})$ となる．ただし，μ と ξ は実数，$\boldsymbol{u}$ と $\boldsymbol{v}$ は実ベクトル，i は虚数単位である．両辺の実部と虚部とを等しくおくと，$\boldsymbol{A}\boldsymbol{u}=\mu\boldsymbol{u}-\xi\boldsymbol{v}$，$\boldsymbol{A}\boldsymbol{v}=\xi\boldsymbol{u}+\mu\boldsymbol{v}$ を得る．第1式の両辺に $\boldsymbol{v}'$ を第2式の両辺に $\boldsymbol{u}'$ をかけると，$\boldsymbol{A}$ が対称であることから，両式の左辺は等しくなり，$\xi(\boldsymbol{v}'\boldsymbol{v}+\boldsymbol{u}'\boldsymbol{u})=0$ となる．$\boldsymbol{p}\neq\boldsymbol{0}$ だから $\boldsymbol{u}'\boldsymbol{u}+\boldsymbol{v}'\boldsymbol{v}\neq 0$．したがって $\xi=0$，すなわち λ は実数である．また $\xi=0$ ならば $\boldsymbol{A}\boldsymbol{u}=\mu\boldsymbol{u}$ となり，$\boldsymbol{v}=\boldsymbol{0}$ として差支えない．

$\boldsymbol{A}=(a_{ij})$ を $m\times m$ 対称行列，$\boldsymbol{x}$ を m 次元ベクトルとするとき

$$\boldsymbol{x}'\boldsymbol{A}\boldsymbol{x}=\sum_{i,j=1}^{m} a_{ij}x_ix_j \tag{2.57}$$

のことを $\boldsymbol{A}$ の**2次形式**(quadratic-form)という．零ベクトルでない任意の $\boldsymbol{x}$

にたいして，$x'Ax>0$ ならば，A は**正値定符号**(positive definite)であるという．また $x'Ax\geq 0$ ならば，A は**非負値定符号**(nonnegative definite)であるという．

(ii)　正値定符号行列の固有値はすべて正であり，非負値定符号行列の固有値はすべて非負である．

$Ap=\lambda p$ の両辺に p' をかけると，$p'Ap=\lambda p'p$ となる．A が正値定符号ならば $\lambda p'p>0$．$p\neq 0$ より $\lambda>0$ となる．A が非負値定符号ならば $\lambda p'p\geq 0$．$p\neq 0$ より $\lambda\geq 0$ となる．

(iii)　対称行列 A の相異なる固有値 λ_1, λ_2 に対応する固有ベクトル p_1 と p_2 はたがいに直交する．

$Ap_1=\lambda_1 p_1$，$Ap_2=\lambda_2 p_2$ より，$p_2'Ap_1=\lambda_1 p_2'p_1=\lambda_2 p_1'p_2$．$\lambda_1\neq\lambda_2$ だから $p_1'p_2=0$ である．

(iv)　A が対称行列のとき，$P'AP=\Lambda$ (Λ は対角行列) となるような直交行列 P が存在する．

一般の場合の証明は面倒なので，固有値 $\lambda_1, \lambda_2, \cdots, \lambda_m$ が相異なる場合についてのみ証明する．対応する固有ベクトル $p_1, p_2, \cdots, p_m$ を $\|p_i\|=1$ となるように各々基準化する．$P=(p_1, p_2, \cdots, p_m)$ は $m\times m$ 直交行列である．$Ap_i=\lambda_i p_i$，$i=1, 2, \cdots, m$ をまとめて $AP=P\Lambda$ と表記できる．ただし Λ は対角線上に $\lambda_1, \cdots, \lambda_m$ を並べた対角行列である．この式の両辺に左から P' をかけると，$P'AP=\Lambda$ となる．

このような対称行列の両側に，直交行列とその転置をかけて対角行列を得る操作のことを，対称行列の正準化または**標準化**という．また，$P'AP=\Lambda$ の両辺に左から P を右から P' をかけると

$$A=P\Lambda P'=\sum_{i=1}^{m}\lambda_i p_i p_i' \tag{2.58}$$

を得る．このような表現を，A の**スペクトル分解**という．なお，一般の正方行列については，(2.58) のようにはならないけれども，固有方程式が重根をもたないならば，P は非特異であり，そのスペクトル分解は

$$A=P\Lambda P^{-1}=\sum_{i=1}^{m}\lambda_i p_i q_i' \tag{2.59}$$

となる．ただし q_i' は $P^{-1}=Q$ の第 i 行である．固有方程式に重根が存在する場合の分解は，さらに複雑になるが，次章以下の議論で不必要なため，ここでは立入らない．

以下のことは，一般の正方行列について成りたつが，簡単のために，(2.58)

または (2.59) のように分解されるケースについてのみ証明しておく.

(v)　$\mathrm{tr}\boldsymbol{A}=\lambda_1+\lambda_2+\cdots+\lambda_m$.

$\mathrm{tr}\boldsymbol{A}=\mathrm{tr}\boldsymbol{P\Lambda P}^{-1}=\mathrm{tr}\boldsymbol{\Lambda P}^{-1}\boldsymbol{P}=\mathrm{tr}\boldsymbol{\Lambda}=\lambda_1+\lambda_2+\cdots+\lambda_m$.

(vi)　$|\boldsymbol{A}|=\lambda_1\lambda_2\cdots\lambda_m$.

(2.58) より $|\boldsymbol{A}|=|\boldsymbol{P}||\boldsymbol{\Lambda}||\boldsymbol{P}^{-1}|=|\boldsymbol{\Lambda}|=\lambda_1\lambda_2\cdots\lambda_m$.

(vii)　0でない固有値の個数は rank $\boldsymbol{A}$ に等しい.

§2.2.3(iii) と (2.58) から rank $\boldsymbol{A}=\mathrm{rank}(\boldsymbol{P\Lambda P}^{-1})=\mathrm{rank}\,\boldsymbol{\Lambda}$. $\boldsymbol{\Lambda}$ は対角行列であるから, その階数は明らかに0でない対角要素(λ_i)の個数に一致する.

(viii)　$\boldsymbol{A}$ の固有値を $\lambda_1, \lambda_2, \cdots, \lambda_m$ とする. 任意の整数 k にたいし, $\boldsymbol{A}^k$ の固有値は $\lambda_1^k, \lambda_2^k, \cdots, \lambda_m^k$ である(とくに, $\boldsymbol{A}^{-1}$ の固有値は λ_i^{-1} である). また, $\boldsymbol{A}^k$ の固有ベクトルは $\boldsymbol{A}$ の固有ベクトルに一致する.

$\boldsymbol{Ap}=\lambda\boldsymbol{p}$ の両辺に $\boldsymbol{A}$ をかけると $\boldsymbol{A}^2\boldsymbol{p}=\lambda\boldsymbol{Ap}=\lambda^2\boldsymbol{p}$. 同様にして $\boldsymbol{A}^k\boldsymbol{p}=\lambda^k\boldsymbol{p}\,(k>0)$ を得る. この式の両辺に $\boldsymbol{A}^{-k}$ をかけて λ^k で割ると $\lambda^{-k}\boldsymbol{p}=\boldsymbol{A}^{-k}\boldsymbol{p}$ を得る.

2.3.2　ベキ等行列

次のような特殊な行列について考えよう. $m\times m$ 対称行列 $\boldsymbol{A}=(a_{ij})$ が $\boldsymbol{A}^2=\boldsymbol{A}$ を満たすとき, $\boldsymbol{A}$ は**ベキ等**(idempotent)であるという. 以下, ベキ等行列の性質についてみていこう.

(i)　任意の正整数 k にたいして $\boldsymbol{A}^k=\boldsymbol{A}$.

これは証明するまでもなく明らかであろう.

(ii)　$\boldsymbol{A}$ がベキ等であるための必要十分条件は, $\boldsymbol{A}$ の固有値がすべて0または1となることである.

$\boldsymbol{Ap}_i=\lambda_i\boldsymbol{p}_i$ ならば $\boldsymbol{A}^2\boldsymbol{p}_i=\lambda_i\boldsymbol{Ap}_i=\lambda_i^2\boldsymbol{p}_i$. $\boldsymbol{A}$ がベキ等ならば $\boldsymbol{A}^2\boldsymbol{p}_i=\boldsymbol{Ap}_i=\lambda_i\boldsymbol{p}_i$ となる. したがって $\lambda_i^2=\lambda_i$. λ_i が実数であることから, これは $\lambda_i=1$ または0を意味する. 逆に, 対称行列 $\boldsymbol{A}$ の固有値が $\lambda_1=\cdots=\lambda_k=1$, $\lambda_{k+1}=\cdots=\lambda_m=0$ であるとすれば,

$$\boldsymbol{A}=\boldsymbol{p}_1\boldsymbol{p}_1'+\boldsymbol{p}_2\boldsymbol{p}_2'+\cdots+\boldsymbol{p}_k\boldsymbol{p}_k' \tag{2.60}$$

と書ける. ただし, $\boldsymbol{p}_i$ は λ_i に対応する基準化された $\|\boldsymbol{p}_i\|=1$ となる固有ベクトルである. したがって, $\boldsymbol{p}_i'\boldsymbol{p}_i=1$, $\boldsymbol{p}_i'\boldsymbol{p}_j=0\ (i\neq j)$ より

$$\begin{aligned}\boldsymbol{A}^2&=(\boldsymbol{p}_1\boldsymbol{p}_1'+\cdots+\boldsymbol{p}_k\boldsymbol{p}_k')(\boldsymbol{p}_1\boldsymbol{p}_1'+\cdots+\boldsymbol{p}_k\boldsymbol{p}_k')\\&=\boldsymbol{p}_1\boldsymbol{p}_1'+\cdots+\boldsymbol{p}_k\boldsymbol{p}_k'=\boldsymbol{A}\end{aligned} \tag{2.61}$$

となる.

(iii)　rank $\boldsymbol{A}=\mathrm{tr}\boldsymbol{A}$.

§2.2.4(xii) および §2.3.1(iv) より，$\mathrm{tr}\boldsymbol{A}=\mathrm{tr}\boldsymbol{APP'}=\mathrm{tr}\boldsymbol{P'AP}=\mathrm{tr}\boldsymbol{\Lambda}=k$. 他方，§2.3.1(vii) より，$\mathrm{rank}\,\boldsymbol{A}=k$.

(iv)　**$\boldsymbol{A}$ がベキ等ならば $\boldsymbol{I}-\boldsymbol{A}$ もベキ等である．**

$(\boldsymbol{I}-\boldsymbol{A})^2=\boldsymbol{I}-2\boldsymbol{A}+\boldsymbol{A}^2=\boldsymbol{I}-2\boldsymbol{A}+\boldsymbol{A}=\boldsymbol{I}-\boldsymbol{A}$.

(v)　**$\mathrm{rank}\,\boldsymbol{A}+\mathrm{rank}(\boldsymbol{I}-\boldsymbol{A})=m$ となることは，$\boldsymbol{A}$ がベキ等であるための必要十分条件である．**

一般に $\boldsymbol{Ap}_i=\lambda_i\boldsymbol{p}_i$ ならば $(\boldsymbol{I}-\boldsymbol{A})\boldsymbol{p}_i=(1-\lambda_i)\boldsymbol{p}_i$. したがって $\boldsymbol{A}$ の固有値を $\lambda_1, \lambda_2, \cdots, \lambda_m$ とすると，$\boldsymbol{I}-\boldsymbol{A}$ の固有値は $1-\lambda_1, \cdots, 1-\lambda_m$ である．$\boldsymbol{A}$ がベキ等であり $\mathrm{rank}\,\boldsymbol{A}=k$ とすれば，$\boldsymbol{I}-\boldsymbol{A}$ の 0 でない固有値の数は $m-k$ である．すなわち $\mathrm{rank}(\boldsymbol{I}-\boldsymbol{A})=m-k$. かくして必要性が示された．次に，$\mathrm{rank}\,\boldsymbol{A}+\mathrm{rank}(\boldsymbol{I}-\boldsymbol{A})=m$ を仮定する．$\mathrm{rank}\,\boldsymbol{A}=k$ とし，一般性を失うことなく $\lambda_1\neq 0, \cdots, \lambda_k\neq 0, \lambda_{k+1}=0, \cdots, \lambda_m=0$ としよう．$\mathrm{rank}(\boldsymbol{I}-\boldsymbol{A})=m-k$ より，その固有値 $1-\lambda_1, \cdots, 1-\lambda_m$ のうち k 個は 0 である．$1-\lambda_{k+1}, \cdots, 1-\lambda_m$ は 0 となりえないから，$1-\lambda_1=0, \cdots, 1-\lambda_k=0$, すなわち $\boldsymbol{A}$ の 0 でない固有値はすべて 1 に等しい．これは $\boldsymbol{A}$ がベキ等であることを意味する．

(vi)　**階数が n の任意の $m\times n$ 行列 $\boldsymbol{A}$ にたいし，$\boldsymbol{A}(\boldsymbol{A'A})^{-1}\boldsymbol{A'}$ はベキ等であり，その階数は n である．**

$\boldsymbol{A}(\boldsymbol{A'A})^{-1}\boldsymbol{A'}\cdot\boldsymbol{A}(\boldsymbol{A'A})^{-1}\boldsymbol{A'}=\boldsymbol{A}(\boldsymbol{A'A})^{-1}\boldsymbol{A'}$.

§2.1.4(i) でみたように，m 次元ベクトル空間内の線形部分空間 $\mathcal{M}$ が与えられたとき，任意の m 次元ベクトル $\boldsymbol{x}$ を，

$$\boldsymbol{x}=\boldsymbol{y}+\boldsymbol{z}, \qquad \boldsymbol{y}\in\mathcal{M}, \qquad \boldsymbol{z}\in\mathcal{M}^{\perp} \tag{2.62}$$

と一意的に分解することができる．$\boldsymbol{y}$ を $\mathcal{M}$ への $\boldsymbol{x}$ の射影といい，$\boldsymbol{z}$ を $\boldsymbol{x}$ から $\mathcal{M}$ への垂線とよんだ．さて

$$\boldsymbol{Px}=\boldsymbol{y} \tag{2.63}$$

となるような行列 $\boldsymbol{P}$ のことを**射影行列**(projection matrix)という．

(vii)　**$\boldsymbol{P}$ はベキ等行列である．**

任意のベクトル $\boldsymbol{x}$ にたいし

$$\boldsymbol{P}^2\boldsymbol{x}=\boldsymbol{P}(\boldsymbol{Px})=\boldsymbol{Py}=\boldsymbol{y}=\boldsymbol{Px} \tag{2.64}$$

となる．これは $\boldsymbol{P}^2=\boldsymbol{P}$ を意味する．

(viii)　**$\boldsymbol{I}-\boldsymbol{P}$ は $\mathcal{M}^{\perp}$ 上への射影行列である．**

$(\boldsymbol{I}-\boldsymbol{P})\boldsymbol{x}=\boldsymbol{x}-\boldsymbol{Px}=\boldsymbol{x}-\boldsymbol{y}=\boldsymbol{z}$.

(ix)　**$m\times n$ 行列 $\boldsymbol{A}$ の階数を n とする．$\boldsymbol{A}$ の n 個の列で張られる線形部分空**

間($\boldsymbol{A}$ の列空間)$\mathcal{M}(\boldsymbol{A})$ 上への射影行列は

(2.65) $$\boldsymbol{A}(\boldsymbol{A}'\boldsymbol{A})^{-1}\boldsymbol{A}'$$

によって与えられる．

(2.62) のように分解したとき，$\boldsymbol{y}\in\mathcal{M}(\boldsymbol{A})$ より $\boldsymbol{y}=\boldsymbol{A}\boldsymbol{\alpha}$ と書ける．ここに $\boldsymbol{\alpha}$ は n 次元ベクトルである．$\boldsymbol{x}=\boldsymbol{A}\boldsymbol{\alpha}+\boldsymbol{z}$ の両辺に $\boldsymbol{A}'$ をかけると $\boldsymbol{A}'\boldsymbol{x}=\boldsymbol{A}'\boldsymbol{A}\boldsymbol{\alpha}$，したがって $\boldsymbol{A}(\boldsymbol{A}'\boldsymbol{A})^{-1}\boldsymbol{A}'\boldsymbol{x}=\boldsymbol{A}\boldsymbol{\alpha}=\boldsymbol{y}$.

2.3.3 正値定符号行列

正値定符号行列と非負値定符号行列の定義については，§2.3.1 ですでに述べた．以下，定符号行列の諸性質についてみてみよう(以下，とくに断らないかぎり，A は $m\times m$ 正方行列である)．

(i) $\boldsymbol{A}$ が正値(非負値)定符号のとき，$\boldsymbol{A}$ の $k\times k$ 主座小行列 $\boldsymbol{A}_k$($\boldsymbol{A}$ のはじめの k 行 k 列から成る $\boldsymbol{A}$ の部分行列)もまた正値(非負値)定符号である．

$\boldsymbol{x}_k$ を任意の k 次元実ベクトルとする．これに $m-k$ 個の 0 を加えて，m 次元ベクトル $\boldsymbol{x}'=(\boldsymbol{x}_k', 0\cdots 0)$ を作る．$\boldsymbol{A}$ は正値定符号だから $\boldsymbol{x}_k\neq\boldsymbol{0}$ ならば $\boldsymbol{x}'\boldsymbol{A}\boldsymbol{x}=\boldsymbol{x}_k'\boldsymbol{A}_k\boldsymbol{x}_k>0$ となり，$\boldsymbol{A}_k$ は正値定符号である．$\boldsymbol{A}$ が非負値定符号の場合も同様である．

(ii) $\boldsymbol{A}$ が正値(非負値)定符号ならば，$|\boldsymbol{A}|>0(|\boldsymbol{A}|\geq 0)$ である．

§2.3.1(ii) と §2.3.1(vi) より明らか．

(iii) $m\times m$ 対称行列 $\boldsymbol{A}$ が非負値定符号であるための必要十分条件は，$\boldsymbol{A}=\boldsymbol{B}\boldsymbol{B}'$ となる $m\times k$ 行列 $\boldsymbol{B}$ が存在することである．ただし $k=\mathrm{rank}\,\boldsymbol{A}=\mathrm{rank}\,\boldsymbol{B}$ である．

$\boldsymbol{A}$ の 0 でない固有値を $\lambda_1, \lambda_2, \cdots, \lambda_k$ とし，対応する基準化された固有ベクトルを $\boldsymbol{p}_1, \boldsymbol{p}_2, \cdots, \boldsymbol{p}_k$ とすれば，$\boldsymbol{A}=\lambda_1\boldsymbol{p}_1\boldsymbol{p}_1'+\cdots+\lambda_k\boldsymbol{p}_k\boldsymbol{p}_k'$ とスペクトル分解できる．$\boldsymbol{P}=(\boldsymbol{p}_1, \boldsymbol{p}_2, \cdots, \boldsymbol{p}_k)$, $\boldsymbol{\Lambda}=(\sqrt{\lambda_i}\delta_{ij})$ とし，$\boldsymbol{B}=\boldsymbol{P}\boldsymbol{\Lambda}^{1/2}$ とすればよい．$\boldsymbol{A}$ が正値定符号ならば $k=m$ だから，$\boldsymbol{B}$ は正方行列となり非特異である．

(iv) $\boldsymbol{A}$ を正値定符号行列とすれば，$\boldsymbol{A}=\boldsymbol{T}\boldsymbol{T}'$ となる非特異な下側三角行列 $\boldsymbol{T}(t_{ij}=0,\ i<j)$ が存在する．$\boldsymbol{T}$ を行列 $\boldsymbol{A}$ の**三角平方根**と呼び，$\boldsymbol{A}^{1/2}$ と書く．

$m=1$ のとき，これが成りたつことは明らかである．そこで $m=k-1$ のとき $\boldsymbol{A}_{k-1}=\boldsymbol{T}_{k-1}\boldsymbol{T}_{k-1}'$ となる非特異下側三角行列 T_{k-1} が存在するものと仮定する．

(2.66) $$\boldsymbol{t}_{k-1}'=(a_{k1}, a_{k2}, \cdots, a_{k,k-1})(\boldsymbol{T}_{k-1}')^{-1},$$

(2.67) $$t_{kk}^2=a_{kk}-\boldsymbol{t}_{k-1}'\boldsymbol{t}_{k-1},$$

(2.68) $$\boldsymbol{T}_k=\begin{bmatrix}\boldsymbol{T}_{k-1} & \boldsymbol{0}\\ \boldsymbol{t}_{k-1}' & t_{kk}\end{bmatrix}$$

としてやれば，T_k は確かに非特異な下側三角行列であり，$A_k=T_kT_k'$ となる．したがって数学的帰納法により $m\times m$ 正値定符号行列 A にたいし，$A=TT'$ となる非特異下側三角行列 T の存在が示された．

$G=T^{-1}$ とおけば，G もまた非特異な下側三角行列であり，$GAG'=I$ となる．すなわち，任意の正値定符号行列にたいして，$GAG'=I$ となるような非特異下側三角行列が存在する．

(v) A が非負値定符号ならば，BAB' もまた非負値定符号である．ただし B は任意の $n\times m$ 行列である．

$x'BAB'x=(B'x)'A(B'x)$ の右辺は A の2次形式であり，A が非負値定符号ならば，x が何であっても非負である．したがって BAB' は非負値定符号行列である．

(vi) 任意の非負値定符号行列 A と正値定符号行列 B にたいし，行列式方程式

$$|A-\lambda B|=0 \tag{2.69}$$

の根は，非負値定符号行列 GAG' の固有値に等しい．ただし $G=B^{-1/2}$ は，B の三角平方根の逆行列である．

(iv) で与えられる B の三角平方根は非特異だから $|G|\neq 0$，したがって $|A-\lambda B|=0$ は $|G||A-\lambda B||G'|=0$，すなわち $|GAG'-\lambda I|=0$ と同値である．すなわち (2.69) の根は GAG' の固有値に等しい．

(vii) A を対称行列，B を正値定符号行列とすれば，$CAC'=\Lambda$(対角行列)，$CBC'=I$ となるような非特異行列 C が存在する．Λ の対角要素は，方程式 $|A-\lambda B|=0$ の根である．

(iv) より $GBG'=I$ となる非特異行列が存在する．GAG' は対称であり，§2.3.1(iv) により，$P'GAG'P=\Lambda$ となる直交行列 P が存在する．$C=P'G$ とすれば，確かに $CAC'=\Lambda$，$CBC'=I$ となる．

二つの非負値定符号行列 A と B について，$A-B$ もまた非負値定符号ならば $A\geq B$ と表記することにしよう．この表記法を援用して，以下，A が正値定符号であることを $A>0$ と書き，A が非負値定符号であることを $A\geq 0$ と書くことにする．

(viii) $A\geq B>0$ ならば，$|A|\geq|B|$ かつ $B^{-1}\geq A^{-1}$ である．

(vii)のようにして求まる行列を C とすれば，$C(A-B)C'=\Lambda-I$ となる．$A-B\geq 0$ より $\Lambda-I\geq 0$．したがって Λ の対角要素を λ_i とすれば $\lambda_i\geq 1$ となる．ところで，$CAC'=$

Λ だから，$|C||A||C'|=|P'||G||A||G'||P|=|A||GG'|=|A||B^{-1}|=|\Lambda|=\lambda_1\lambda_2\cdots\lambda_m \geq 1$ となり，$|B^{-1}|=1/|B|$ を用いれば $|A|\geq|B|$．$A^{-1}=C'\Lambda^{-1}C$，$B^{-1}=C'C$ と書けるから，$B^{-1}-A^{-1}=C'(I-\Lambda^{-1})C$．$\lambda_i\geq 1$ より $I-\Lambda^{-1}$ の対角要素は非負．したがって上式の右辺は非負値定符号，すなわち $B^{-1}\geq A^{-1}$ が示された．

(ix) $n\times m$ 行列 A，$n\times q$ 行列 B にたいし，$\mathrm{rank}\, B=q$ ならば，$A'A\geq A'B(B'B)^{-1}B'A$ である．

$I-B(B'B)^{-1}B'$ はベキ等行列，したがって非負値定符号である．したがって (v) により，$A'[I-B(B'B)^{-1}B']A\geq 0$ となる．

2.3.4 2次形式の標準化

さて以上に述べた対称行列と非負値定符号行列の諸性質をもちいて，2次形式

(2.70)
$$x'Ax=\sum_{i,j=1}^{m} a_{ij}x_ix_j$$

をもっと見やすい形に変換することを考えよう．

§2.3.1(iv) より，任意の対称行列 A の両側から直交行列 P(ノルムが1となるように基準化された固有ベクトルを並べた行列) とその転置 P' をかけることにより，A を対角行列に変換できる．すなわち

(2.71)
$$P'AP=\Lambda, \qquad P'P=PP'=I.$$

行列 P を用いて，ベクトル x を

(2.72)
$$y=Px$$

と直交変換すれば，2次形式 (2.70) を

(2.73)
$$x'Ax=(Px)'PAP'(Px)=y'\Lambda y$$
$$=\lambda_1 y_1{}^2+\lambda_2 y_2{}^2+\cdots+\lambda_m y_m{}^2$$

と書きなおすことができる．

A が正値定符号ならば，$x'Ax=c$ (c は正定数) は，原点を中心とする m 次元の楕円体である．幾何学的にいうと，直交変換は，楕円体の軸が座標軸に一致するように，座標軸を回転 (rotate) するという操作にほかならない．

以上の結果をまとめておこう．

(i) 適当な直交変換 $y=Px$ によって，2次形式 $x'Ax$ を y にかんする (2.73) のような形に変換することができる．

さらに，このことの系として

(ii) $\boldsymbol{A}$が正値定符号ならば，$\boldsymbol{x}$を適当に非特異変換 $\boldsymbol{z}=\boldsymbol{Cx}$ とすることにより，2次形式 $\boldsymbol{x}'\boldsymbol{Ax}$ を

(2.74) $$\boldsymbol{x}'\boldsymbol{Ax}=\|\boldsymbol{z}\|^2=z_1{}^2+z_2{}^2+\cdots+z_m{}^2$$

と変換して書くことができる.

$\boldsymbol{A}$が正値定符号ならばすべての $\lambda_i>0$ だから，$\boldsymbol{z}=\boldsymbol{\Lambda}^{1/2}\boldsymbol{y}=\boldsymbol{\Lambda}^{1/2}\boldsymbol{P}\boldsymbol{x}$ と変換することにより，上の表現を得る．また，$\boldsymbol{A}$の三角平方根を $\boldsymbol{T}$ とすれば，$\boldsymbol{x}'\boldsymbol{Ax}=\boldsymbol{x}'\boldsymbol{TT}'\boldsymbol{x}=\|\boldsymbol{T}'\boldsymbol{x}\|^2$ となるから，$\boldsymbol{z}=\boldsymbol{T}'\boldsymbol{x}$ という非特異変換によって，同様の表現を得る.

幾何学的にいうと，まず直交変換によって，座標軸を楕円体の軸に一致するように変換したのが (i) の結果であり，さらに各座標軸の目盛りを伸縮して，楕円体を球に変換したのが (ii) の結果である.

(iii) 任意の非負値定符号行列 $\boldsymbol{A}$，正値定符号行列 $\boldsymbol{B}$ にたいし，2次形式 $\boldsymbol{x}'\boldsymbol{Ax}$ と $\boldsymbol{x}'\boldsymbol{Bx}$ を，それぞれ

(2.75) $$\boldsymbol{x}'\boldsymbol{Ax}=\lambda_1 y_1{}^2+\lambda_2 y_2{}^2+\cdots+\lambda_m y_m{}^2,$$

(2.76) $$\boldsymbol{x}'\boldsymbol{Bx}=y_1{}^2+y_2{}^2+\cdots+y_m{}^2$$

と変換する $\boldsymbol{x}$ の非特異変換 $\boldsymbol{y}=\boldsymbol{Gx}$ が存在する.

§2.3.3(vii) より $\boldsymbol{CAC}'=\boldsymbol{\Lambda}$，$\boldsymbol{CBC}'=\boldsymbol{I}$ となるような非特異行列 $\boldsymbol{C}$ が存在するから，非特異変換 $\boldsymbol{y}=(\boldsymbol{C}')^{-1}\boldsymbol{x}$ によって (2.75) と (2.76) を同時に満たすことができる.

(iv) 対称行列 $\boldsymbol{A}$ の固有値を $\lambda_1, \lambda_2, \cdots, \lambda_m$ とする．rank $\boldsymbol{A}=r$ とし，一般性を失うことなく $\lambda_1>0$, $\cdots$, $\lambda_q>0$, $\lambda_{q+1}<0$, $\cdots$, $\lambda_r<0$, $\lambda_{r+1}=0$, $\cdots$, $\lambda_m=0$ とする．このとき変換 $\boldsymbol{z}=\boldsymbol{Gx}$ によって，2次形式 $\boldsymbol{x}'\boldsymbol{Ax}$ を

(2.77) $$\boldsymbol{x}'\boldsymbol{Ax}=z_1{}^2+\cdots+z_q{}^2-z_{q+1}{}^2-\cdots-z_r{}^2$$

と変換できる.

$\boldsymbol{A}$は対称だから (2.73) のように変換できる．ついで $z_i=\sqrt{|\lambda_i|}\,y_i$ と変換すればよい．すなわち $\varDelta=(\sqrt{|\lambda_i|}\,\delta_{ij})$ として $\boldsymbol{G}=\boldsymbol{\varDelta P}$ とすればよい.

2.4 不等式と最大最小問題

2.4.1 不等式

(i) $\boldsymbol{A}$を非負値定符号行列とするとき

(2.78) $$(\boldsymbol{x}'\boldsymbol{Ay})^2\leq(\boldsymbol{x}'\boldsymbol{Ax})(\boldsymbol{y}'\boldsymbol{Ay}).$$

等号が成立するのは，$\boldsymbol{y}$が$\boldsymbol{x}$の定数倍のときに限られる．また$\boldsymbol{A}$が正値定符

号ならば

$$(2.79)\qquad (\boldsymbol{x}'\boldsymbol{y})^2 \le (\boldsymbol{x}'\boldsymbol{A}\boldsymbol{x})(\boldsymbol{y}'\boldsymbol{A}^{-1}\boldsymbol{y}).$$

§2.3.3(iii)より $\boldsymbol{A}=\boldsymbol{B}\boldsymbol{B}'$ となる行列 $\boldsymbol{B}$ が存在する．$\boldsymbol{B}'\boldsymbol{x}=\boldsymbol{v}$, $\boldsymbol{B}'\boldsymbol{y}=\boldsymbol{w}$ として，シュバルツの不等式 (2.18) を適用すれば (2.78) が得られる．また $\boldsymbol{A}>\boldsymbol{0}$ ならば $\boldsymbol{B}$ は非特異だから，$\boldsymbol{B}'\boldsymbol{x}=\boldsymbol{v}$, $\boldsymbol{B}^{-1}\boldsymbol{y}=\boldsymbol{w}$ として，同様の手続きをふめば (2.79) が得られる．

(ii) $\boldsymbol{A}$ を正値定符号行列とするとき

$$(2.80)\qquad |\boldsymbol{A}| \le a_{11}a_{22}\cdots a_{mm}.$$

$m=1$ のとき，これが成りたつことは明らかである．そこで $m=k-1$ のとき $|\boldsymbol{A}_{k-1}| \le a_{11}a_{22}\cdots a_{k-1,k-1}$ が成りたつと仮定しよう(次数を明示するために $\boldsymbol{A}$ に添字をつけた)．$\boldsymbol{A}_{k-1}$ の三角平方根を $\boldsymbol{T}_{k-1}$ とすれば，$|\boldsymbol{T}_{k-1}|^2=|\boldsymbol{A}_{k-1}|$ であり，$\boldsymbol{A}_k$ の三角平方根は(2.68)のように書ける．したがって $|\boldsymbol{A}_k|=|\boldsymbol{T}_k\boldsymbol{T}_k'|=|\boldsymbol{T}_k|^2=|\boldsymbol{T}_{k-1}|^2 t_{kk}^2 \le a_{kk}|\boldsymbol{T}_{k-1}|^2 \le a_{11}a_{22}\cdots a_{kk}$ となる．かくして数学的帰納法により，上の不等式は一般の m にたいして成りたつ．

不等式 (2.80) のことを，**アダマール**(Hadamard)**の不等式**という．

(iii) 任意の非特異行列 $\boldsymbol{B}$ にたいして

$$(2.81)\qquad |\boldsymbol{B}|^2 \le \prod_{i=1}^{n}\left(\sum_{k=1}^{n} b_{ik}^2\right)$$

が成りたつ．

$\boldsymbol{A}=\boldsymbol{B}\boldsymbol{B}'$ とすれば，§2.3.3(iii)より A は正値定符号である．$|\boldsymbol{A}|=|\boldsymbol{B}|^2$ となること，および $\boldsymbol{A}$ の対角要素は $\sum_{k=1}^{n} b_{ik}^2$ となることに注意して不等式 (2.80) を適用すればよい．

(iv) 任意の $n\times m$ 行列 $\boldsymbol{A}, \boldsymbol{B}$ にたいして，

$$(2.82)\qquad |\boldsymbol{A}'\boldsymbol{A}||\boldsymbol{B}'\boldsymbol{B}| \ge |\boldsymbol{A}'\boldsymbol{B}|^2$$

が成りたつ．ここで等号が成立するのは，$\boldsymbol{A}=\boldsymbol{B}\boldsymbol{C}$ となる $m\times m$ 行列 $\boldsymbol{C}$ が存在する場合に限られる．これを行列式にかんするシュバルツの不等式という．

rank $\boldsymbol{A}<m$ または rank $\boldsymbol{B}<m$ の場合に上式が成りたつことは明らかなので，rank $\boldsymbol{A}$ = rank $\boldsymbol{B}=m$ の場合について考える．$\boldsymbol{A}'\boldsymbol{A}-\boldsymbol{A}'\boldsymbol{B}(\boldsymbol{B}'\boldsymbol{B})^{-1}\boldsymbol{B}'\boldsymbol{A}$ は非負値定符号(§2.3.3(ix))，したがって $\boldsymbol{A}'\boldsymbol{A} \ge \boldsymbol{A}'\boldsymbol{B}(\boldsymbol{B}'\boldsymbol{B})^{-1}\boldsymbol{B}'\boldsymbol{A}$. したがって，§2.3.3(viii)より，$|\boldsymbol{A}'\boldsymbol{A}| \ge |\boldsymbol{A}'\boldsymbol{B}(\boldsymbol{B}'\boldsymbol{B})^{-1}\boldsymbol{B}'\boldsymbol{A}| = |\boldsymbol{A}'\boldsymbol{B}|^2|\boldsymbol{B}'\boldsymbol{B}|^{-1}$，すなわち $|\boldsymbol{A}'\boldsymbol{A}||\boldsymbol{B}'\boldsymbol{B}| \ge |\boldsymbol{A}'\boldsymbol{B}|^2$ を得る．

(v) 確率変数 X の期待値を $E(X)=\mu$ とする．$g(x)$ が凸関数ならば

$$(2.83)\qquad E[g(X)] \ge g(\mu).$$

一般の場合の証明は面倒なので，$g(x)$ が2階微分可能な場合についてのみ証明しておく．$g(x)$ をテーラー展開すると $g(x)=g(\mu)+(x-\mu)g'(\mu)+(1/2)(x-\mu)^2g''(\xi)$，となる．ただし ξ は μ と x の間の値である．$g(x)$ が凸ならば $g''(x)\ge 0$ だから，$g(x) \ge g(\mu)+(x$

$-\mu)g'(\mu)$となる．したがって$E[g(X)]\geq g(\mu)$ を得る．

この不等式を**ジェンセンの不等式**という．

(vi)　任意の密度関数$f(x)$ と $g(x)$ にたいし，

$$\int_{-\infty}^{\infty} f(x)\log\frac{f(x)}{g(x)}dx\geq 0 \tag{2.84}$$

となる．等号が成立するのは$f(x)=g(x)$ のときに限られる．

$-\log z$ は z の凸関数だから，$E[-\log z]\geq -\log E(z)$となる．$z=g(x)/f(x)$とおき，密度関数$f(x)$ のもとでの期待値をとれば，ただちに上の不等式が得られる．

不等式 (2.84) の左辺のことをカルバック=リーブラー(Kullbuck–Leibler)の**情報量**という．この量を密度関数$g(x)$ の$f(x)$ からのズレをはかる測度とみなすことができる．情報理論において基本的な不等式である．

2.4.2　2次形式の最大最小

(i)　$\boldsymbol{A}$を$m\times m$ 正値定符号行列とし，$\boldsymbol{d}$を m 次元ベクトルとすれば

$$\max_{x}\frac{(\boldsymbol{d}'\boldsymbol{x})^2}{\boldsymbol{x}'\boldsymbol{A}\boldsymbol{x}}=\boldsymbol{d}'\boldsymbol{A}^{-1}\boldsymbol{d}. \tag{2.85}$$

最大値は$\boldsymbol{x}\propto\boldsymbol{A}^{-1}\boldsymbol{d}$ によって到達される(記号 $\propto$ は左辺が右辺の任意定数倍という意味である)．

§2.4.1(i)より，任意の$\boldsymbol{x}$にたいして$(\boldsymbol{d}'\boldsymbol{x})^2\leq(\boldsymbol{d}'\boldsymbol{A}^{-1}\boldsymbol{d})\ (\boldsymbol{x}'\boldsymbol{A}\boldsymbol{x})$ となる．等号が成立するのは$\boldsymbol{A}^{1/2}\boldsymbol{x}\propto\boldsymbol{A}^{-1/2}\boldsymbol{d}$ の場合である．すなわち$\boldsymbol{x}\propto\boldsymbol{A}^{-1}\boldsymbol{d}$ のとき最大値をとる．

対称行列 $\boldsymbol{A}$ の固有値を$\lambda_1\leq\lambda_2\leq\cdots\leq\lambda_m$ とし，対応する固有ベクトルを$\boldsymbol{p}_1$, $\boldsymbol{p}_2,\cdots,\boldsymbol{p}_m$ とすれば，すでに示したとおり((2.58))，

$$\boldsymbol{A}=\lambda_1\boldsymbol{p}_1\boldsymbol{p}_1'+\lambda_2\boldsymbol{p}_2\boldsymbol{p}_2'+\cdots+\lambda_m\boldsymbol{p}_m\boldsymbol{p}_m' \tag{2.86}$$

と書ける．また，固有ベクトルがたがいに直交することから(§2.3.1(iii))，$\|\boldsymbol{p}_i\|=1$ と基準化しておけば，

$$\boldsymbol{I}=\boldsymbol{p}_1\boldsymbol{p}_1'+\boldsymbol{p}_2\boldsymbol{p}_2'+\cdots+\boldsymbol{p}_m\boldsymbol{p}_m' \tag{2.87}$$

となる．これより，2次形式の比を

$$\frac{\boldsymbol{x}'\boldsymbol{A}\boldsymbol{x}}{\boldsymbol{x}'\boldsymbol{x}}=\frac{\lambda_1c_1{}^2+\lambda_2c_2{}^2+\cdots+\lambda_mc_m{}^2}{c_1{}^2+c_2{}^2+\cdots+c_m{}^2} \tag{2.88}$$

と固有値の1次結合に書ける．ただし$c_i=\boldsymbol{p}_i'\boldsymbol{x}$ である．

(ii)　$\boldsymbol{A}$を任意の対称行列とするとき

(2.89)
$$\lambda_1 \leq \frac{\boldsymbol{x}'A\boldsymbol{x}}{\boldsymbol{x}'\boldsymbol{x}} \leq \lambda_m.$$

$\boldsymbol{x} \propto \boldsymbol{p}_1$ のとき下限 λ_1 に，$\boldsymbol{x} \propto \boldsymbol{p}_m$ のとき上限 λ_m に到達する．すなわち (2.88) の最小値は λ_1，最大値は λ_m によって与えられる．

(2.88) において $c_1 \neq 0$, $c_2 = \cdots = c_m = 0$ とすれば，比は最小となり，$c_1 = \cdots = c_{m-1} = 0$, $c_m \neq 0$ とすれば，比は最大となる．

(2.88) は零次同次（$\boldsymbol{x}$ を定数倍しても値は変わらない）だから，上記の命題を，「制約条件 $\|\boldsymbol{x}\| = 1$ のもとでの 2 次形式 $\boldsymbol{x}'A\boldsymbol{x}$ の最大値と最小値は各々 λ_m と λ_1 である」と読みかえてもよい．

(iii)　制約条件 $\boldsymbol{p}_i'\boldsymbol{x} = 0$ $(i = 1, 2, \cdots, k)$ のもとで

(2.90)
$$\lambda_{k+1} \leq \frac{\boldsymbol{x}'A\boldsymbol{x}}{\boldsymbol{x}'\boldsymbol{x}} \leq \lambda_m.$$

$\boldsymbol{x} \propto \boldsymbol{p}_{k+1}$，$\boldsymbol{x} \propto \boldsymbol{p}_m$ のとき，下限と上限に到達する．

証明は省く．(ii) の証明と同様である．

(iv)　A を対称行列，B を正値定符号行列とするとき，

(2.91)
$$\xi_1 \leq \frac{\boldsymbol{x}'A\boldsymbol{x}}{\boldsymbol{x}'B\boldsymbol{x}} \leq \xi_m.$$

ただし ξ_1, ξ_m は方程式 $|A - \xi B| = 0$ の最小根と最大根である．

$GAG' = (\xi_i \delta_{ij})$，$GBG' = I$ となる非特異行列 G が存在する（§2.3.3(vii)）．$\boldsymbol{x}'G^{-1} = (c_1, c_2, \cdots, c_m)$ とすれば，2 次形式の比 $\boldsymbol{x}'A\boldsymbol{x}/\boldsymbol{x}'B\boldsymbol{x}$ を (2.88) のように表現できる．したがって，(ii) と同様にして証明できる．

2.5　ベクトルの微分とベクトル確率変数

2.5.1　ベクトルと行列の微分

行列 A の要素 a_{ij} が x の関数 $a_{ij}(x)$ になっているとき，A の x にかんする微分を

(2.92)
$$\frac{\partial A(x)}{\partial x} = \left(\frac{\partial a_{ij}(x)}{\partial x}\right)$$

と定義する．また，行列 X の関数 $f(X)$ の X にかんする微分を

(2.93)
$$\frac{\partial f(X)}{\partial X} = \left(\frac{\partial f}{\partial x_{ij}}\right)$$

と定義する．ベクトル $\boldsymbol{x}$ の関数 $f(\boldsymbol{x})$ の微分も，行列にかんする微分の特例とみなせる．ただしベクトルの微分については，2次微分を評価する必要に迫られることが多い．それは

(2.94) $$\frac{\partial^2 f(\boldsymbol{x})}{\partial \boldsymbol{x} \partial \boldsymbol{x}'} = \left(\frac{\partial^2 f}{\partial x_i \partial x_j} \right)$$

と定義される．

以下，ベクトルと行列にかんする微分の公式を整理しておこう．

(i) $$\frac{\partial \boldsymbol{x}'\boldsymbol{a}}{\partial \boldsymbol{x}} = \boldsymbol{a}, \qquad \frac{\partial^2 \boldsymbol{x}'\boldsymbol{a}}{\partial \boldsymbol{x} \partial \boldsymbol{x}'} = \boldsymbol{0}.$$

(ii) $$\frac{\partial \boldsymbol{x}'\boldsymbol{A}\boldsymbol{x}}{\partial \boldsymbol{x}} = 2\boldsymbol{A}\boldsymbol{x}, \qquad \frac{\partial \boldsymbol{x}'\boldsymbol{A}\boldsymbol{x}}{\partial \boldsymbol{x} \partial \boldsymbol{x}'} = 2\boldsymbol{A}.$$

(iii) $\dfrac{\partial |\boldsymbol{X}|}{\partial \boldsymbol{X}} = (X_{ij}) = |\boldsymbol{X}|(\boldsymbol{X}^{-1})'$，ただし X_{ij} は行列 $\boldsymbol{X}$ の要素 x_{ij} の余因子である．

(iv) $\boldsymbol{X}$ が対称行列であり，$x_{ij} = x_{ji}$ を同一の変数とみなすならば

(2.95) $$\frac{\partial |\boldsymbol{X}|}{\partial \boldsymbol{X}} = 2(X_{ij}) - \mathrm{diag}[(X_{ij})].$$

ただし $\mathrm{diag}[(X_{ij})]$ は対角要素を X_{ii}，非対角要素をゼロとする対角行列である．

(v) $$\frac{\partial \log |\boldsymbol{X}|}{\partial \boldsymbol{X}} = (\boldsymbol{X}^{-1})', \qquad \boldsymbol{X}\text{ が非対称のとき}$$
$$= 2\boldsymbol{X}^{-1} - \mathrm{diag}(\boldsymbol{X}^{-1}), \qquad \boldsymbol{X}\text{ が対称のとき}$$

(vi) $$\frac{\partial\, \mathrm{tr}\, \boldsymbol{X}\boldsymbol{A}}{\partial \boldsymbol{X}} = \boldsymbol{A}', \qquad \boldsymbol{X}\text{ が非対称のとき}$$
$$= \boldsymbol{A} + \boldsymbol{A}' - \mathrm{diag}(\boldsymbol{A}), \qquad \boldsymbol{X}\text{ が対称のとき}$$

(vii) $\dfrac{\partial x^{pq}}{\partial \boldsymbol{X}} = -(x^{pi}x^{jq})$，ただし x^{ij} は $\boldsymbol{X}^{-1}$ の (i,j) 要素である．

証明は読者にまかせよう．

2.5.2 ベクトル確率変数の期待値

n 個の確率変数 $x_1, x_2, \cdots, x_n$ をタテに並べたベクトル $\boldsymbol{x}$ を，n 次元ベクトル確率変数という．$\boldsymbol{x}$ の期待値を $E(\boldsymbol{x})$ と書くことにすれば，$E(\boldsymbol{x})$ は $E(x_i)$ を第 i 要素とする n 次元ベクトルである．こうした定義からただちに明らかなよ

うに，n次元ベクトル確率変数$\boldsymbol{x}, \boldsymbol{y}$について，次のことが成りたつ．

(i) $E(a\boldsymbol{x}+b\boldsymbol{y})=aE(\boldsymbol{x})+bE(\boldsymbol{y})$，$a$と$b$はスカラー．

(ii) $E(\boldsymbol{A}\boldsymbol{x})=\boldsymbol{A}E(\boldsymbol{x})$，$\boldsymbol{A}$は$m\times n$定数行列．

ベクトル確率変数$\boldsymbol{x}, \boldsymbol{y}$の次元を，それぞれ$m, n$とする．$\boldsymbol{x}$と$\boldsymbol{y}$の共分散行列を，$m\times n$行列

$$\text{(2.96)} \qquad \mathrm{Cov}(\boldsymbol{x}, \boldsymbol{y})=[E(x_i-\theta_i)(y_j-\mu_j)]=E(\boldsymbol{x}-\boldsymbol{\theta})(\boldsymbol{y}-\boldsymbol{\mu})'$$

によって定義する．ただし$\theta_i=E(x_i)$，$\mu_j=E(y_j)$，$\boldsymbol{\theta}$と$\boldsymbol{\mu}$はそれぞれθ_iとμ_iを並べた列ベクトルである．

$$\text{(2.97)} \qquad \mathrm{Cov}(\boldsymbol{x}, \boldsymbol{x})=E(\boldsymbol{x}-\boldsymbol{\theta})(\boldsymbol{x}-\boldsymbol{\theta})'$$

のことを，$\boldsymbol{x}$の**分散共分散行列**といい，$V(\boldsymbol{x})$と書く．

$$\text{(2.98)} \qquad V(\boldsymbol{x})=E(\boldsymbol{x}\boldsymbol{x}')-\boldsymbol{\theta}\boldsymbol{\theta}'$$

となることは明らかであろう．一般に，次のことが成りたつ．

(iii) $\mathrm{Cov}(\boldsymbol{A}\boldsymbol{x}, \boldsymbol{B}\boldsymbol{y})=\boldsymbol{A}\,\mathrm{Cov}(\boldsymbol{x}, \boldsymbol{y})\boldsymbol{B}'$，またとくに$V(\boldsymbol{A}\boldsymbol{x})=\boldsymbol{A}V(\boldsymbol{x})\boldsymbol{A}'$となる．

(iv) $V(\boldsymbol{x})$ は非負値定符号である．

$\boldsymbol{x}$の任意の1次結合$\boldsymbol{a}'\boldsymbol{x}$の分散は，$V(\boldsymbol{x})=\boldsymbol{a}'V(\boldsymbol{x})\boldsymbol{a}$となる．一般に，いかなる確率変数の分散も非負だから$\boldsymbol{a}'V(\boldsymbol{x})\boldsymbol{a}\geq 0$．これは$V(\boldsymbol{x})$の非負値定符号性を意味する．

次に2次形式$\boldsymbol{x}'\boldsymbol{A}\boldsymbol{x}$($\boldsymbol{A}$は対称)の期待値と分散を評価しよう．

(v) $E(\boldsymbol{x})=\boldsymbol{\theta}$，$V(\boldsymbol{x})=\boldsymbol{\Sigma}$のとき，$E(\boldsymbol{x}'\boldsymbol{A}\boldsymbol{x})=\mathrm{tr}\boldsymbol{A}\boldsymbol{\Sigma}+\boldsymbol{\theta}'\boldsymbol{A}\boldsymbol{\theta}$.

$$\text{(2.99)} \qquad \begin{aligned} E(\boldsymbol{x}'\boldsymbol{A}\boldsymbol{x})&=E(\mathrm{tr}\,\boldsymbol{x}'\boldsymbol{A}\boldsymbol{x})=E(\mathrm{tr}\,\boldsymbol{A}\boldsymbol{x}\boldsymbol{x}')=\mathrm{tr}\,\boldsymbol{A}E(\boldsymbol{x}\boldsymbol{x}') \\ &=\mathrm{tr}\,\boldsymbol{A}(\Sigma+\boldsymbol{\theta}\boldsymbol{\theta}')=\mathrm{tr}\,\boldsymbol{A}\Sigma+\boldsymbol{\theta}'\boldsymbol{A}\boldsymbol{\theta}. \end{aligned}$$

(vi) $\boldsymbol{x}$の要素$x_1, x_2, \cdots, x_n$はたがいに独立とする．$E(\boldsymbol{x})=\boldsymbol{\theta}$，$V(\boldsymbol{x})=\mu_2\boldsymbol{I}$，$E(x_i-\theta_i)^3=\mu_3$，$E(x_i-\theta_i)^4=\mu_4$のとき

$$\text{(2.100)} \qquad V(\boldsymbol{x}'\boldsymbol{A}\boldsymbol{x})=(\mu_4-3\mu_2{}^2)\boldsymbol{a}'\boldsymbol{a}+2\mu_2{}^2\,\mathrm{tr}\,\boldsymbol{A}^2+4\mu_2\boldsymbol{\theta}'\boldsymbol{A}^2\boldsymbol{\theta}+4\mu_3\boldsymbol{\theta}'\boldsymbol{A}\boldsymbol{a}.$$

ただし$\boldsymbol{a}$は，$\boldsymbol{A}$の対角要素を並べた列ベクトルである．とくにx_iが正規分布$N(\theta_i, \mu_2)$にしたがうとき

$$\text{(2.101)} \qquad V(\boldsymbol{x}'\boldsymbol{A}\boldsymbol{x})=2\mu_2{}^2\,\mathrm{tr}\,\boldsymbol{A}^2+4\mu_2\boldsymbol{\theta}'\boldsymbol{A}^2\boldsymbol{\theta}.$$

$V(\boldsymbol{x}'\boldsymbol{A}\boldsymbol{x})=E[(\boldsymbol{x}'\boldsymbol{A}\boldsymbol{x})^2]-[E(\boldsymbol{x}'\boldsymbol{A}\boldsymbol{x})]^2$となる．ところで$\boldsymbol{x}'\boldsymbol{A}\boldsymbol{x}=(\boldsymbol{x}-\boldsymbol{\theta})'\boldsymbol{A}(\boldsymbol{x}-\boldsymbol{\theta})+2\boldsymbol{\theta}'\boldsymbol{A}(\boldsymbol{x}-\boldsymbol{\theta})+\boldsymbol{\theta}'\boldsymbol{A}\boldsymbol{\theta}$の両辺を2乗すると，$(\boldsymbol{x}'\boldsymbol{A}\boldsymbol{x})^2=[(\boldsymbol{x}-\boldsymbol{\theta})'\boldsymbol{A}(\boldsymbol{x}-\boldsymbol{\theta})]^2+4[\boldsymbol{\theta}'\boldsymbol{A}(\boldsymbol{x}-\boldsymbol{\theta})]^2+(\boldsymbol{\theta}'\boldsymbol{A}\boldsymbol{\theta})^2+2\boldsymbol{\theta}'\boldsymbol{A}\boldsymbol{\theta}[(\boldsymbol{x}-\boldsymbol{\theta})'\boldsymbol{A}(\boldsymbol{x}-\boldsymbol{\theta})+2\boldsymbol{\theta}'\boldsymbol{A}(\boldsymbol{x}-\boldsymbol{\theta})]+4\boldsymbol{\theta}'\boldsymbol{A}(\boldsymbol{x}-\boldsymbol{\theta})(\boldsymbol{x}-\boldsymbol{\theta})'\boldsymbol{A}(\boldsymbol{x}-\boldsymbol{\theta})$ とな

る．$\boldsymbol{y}=\boldsymbol{x}-\boldsymbol{\theta}$ とおくと，$E[(\boldsymbol{x}'\boldsymbol{A}\boldsymbol{x})^2]=E[(\boldsymbol{y}'\boldsymbol{A}\boldsymbol{y})^2]+4E[(\boldsymbol{\theta}'\boldsymbol{A}\boldsymbol{y})^2]+(\boldsymbol{\theta}'\boldsymbol{A}\boldsymbol{\theta})^2+2\boldsymbol{\theta}'\boldsymbol{A}\boldsymbol{\theta}(\mu_2\mathrm{tr}\boldsymbol{A})+4E[\boldsymbol{\theta}'\boldsymbol{A}\boldsymbol{y}\boldsymbol{y}'\boldsymbol{A}\boldsymbol{y}]$．上式の右辺の第1項は $E[(\boldsymbol{y}'\boldsymbol{A}\boldsymbol{y})^2]=\sum_i\sum_j\sum_k\sum_l a_{ij}a_{kl}E(y_iy_jy_ky_l)$ となる．$E(y_iy_jy_ky_l)$ は $i=j=k=l$ のとき μ_4 に等しく，$i=j$ かつ $k=l$，$i=k$ かつ $j=l$，または $i=l$ かつ $j=k$ のとき $\mu_2{}^2$ に等しく，それ以外のときは0である．したがって $E[(\boldsymbol{y}'\boldsymbol{A}\boldsymbol{y})^2]=\mu_4\sum a_{ii}{}^2+\mu_2{}^2(\sum\sum_{i\neq k}a_{ii}a_{kk}+\sum\sum_{i\neq j}a_{ij}{}^2+\sum\sum_{i\neq j}a_{ij}a_{ji})=(\mu_4-3\mu_2{}^2)\boldsymbol{a}'\boldsymbol{a}+\mu_2{}^2[(\mathrm{tr}\,\boldsymbol{A})^2+2\,\mathrm{tr}\,\boldsymbol{A}^2]$ となる（$a_{ij}=a_{ji}$，$\sum\sum a_{ij}{}^2=\mathrm{tr}\,\boldsymbol{A}^2$ を用いたことに注意）．同様にして，$E[(\boldsymbol{\theta}'\boldsymbol{A}\boldsymbol{y})^2]=\mu_2\boldsymbol{\theta}'\boldsymbol{A}^2\boldsymbol{\theta}$，$E[(\boldsymbol{\theta}'\boldsymbol{A}\boldsymbol{y})(\boldsymbol{y}'\boldsymbol{A}\boldsymbol{y})]=\mu_3\boldsymbol{\theta}'\boldsymbol{A}\boldsymbol{a}$ が導かれる．これらの結果を整理すれば，求める結果が得られる．

3. 多変量正規分布

統計学を多少とも学んだことのある読者なら，正規分布には十分おなじみのことであろう．人間や生物にかんする様々な観測データ，工学的な測定値データなどの頻度分布を(必要ならば対数をとったり平方根をとったりして)描いてみると，総じてスズランの花をさかさに伏せたような形状を示す．たとえば人間の身長のヒストグラムは，そうした形状を見事に示すし，人間の体重の3乗根もまたしかりである．ところで統計解析の主たる目標のひとつは，複数個の変量間の関係を調べることである．一例をあげよう．(同年齢の)子供の身長(X)と，その父親の身長(Y)の測定値がペアで与えられたとしよう．XとYをそれぞれ単一の確率変数とみなせば，それらの分布を正規分布によって近似できよう．しかしながら，こうしたデータが与えられたとき，二つの確率変数間にどういう共変関係が認められるか，という問題に誰しも関心を抱くであろう．そのためには，XとYの変動を個別に解析するのでは不十分である．2変量のペア(X, Y)を2次元の確率変数とみなし，それらの同時的(jointly)な変動について考える必要がある．そうした必要から考案されたのが2変量正規分布，さらにその一般化である多変量正規分布である．正規分布以外の多変量の同時分布もありうるけれども，いずれも操作性に乏しいという欠陥があり，それほど実用されていない．

多変量正規分布は，たんに現実のデータへのあてはまりが良いというだけではなく，直観的に妥当と思われる諸性質，さらに数学的な処理をたやすくする諸性質を有している．以下，多変量正規分布がもつ，こうした望ましい性質を順々にみていくことにしよう．

3.1　多変量正規分布

3.1.1　密度関数

たがいに独立に標準正規分布 $N(0,1)$ にしたがう n 個の確率変数 $z_1, z_2, \cdots, z_n$ を考える．これらの変量の同時密度関数は

$$f(z_1, z_2, \cdots, z_n) = \prod_{i=1}^{n} \frac{1}{\sqrt{2\pi}} e^{-z_i^2/2} = \frac{1}{(2\pi)^{n/2}} e^{-\frac{1}{2}\sum_{i=1}^{n} z_i^2} \tag{3.1}$$

$$-\infty < z_i < \infty, \qquad i=1, 2, \cdots, n$$

によって与えられる．$z' = (z_1, z_2, \cdots, z_n)$ と書いて，これらの変量の変換

$$\boldsymbol{x} = \boldsymbol{A}\boldsymbol{z} + \mu \tag{3.2}$$

を考えよう．ただし $\boldsymbol{A}$ は $n \times n$ の非特異行列であり，μ は n 次元ベクトルである．$\boldsymbol{A}$ と μ の要素は定数(確率変数でない)と仮定する．$\boldsymbol{z}$ が確率変数ベクトルだから，$\boldsymbol{x}$ もまた確率変数ベクトルである．$x_i = \sum a_{ij} z_j + \mu_i$ となるから，$x_1, x_2, \cdots, x_n$ の間には，なんらかの共変関係が存在するものと予想される．

さて問題は，$\boldsymbol{z}$ の同時密度関数 (3.1) から $\boldsymbol{x}$ の同時密度関数を，いかにして導くかである．一般に，$\boldsymbol{x}$ と $\boldsymbol{z}$ が (3.2) のような非特異変換の関係で結ばれ，$\boldsymbol{z}$ の密度関数が $f(\boldsymbol{z})$ のとき，$\boldsymbol{x}$ の密度関数は

$$f[\boldsymbol{A}^{-1}(\boldsymbol{x} - \mu)] \cdot \left\| \frac{d\boldsymbol{z}}{d\boldsymbol{x}'} \right\| = f[\boldsymbol{A}^{-1}(\boldsymbol{x} - \mu)] \cdot \|\boldsymbol{A}\|^{-1} \tag{3.3}$$

として求まる．ただし $\|\boldsymbol{A}\|$ は，$\boldsymbol{A}$ の行列式の絶対値である．

かくして (3.1) と (3.3) より，$\boldsymbol{x}$ の密度関数は

$$f_n(\boldsymbol{x}) = \frac{\|\boldsymbol{A}\|^{-1}}{(2\pi)^{n/2}} \exp\left[-\frac{1}{2}(\boldsymbol{x} - \mu)'(\boldsymbol{A}^{-1})'\boldsymbol{A}^{-1}(\boldsymbol{x} - \mu)\right], \qquad \boldsymbol{x} \in R^n \tag{3.4}$$

となる．$\boldsymbol{A}$ が非特異であることから，$\boldsymbol{A}\boldsymbol{A}'$ は正値定符号行列であり(§2.3.3 (iii))，$\boldsymbol{A}\boldsymbol{A}' = \boldsymbol{\Sigma}$ とおけば，$\|\boldsymbol{A}\| = |\boldsymbol{\Sigma}|^{1/2}$，$(\boldsymbol{A}^{-1})'\boldsymbol{A}^{-1} = (\boldsymbol{A}\boldsymbol{A}')^{-1} = \boldsymbol{\Sigma}^{-1}$．したがって

$$f_n(\boldsymbol{x}) = \frac{1}{(2\pi)^{n/2}|\boldsymbol{\Sigma}|^{1/2}} \exp\left[-\frac{1}{2}(\boldsymbol{x} - \mu)'\boldsymbol{\Sigma}^{-1}(\boldsymbol{x} - \mu)\right], \qquad \boldsymbol{x} \in R^n \tag{3.5}$$

となる．ただし $\exp(a)$ は e^a を意味する．$\boldsymbol{\Sigma}$ が正値定符号なら $\boldsymbol{\Sigma}^{-1}$ もまた正値定符号だから，e のベキはすべての $\boldsymbol{x}(\neq \mu)$ にたいして負である．密度関数が (3.5) で与えられるような確率分布のことを**多変量正規分布**といい，$N(\mu, \boldsymbol{\Sigma})$

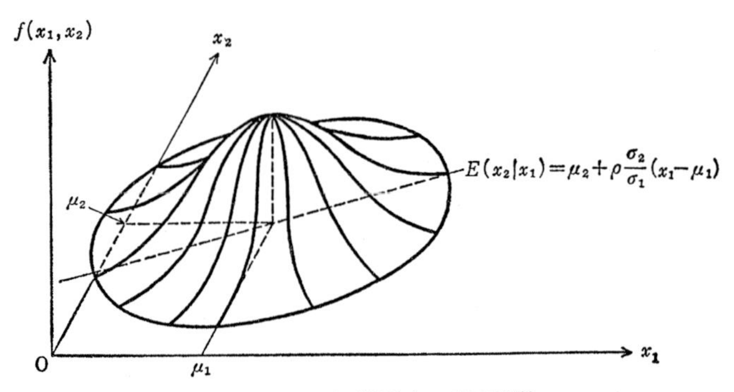

図 3.1　2次元正規分布の密度関数

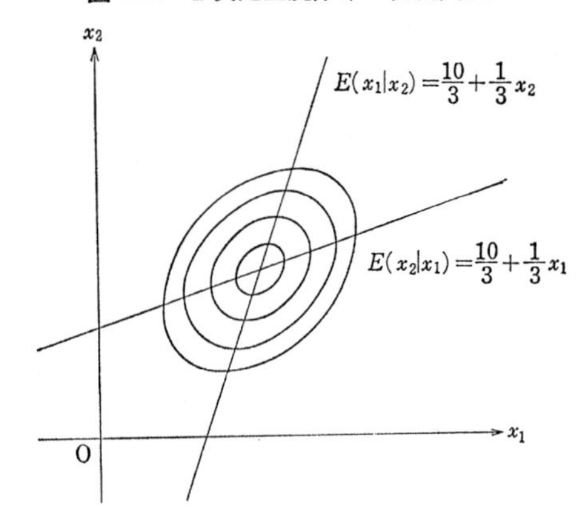

図 3.2　2次元正規分布の密度関数の等高線($\mu_1=\mu_2=5$, $\sigma_1=\sigma_2=1$, $\rho=1/3$)と回帰直線

と略記する．$n=1$ なら1変数正規分布の密度関数になることは容易に確かめられる．

$n=2$ のとき

$$\Sigma=\begin{bmatrix}\sigma_1^2 & \rho\sigma_1\sigma_2 \\ \rho\sigma_1\sigma_2 & \sigma_2^2\end{bmatrix}, \qquad |\rho|<1,\ \sigma_1>0,\ \sigma_2>0 \tag{3.6}$$

と書くことにすれば，$|\Sigma|=\sigma_1^2\sigma_2^2(1-\rho^2)$,

$$\Sigma^{-1}=\frac{1}{\sigma_1^2\sigma_2^2(1-\rho^2)}\begin{bmatrix}\sigma_2^2 & -\rho\sigma_1\sigma_2 \\ -\rho\sigma_1\sigma_2 & \sigma_1^2\end{bmatrix}. \tag{3.7}$$

したがって

$$(3.8)\qquad f_2(\boldsymbol{x})=\frac{1}{2\pi\sigma_1\sigma_2\sqrt{1-\rho^2}}\exp\left\{-\frac{1}{2(1-\rho^2)}\left[\frac{(x_1-\mu_1)^2}{{\sigma_1}^2}-2\rho\frac{(x_1-\mu_1)}{\sigma_1}\cdot\frac{(x_2-\mu_2)}{\sigma_2}+\frac{(x_2-\mu_2)^2}{{\sigma_2}^2}\right]\right\}$$

となる．2変量正規分布の密度関数の形状は，図3.1のようになる．また，その等高線を描くと図3.2のようになる．図にみるとおり，等高線は楕円である．3変量以上の場合，図示することはできないけれども，Σ^{-1}が正値定符号なことから，等高線($f_n(\boldsymbol{x})$＝定数となる$\boldsymbol{x}$の集合，すなわち密度関数のeのベキが一定値に等しくなる$\boldsymbol{x}$の集合)はn次元の楕円体となる．

多変量確率変数$\boldsymbol{x}$の積率母関数は，$\boldsymbol{\theta}'=(\theta_1,\theta_2,\cdots,\theta_n)$とするとき

$$(3.9)\qquad \phi_x(\boldsymbol{\theta})=E(e^{\boldsymbol{\theta}'\boldsymbol{x}})$$

と定義される．

一変量の場合とおなじく，$\phi_x(\boldsymbol{\theta})$を適当回数，微分することにより，任意の次数のモーメントを求めることができる．すなわち$\sum k_i=k$とすれば

$$(3.10)\qquad \left[\frac{\partial^k\phi_x(\boldsymbol{\theta})}{\partial{\theta_1}^{k_1}\partial{\theta_2}^{k_2}\cdots\partial{\theta_n}^{k_n}}\right]_{\theta=0}=E({x_1}^{k_1}{x_2}^{k_2}\cdots{x_n}^{k_n}).$$

積率母関数の対数

$$(3.11)\qquad \psi_x(\boldsymbol{\theta})=\log\phi_x(\boldsymbol{\theta})$$

のことをキュムラント母関数という．一般に，$\psi_x(\boldsymbol{\theta})$の方が$\phi_x(\boldsymbol{\theta})$よりも微分しやすい形をしており，

$$(3.12)\qquad \left[\frac{\partial\psi_x(\boldsymbol{\theta})}{\partial\boldsymbol{\theta}}\right]_{\theta=0}=E(\boldsymbol{x}),\qquad \left[\frac{\partial^2\psi_x(\boldsymbol{\theta})}{\partial\boldsymbol{\theta}\partial\boldsymbol{\theta}'}\right]_{\theta=0}=V(\boldsymbol{x})$$

として，確率変数ベクトル$\boldsymbol{x}$の平均と分散共分散行列が求まる．

(i) 多変量正規分布$N(\mu,\Sigma)$の積率母関数は

$$(3.13)\qquad \phi_x(\boldsymbol{\theta})=\exp\left[\boldsymbol{\theta}'\mu+\frac{1}{2}\boldsymbol{\theta}'\,\boldsymbol{\Sigma}\,\boldsymbol{\theta}\right]$$

によって与えられる．

z_iがたがいに独立に$N(0,1)$にしたがうとき，$\boldsymbol{z}'=(z_1,z_2,\cdots,z_n)$の積率母関数は

$$(3.14)\qquad \phi_z(\eta)=E(e^{\eta'z})=\prod_{i=1}^{n}E(e^{\eta_i z_i})=\prod_{i=1}^{n}e^{(1/2)\eta_i^2}=e^{(1/2)\Sigma\eta_i^2}=e^{(1/2)\eta'\eta}$$

となる．さて$\boldsymbol{A}=\boldsymbol{\Sigma}^{1/2}$として(3.2)のような変換をほどこせば，$N(\mu,\boldsymbol{\Sigma})$にしたがう確

率変数 $\boldsymbol{x}$ が得られる．したがって，

(3.15)
$$\phi_x(\boldsymbol{\theta})=E(e^{\boldsymbol{\theta}'\boldsymbol{x}})=e^{\boldsymbol{\theta}'\boldsymbol{\mu}}E(e^{\boldsymbol{\theta}'\boldsymbol{A}\boldsymbol{z}})=e^{\boldsymbol{\theta}'\boldsymbol{\mu}}\phi_z(\boldsymbol{A}'\boldsymbol{\theta})$$
$$=\exp\left(\boldsymbol{\theta}'\boldsymbol{\mu}+\frac{1}{2}\boldsymbol{\theta}'\boldsymbol{A}\boldsymbol{A}'\boldsymbol{\theta}\right)=\exp\left(\boldsymbol{\theta}'\boldsymbol{\mu}+\frac{1}{2}\boldsymbol{\theta}'\boldsymbol{\Sigma}\boldsymbol{\theta}\right).$$

(ii) $\boldsymbol{x}\sim N(\boldsymbol{\mu},\boldsymbol{\Sigma})$ のとき，$\boldsymbol{x}$ の期待値は $E(\boldsymbol{x})=\boldsymbol{\mu}$，分散共分散行列は $V(\boldsymbol{x})=[E(x_i-\mu_i)(x_j-\mu_j)]=\boldsymbol{\Sigma}$ によって与えられる．

(3.16)
$$\left.\frac{\partial\psi_x(\boldsymbol{\theta})}{\partial\boldsymbol{\theta}}\right|_{\theta=0}=\boldsymbol{\mu},\qquad \left.\frac{\partial^2\psi_x(\boldsymbol{\theta})}{\partial\boldsymbol{\theta}\partial\boldsymbol{\theta}'}\right|_{\theta=0}=\boldsymbol{\Sigma}$$

となることを示せばよい．ただし，$\psi_x(\boldsymbol{\theta})=\log\phi_x(\boldsymbol{\theta})$ である．

(iii) $\boldsymbol{x}\sim N(\boldsymbol{\mu},\boldsymbol{\Sigma})$ のとき，$\boldsymbol{y}=\boldsymbol{C}\boldsymbol{x}+\boldsymbol{\lambda}\sim N(\boldsymbol{C}\boldsymbol{\mu}+\boldsymbol{\lambda},\ \boldsymbol{C}\boldsymbol{\Sigma}\boldsymbol{C}')$ となる．ただし $\boldsymbol{C}$ は $p\times n$ 行列，rank $\boldsymbol{C}=p$，$\boldsymbol{\lambda}$ は p 次元定数ベクトルである．

$\boldsymbol{y}$ の積率母関数が $N(\boldsymbol{C}'\boldsymbol{\mu}+\boldsymbol{\lambda},\ \boldsymbol{C}\boldsymbol{\Sigma}\boldsymbol{C}')$ の積率母関数であることを示せばよい．

(3.17)
$$\phi_y(\boldsymbol{\theta})=E(e^{\boldsymbol{\theta}'\boldsymbol{C}\boldsymbol{x}+\boldsymbol{\theta}'\boldsymbol{\lambda}})=e^{\boldsymbol{\theta}'\boldsymbol{\lambda}}E(e^{\boldsymbol{\theta}'\boldsymbol{C}\boldsymbol{x}})$$
$$=e^{\boldsymbol{\theta}'\boldsymbol{\lambda}}\phi_x(\boldsymbol{C}'\boldsymbol{\theta})=\exp\left[\boldsymbol{\theta}'(\boldsymbol{C}\boldsymbol{\mu}+\boldsymbol{\lambda})+\frac{1}{2}\boldsymbol{\theta}'\boldsymbol{C}\boldsymbol{\Sigma}\boldsymbol{C}'\boldsymbol{\theta}\right]$$

上の命題の系として，次のことが成りたつ．

(iv) $\boldsymbol{x}\sim N(\boldsymbol{\mu},\boldsymbol{\Sigma})$ のとき，任意の正整数 $p(\leqq n)$ にたいし，$\boldsymbol{x}^{(1)}=(x_1,x_2,\cdots,x_p)'$ は $N(\boldsymbol{\mu}^{(1)},\boldsymbol{\Sigma}_{11})$ にしたがう．ただし，$\boldsymbol{\mu}^{(1)}$ は $\boldsymbol{\mu}$ の初めの p 個の要素から成る p 次元列ベクトル，$\boldsymbol{\Sigma}_{11}$ は $\boldsymbol{\Sigma}$ の $p\times p$ 主座小行列である．

(iii) において $\boldsymbol{C}=(\boldsymbol{I}_p,\ \boldsymbol{0})$，$\boldsymbol{\lambda}=\boldsymbol{0}$ とすればよい．ただし $\boldsymbol{I}_p$ は $p\times p$ 単位行列，$\boldsymbol{0}$ は $p\times n-p$ の零行列である．

この命題は，次のことを意味する．多変量正規分布にしたがうベクトル確率変数の任意の部分は，やはり多変量正規分布にしたがう．いいかえれば，$\boldsymbol{x}'=(\boldsymbol{x}^{(1)\prime},\boldsymbol{x}^{(2)\prime})$ と分割したとき，$\boldsymbol{x}^{(1)}$ の周辺分布は多変量正規分布である．周辺分布の平均と分散共分散は，$\boldsymbol{\mu}$ と $\boldsymbol{\Sigma}$ から，$\boldsymbol{x}^{(1)}$ に対応する要素をとりだして得られる．

また同じく (iii) の系として，以下のことがいえる．

(v) 直交行列 $\boldsymbol{P}$ を用いて $\boldsymbol{y}=\boldsymbol{P}(\boldsymbol{x}-\boldsymbol{\mu})$ と直交変換することにより，$\boldsymbol{y}\sim N(\boldsymbol{0},\boldsymbol{\Lambda})$ とできる．ただし $\boldsymbol{\Lambda}$ は $\boldsymbol{\Sigma}$ の固有値を対角要素とする対角行列である．

§2.3.1(iv) と上の (iii) を結びつければよい．

(vi) 三角行列 $\boldsymbol{T}$ を用いて $\boldsymbol{y}=\boldsymbol{T}(\boldsymbol{x}-\boldsymbol{\mu})$ と変換することにより，$\boldsymbol{y}\sim N(\boldsymbol{0},\boldsymbol{I})$ とできる．

§2.3.3(iv) と前の (iii) を結びつければよい．

(vii)　$\boldsymbol{x}\sim N(\mathbf{0},\boldsymbol{I})$ ならば，任意の直交行列 $\boldsymbol{P}$ にたいして $\boldsymbol{Px}\sim N(\mathbf{0},\boldsymbol{I})$ である．

$$E(\boldsymbol{Px})=\boldsymbol{P}E(\boldsymbol{x})=\mathbf{0},\quad V(\boldsymbol{Px})=E(\boldsymbol{Pxx'P'})=\boldsymbol{P}E(\boldsymbol{xx'})\boldsymbol{P'}=\boldsymbol{PP'}=\boldsymbol{I}.$$

3.1.2　条件付分布と回帰

(i)　$\boldsymbol{x}'=(\boldsymbol{x}^{(1)\prime},\boldsymbol{x}^{(2)\prime})$ と分割したとき，$\boldsymbol{x}^{(2)}$ の $\boldsymbol{x}^{(1)}$ を与えたときの条件付分布は $N(\boldsymbol{\mu}^{(2)}+\boldsymbol{B}(\boldsymbol{x}^{(1)}-\boldsymbol{\mu}^{(1)}),\ \boldsymbol{\Sigma}_{22\cdot1})$ によって与えられる．ただし

$$\boldsymbol{B}=\boldsymbol{\Sigma}_{21}\boldsymbol{\Sigma}_{11}^{-1},\qquad \boldsymbol{\Sigma}_{22\cdot1}=\boldsymbol{\Sigma}_{22}-\boldsymbol{\Sigma}_{21}\boldsymbol{\Sigma}_{11}^{-1}\boldsymbol{\Sigma}_{12},$$

$$\boldsymbol{\mu}=\begin{bmatrix}\boldsymbol{\mu}^{(1)}\\ \boldsymbol{\mu}^{(2)}\end{bmatrix},\qquad \boldsymbol{\Sigma}=\begin{bmatrix}\boldsymbol{\Sigma}_{11} & \boldsymbol{\Sigma}_{12}\\ \boldsymbol{\Sigma}_{21} & \boldsymbol{\Sigma}_{22}\end{bmatrix}. \tag{3.18}$$

$\boldsymbol{\mu}$ と $\boldsymbol{\Sigma}$ の分割は，$\boldsymbol{x}^{(1)},\boldsymbol{x}^{(2)}$ の分割に対応するものである．

条件付分布の密度関数は同時分布と周辺分布の比 $f_{2\cdot1}(\boldsymbol{x}^{(2)}|\boldsymbol{x}^{(1)})=f_{12}(\boldsymbol{x}^{(1)},\boldsymbol{x}^{(2)})/f_1(\boldsymbol{x}^{(1)})$ によって与えられる．すなわち $f_{2\cdot1}(\boldsymbol{x}^{(2)}|\boldsymbol{x}^{(1)})$ は $N(\boldsymbol{\mu},\boldsymbol{\Sigma})$ の密度と $N(\boldsymbol{\mu}^{(1)},\boldsymbol{\Sigma}_{11})$ の密度との比である．(2.44) および§2.2.4(ix) を用いて $|\boldsymbol{\Sigma}|$ と $\boldsymbol{\Sigma}^{-1}$ を部分行列によって表示し，密度関数の比をとればよい．

条件付分布の平均(すなわち条件つき期待値)

$$\boldsymbol{R}(\boldsymbol{x}^{(1)})=\boldsymbol{\mu}^{(2)}+\boldsymbol{B}(\boldsymbol{x}^{(1)}-\boldsymbol{\mu}^{(1)}) \tag{3.19}$$

のことを $\boldsymbol{x}^{(2)}$ の $\boldsymbol{x}^{(1)}$ にたいする**回帰**(regression)という．回帰が，固定された変数 $\boldsymbol{x}^{(1)}$ の線形関数になるというのは，多変量正規分布の著しい特徴のひとつである．また§2.3.3(v)により $\boldsymbol{\Sigma}_{21}\boldsymbol{\Sigma}_{11}^{-1}\boldsymbol{\Sigma}_{12}$ は非負値定符号だから，$\boldsymbol{\Sigma}_{22}\geq\boldsymbol{\Sigma}_{22\cdot1}$ を得る．すなわち，条件付分布の分散共分散行列は周辺分布のそれよりも(正値定符号の意味で)小さくなる．

2変量の場合の回帰についてみておこう．x_2 の x_1 にたいする回帰は

$$R(x_1)=\mu_2+\beta(x_1-\mu_1),\qquad \beta=\sigma_{12}/\sigma_1^2, \tag{3.20}$$

条件付分布の分散は

$$V(x_2|x_1)=\sigma_2^2(1-\rho^2) \tag{3.21}$$

となる．$|\rho|$が1に近づくにつれて，条件付分散は小さくなる(図3.2参照)．

$\boldsymbol{\mu}$ と $\sum$ を既知として，$\boldsymbol{x}^{(1)}$ の値が情報として与えられたとき，$\boldsymbol{x}^{(2)}$ の値を予測するという問題を考えてみよう．回帰 $\boldsymbol{R}(\boldsymbol{x}^{(1)})=E(\boldsymbol{x}^{(2)}|\boldsymbol{x}^{(1)})$ は，次のよう

な意味で，最良な予測を与える．

（ii） 任意の予測 $\boldsymbol{g}(\boldsymbol{x}^{(1)})$ にたいし

$$E\|\boldsymbol{x}^{(2)}-\boldsymbol{R}(\boldsymbol{x}^{(1)})\|^2 \le E\|\boldsymbol{x}^{(2)}-\boldsymbol{g}(\boldsymbol{x}^{(1)})\|^2 \tag{3.22}$$

が成りたつ．すなわち，$\boldsymbol{R}(\boldsymbol{x}^{(1)})$ は平均2乗誤差を最小にする予測である．

E_1 を $\boldsymbol{x}^{(1)}$ の周辺にかんする期待値オペレータとし，$E_{2\cdot1}$ を $\boldsymbol{x}^{(2)}$ の条件付分布にかんする期待値とすれば，$E=E_1E_{2\cdot1}$ となる．$E\{[\boldsymbol{x}^{(2)}-\boldsymbol{R}(\boldsymbol{x}^{(1)})]'[\boldsymbol{R}(\boldsymbol{x}^{(1)})-\boldsymbol{g}(\boldsymbol{x}^{(1)})]\}=E_1\{[\boldsymbol{R}(\boldsymbol{x}^{(1)})-\boldsymbol{g}(\boldsymbol{x}^{(1)})]'E_{2\cdot1}[\boldsymbol{x}^{(2)}-\boldsymbol{R}(\boldsymbol{x}^{(1)})]\}=0$ を用いて

$$\begin{aligned} E\|\boldsymbol{x}^{(2)}-\boldsymbol{g}(\boldsymbol{x}^{(1)})\|^2 &= E\|\boldsymbol{x}^{(2)}-\boldsymbol{R}(\boldsymbol{x}^{(1)})+\boldsymbol{R}(\boldsymbol{x}^{(1)})-\boldsymbol{g}(\boldsymbol{x}^{(1)})\|^2 \\ &= E\|\boldsymbol{x}^{(2)}-\boldsymbol{R}(\boldsymbol{x}^{(1)})\|^2+E\|\boldsymbol{R}(\boldsymbol{x}^{(1)})-\boldsymbol{g}(\boldsymbol{x}^{(1)})\|^2 \\ &\ge E\|\boldsymbol{x}^{(2)}-\boldsymbol{R}(\boldsymbol{x}^{(1)})\|^2 \end{aligned} \tag{3.23}$$

を得る．ここで等号が成立するのは $\boldsymbol{g}(\boldsymbol{x}^{(1)})=\boldsymbol{R}(\boldsymbol{x}^{(1)})$ の場合に限られる．

3.2 2次形式の分布

3.2.1 正規変量の2次形式

n 個の確率変数 $x_1, x_2, \cdots, x_n$ が，たがいに独立に同一分布 $N(0,1)$ にしたがうとき，$x_1^2+x_2^2+\cdots+x_n^2$ は自由度 n の χ^2 分布にしたがう．初等的な統計学を学ばれたことのある読者にとって，これは周知の事実であろう．この結果を一般化して，n 次元ベクトル確率変数 $\boldsymbol{x}$ が $N(\boldsymbol{\mu}, \boldsymbol{\Sigma})$ にしたがうとき，2次形式 $\boldsymbol{x}'\boldsymbol{A}\boldsymbol{x}$ の分布はどうなるかについて考えてみることにしよう．$\boldsymbol{x}'\boldsymbol{A}\boldsymbol{x}$ が常に χ^2 分布にしたがう，などということはもちろんありえない．しかし，$\boldsymbol{A}, \boldsymbol{\mu}, \boldsymbol{\Sigma}$ が一定の条件を満足するならば，その分布は χ^2 分布(またはその一般化である非心 χ^2 分布)になる．そのような条件を導くことが，この節の主たる目的である．

まずはじめに，χ^2 分布にかんする基本的な命題を整理しておこう．

（i） 確率変数 v の密度関数が

$$\begin{aligned} f_v(v) &= \frac{1}{2\Gamma(r/2)}\left(\frac{v}{2}\right)^{r/2-1}e^{-v/2}, & v>0 \\ &=0, & v\le 0 \end{aligned} \tag{3.24}$$

によって与えられるとき，v は自由度 r の χ^2 分布にしたがうといい，$v\sim\chi^2(r)$ と書く．ただし，

(3.25)
$$\Gamma(p)=\int_0^\infty t^{p-1}e^{-t}dt$$

はガンマ関数と呼ばれる特殊関数である．p が整数ならば $\Gamma(p)=(p-1)!$，p が整数でなくて $2p$ が整数のとき，$\Gamma(p)=(p-1)(p-2)\cdots(3/2)\cdot(1/2)\sqrt{\pi}$ となる．

（ii）$v\sim\chi^2(r)$ のとき，v の積率母関数は

(3.26)
$$\phi_v(\theta)=(1-2\theta)^{-r/2}$$

によって与えられる．

証明は省略する．適当な統計学のテクストを参照されたい．

(iii) $v_1\sim\chi^2(p)$，$v_2\sim\chi^2(q)$，かつ v_1 と v_2 が独立ならば，$v_1+v_2\sim\chi^2(p+q)$．

(3.27)
$$\phi_{v_1+v_2}=E(e^{\theta(v_1+v_2)})=\phi_{v_1}(\theta)\phi_{v_2}(\theta)=(1-2\theta)^{-(p+q)/2}$$

となることから，確率分布と積率母関数の1対1対応により，v_1+v_2 が $\chi^2(p+q)$ にしたがうことが示される．

χ^2 分布にかんする以上の命題を前提にして，以下，正規変量の2次形式 $\boldsymbol{x}'\boldsymbol{A}\boldsymbol{x}$ の分布についてみていくことにしよう．

以下，特にことわらないかぎり，確率変数ベクトルの次元は n，行列の次数は $n\times n$ とする．

(iv) $\boldsymbol{z}\sim N(\boldsymbol{0},\boldsymbol{I})$ のとき，$v=\boldsymbol{z}'\boldsymbol{A}\boldsymbol{z}$ の積率母関数は

(3.28)
$$\phi_v(\theta)=|\boldsymbol{I}-2\theta\boldsymbol{A}|^{-1/2}$$

によって与えられる．ただし $\boldsymbol{A}$ は $n\times n$ 対称行列とする．

(3.29)
$$\phi_v(\theta)=\int_{-\infty}^{\infty}\cdots\int_{-\infty}^{\infty}\frac{1}{(2\pi)^{n/2}}e^{-(1/2)x'(I-2\theta A)x}dx_1\cdots dx_n$$
$$=|\boldsymbol{I}-2\theta\boldsymbol{A}|^{-1/2}\int_{-\infty}^{\infty}\cdots\int_{-\infty}^{\infty}\frac{|\boldsymbol{I}-2\theta\boldsymbol{A}|^{1/2}}{(2\pi)^{n/2}}e^{-(1/2)x'(I-2\theta A)x}dx_1\cdots dx_n$$

最後の項の積分部分は，平均 $\boldsymbol{0}$ 分散共分散行列 $(\boldsymbol{I}-2\theta\boldsymbol{A})^{-1}$ の正規分布の密度関数を $\boldsymbol{x}$ の全領域にわたって積分したものであり，その値は1のはずである．したがって (3.28) が結果する．

（v）$\boldsymbol{x}\sim N(\boldsymbol{0},\boldsymbol{\Sigma})$ のとき，$v=\boldsymbol{x}'\boldsymbol{A}\boldsymbol{x}$ の積率母関数は

(3.30)
$$\phi_v(\theta)=|\boldsymbol{I}-2\,\theta\boldsymbol{A}\boldsymbol{\Sigma}|^{-1/2}.$$

$z=\boldsymbol{\Sigma}^{-1/2}\boldsymbol{x}$ と変換すれば，$z\sim N(\boldsymbol{0},\boldsymbol{I})$ となる．ただし $\boldsymbol{\Sigma}^{-1/2}$ は $\boldsymbol{\Sigma}$ の三角平方根 $\boldsymbol{\Sigma}^{1/2}$（§2.3.3(iv)）の逆行列である．したがって

(3.31)
$$\phi_v(\theta)=E[\exp(\theta\boldsymbol{x}'\boldsymbol{A}\boldsymbol{x})]=E\{\exp[\theta\boldsymbol{z}'(\boldsymbol{\Sigma}^{1/2})'\boldsymbol{A}\boldsymbol{\Sigma}^{1/2}\boldsymbol{z}]\}$$

これは (iv) において，A を $(\boldsymbol{\Sigma}^{1/2})'A\boldsymbol{\Sigma}^{1/2}$ としたものにほかならない．すなわち

$$(3.32) \qquad \phi_v(\theta)=|\boldsymbol{I}-2\theta(\boldsymbol{\Sigma}^{1/2})'\boldsymbol{A}\boldsymbol{\Sigma}^{1/2}|^{-1/2}=|\boldsymbol{I}-2\theta\boldsymbol{A}\boldsymbol{\Sigma}|^{-1/2}.$$

さて一般に，行列式は行列の固有値の積に等しいこと（§2.3.1(vi)），および行列 $\boldsymbol{A}$ の固有値を λ_i とすれば $\boldsymbol{I}-\boldsymbol{A}$ の固有値は $1-\lambda_i$ となることから，$\boldsymbol{A\Sigma}$ の固有値を $\lambda_1, \cdots, \lambda_n$ とすれば

$$(3.33) \qquad \phi_v(\theta)=\prod_{i=1}^{n}(1-2\theta\lambda_i)^{-1/2}$$

となる．これが χ^2 分布の積率母関数 (3.26) に一致するためには，λ_i が 1 または 0 であることが必要である．そこで次の命題を得る（§2.3.1(vii)，§2.3.2 (ii)および(iii)を参照）．

(vi) $\boldsymbol{x}\sim N(\boldsymbol{0}, \boldsymbol{\Sigma})$ のとき，$v=\boldsymbol{x}'\boldsymbol{A}\boldsymbol{x}$ が自由度 r の χ^2 分布にしたがうための必要十分条件は $(\boldsymbol{\Sigma}^{1/2})'\boldsymbol{A}\boldsymbol{\Sigma}^{1/2}$ がベキ等行列であり，$\mathrm{rank}\,\boldsymbol{A}=r$ となることである．

この命題の系として，

(vii) $\boldsymbol{x}\sim N(\mu, \boldsymbol{\Sigma})$のとき，密度関数の e のベキに現れる 2 次形式$(\boldsymbol{x}-\mu)'\boldsymbol{\Sigma}^{-1}(\boldsymbol{x}-\mu)$ は自由度 n の χ^2 分布にしたがう．

$\boldsymbol{\Sigma}^{-1}\boldsymbol{\Sigma}=I$ はベキ等行列であり，その階数は n である．

(viii) $\boldsymbol{x}\sim N(0, \boldsymbol{I})$ のとき，$\sum_{i=1}^{n}(x_i-\bar{x})^2$ は自由度 $n-1$ の χ^2 分布にしたがう．ただし $\bar{x}$ は $x_1, x_2, \cdots, x_n$ の算術平均である．

この結果を証明するためには，$\sum(x_i-\bar{x})^2$ を 2 次形式に表現すれば $\boldsymbol{x}'(\boldsymbol{I}-n^{-1}\boldsymbol{\iota\iota}')\boldsymbol{x}$ となること，さらに行列 $\boldsymbol{I}-n^{-1}\boldsymbol{\iota\iota}'$ がベキ等であり，そのトレースが $n-1$ であることを示せばよい．ただし $\boldsymbol{\iota}$ は要素がすべて 1 の n 次元ベクトルである．

χ^2 分布の一般化として，次のような分布を考えることができる．

(ix) $x_1, x_2, \cdots, x_n$ がたがいに独立に，各々 $N(\mu_i, \sigma^2)$ にしたがうとき，$\sum x_i^2/\sigma^2$ は自由度 n，非心度 $\lambda=\sum\mu_i^2/\sigma^2$ の **非心 χ^2 分布** にしたがうといい，$v\sim\chi^2(n, \lambda)$ と書く．その密度は

$$(3.34) \qquad \begin{aligned} f(v) &= e^{-\lambda/2}\sum_{k=0}^{\infty}\frac{1}{k!}\left(\frac{\lambda}{2}\right)^k g_{n+2k}(v), & v>0 \\ &= 0 & v\leq 0 \end{aligned}$$

となる．ただし $g_{n+2k}(v)$ は，自由度 $n+2k$ の χ^2 分布の密度関数(3.24)である．

積率母関数を用いて，この結果を示そう．v の積率母関数は $\phi_v(\theta)=\prod_{i=1}^{n}\phi_{x_i^2}(\theta)$ となる．

(3.35)
$$\prod_{i=1}^{n}\phi_{x_i^2}(\theta)=(1-2\theta)^{-n/2}\exp(-\lambda/2+\lambda/2(1-2\theta))$$
$$=e^{-\lambda/2}\sum_{k=0}^{\infty}\frac{1}{k!}\left(\frac{\lambda}{2}\right)^k(1-2\theta)^{-(n+2k)/2}$$
$$=e^{-\lambda/2}\sum_{k=0}^{\infty}\frac{1}{k!}\left(\frac{\lambda}{2}\right)^k\phi_{\chi^2,n+2k}(\theta)$$

ただし $\phi_{\chi^2,n+2k}(\theta)$ は，自由度 $n+2k$ の χ^2 分布の積率母関数である．$\phi_v(\theta)$ を逆変換すれば v の密度関数 $f(v)$ が得られる．ところで $\phi_{\chi^2,n+2k}(\theta)$ は $g_{n+2k}(v)$ だから，$f(v)$ は (3.34) のようになる．

(vi) の結果を導く際，$\boldsymbol{x}$ の平均を $\boldsymbol{0}$ と仮定したが，それを $\boldsymbol{\mu}(\fallingdotseq\boldsymbol{0})$ としても，"χ^2 分布" を "非心 χ^2 分布" と書きかえることにより，同様のことが成りたつ．

(x)　$\boldsymbol{x}\sim N(\boldsymbol{\mu},\boldsymbol{\Sigma})$ のとき，$\boldsymbol{x}'\boldsymbol{A}\boldsymbol{x}\sim\chi^2(r,\ \boldsymbol{\mu}'\boldsymbol{A}\boldsymbol{\mu})$ となるための必要十分条件は，$(\boldsymbol{\Sigma}^{1/2})'\boldsymbol{A}\boldsymbol{\Sigma}^{1/2}$ がベキ等であり，$\mathrm{rank}\,\boldsymbol{A}=r$ となることである．

3.2.2　コックランの定理

次に述べるコックラン (Cochran) の定理は，回帰分析や分散分析の理論を展開するうえで，もっとも基本的な定理のひとつである．

(i)　$\boldsymbol{x}\sim N(\boldsymbol{0},\boldsymbol{I})$ とする．$\boldsymbol{x}$ の要素の平方和 $\boldsymbol{x}'\boldsymbol{x}$ を k 個の2次形式の和として

(3.36)
$$\boldsymbol{x}'\boldsymbol{x}=Q_1+Q_2+\cdots+Q_k,\qquad Q_i=\boldsymbol{x}'\boldsymbol{A}_i\boldsymbol{x}$$

と表わしたとする．$\mathrm{rank}\,\boldsymbol{A}_i=n_i$ のとき，Q_i がたがいに独立に，各々 $\chi^2(n_i)$ にしたがうための必要十分条件は，$n=\sum n_i$ となることである．

§2.3.4(iv) により，各 Q_i は，適当な $n_i\times n$ 線形変換 $\boldsymbol{G}^{(i)}=(g_{ij}{}^{(i)})$ により

(3.37)
$$Q_i=\pm(g_{11}{}^{(i)}x_1+\cdots+g_{1n}{}^{(i)}x_n)^2\pm\cdots\pm(g_{n_i1}{}^{(i)}x_1+\cdots+g_{n_in}{}^{(i)}x_n)^2$$

と書くことができる．ただし記号±はプラスまたはマイナスの意味である．$\sum n_i=n$ とすると，$\sum Q_i$ は

(3.38)
$$\sum Q_i=\boldsymbol{x}'\boldsymbol{G}'\boldsymbol{\varDelta}\boldsymbol{G}\boldsymbol{x}$$

と書ける．$\boldsymbol{G}$ は (3.37) の $g_{kh}{}^{(i)}$ を適当に並べた $n\times n$ 非特異行列であり，$\varDelta$ は対角線に $+1$ または -1 の並ぶ対角行列である．ところで仮定により $\boldsymbol{x}'\boldsymbol{x}=\sum Q_i$，したがって $\boldsymbol{G}'\boldsymbol{\varDelta}\boldsymbol{G}=\boldsymbol{I}$，すなわち $\varDelta=(\boldsymbol{G}')^{-1}\boldsymbol{G}^{-1}$ となる．$\varDelta$ がこのように書けるということは，$\varDelta$ が正値定符号であることを意味する．したがって $\varDelta$ の対角要素はすべて $+1$ である，すなわち $\varDelta$ は単位行列でなければならない．このことは $\boldsymbol{G}$ が直交行列であることを意味する．したがって，$\boldsymbol{y}=\boldsymbol{G}\boldsymbol{x}$ の分布は $N(\boldsymbol{0},\boldsymbol{I})$ となり，$Q_1=y_1{}^2+\cdots+y_{n_1}{}^2,\ Q_2=y_{n_1+1}{}^2+\cdots+y_{n_1+n_2}{}^2$ 等々はたがいに独立に χ^2 分布にしたがうことがわかる．かくして，条件の十分性が証明

された．必要性の方は，§3.2.1(iii), (iv)より明らかである．

この定理の前提において，もし $\boldsymbol{x}\sim N(\boldsymbol{\mu}, \boldsymbol{I})$ と仮定するならば，χ^2 分布 $\chi^2(n_i)$ を非心 χ^2 分布 $\chi^2(n_i, \boldsymbol{\mu}'\boldsymbol{A}_i\boldsymbol{\mu})$ でおきかえることにより，同様のことが成りたつ．

(ii) $\boldsymbol{x}\sim N(\boldsymbol{0}, \boldsymbol{I})$のとき，$\boldsymbol{x}'\boldsymbol{A}_1\boldsymbol{x}\sim\chi^2(p)$，$\boldsymbol{x}'\boldsymbol{A}_2\boldsymbol{x}\sim\chi^2(q)$ とする．これら二つの2次形式が独立であるための必要十分条件は $\boldsymbol{A}_1\boldsymbol{A}_2=\boldsymbol{0}$ である．

$\boldsymbol{A}_1=\boldsymbol{A}_1{}^2$，$\boldsymbol{A}_2=\boldsymbol{A}_2{}^2$ だから，$\boldsymbol{A}_1\boldsymbol{A}_2=\boldsymbol{0}$ ならば $\boldsymbol{I}-\boldsymbol{A}_1-\boldsymbol{A}_2$ もまたベキ等である．したがって，ベキ等行列の階数はそのトレースに等しいことから，

$$\text{rank}\,\boldsymbol{A}_1+\text{rank}\,\boldsymbol{A}_2+\text{rank}(\boldsymbol{I}-\boldsymbol{A}_1-\boldsymbol{A}_2)=\text{tr}\,\boldsymbol{I}=n \tag{3.39}$$

となることがすぐにわかる．これは，コックランの定理の条件にほかならないから，$\boldsymbol{x}'\boldsymbol{A}_1\boldsymbol{x}_1$ と $\boldsymbol{x}'\boldsymbol{A}_2\boldsymbol{x}$ はたがいに独立である．逆に，$\boldsymbol{x}'\boldsymbol{A}_1\boldsymbol{x}$ と $\boldsymbol{x}'\boldsymbol{A}_2\boldsymbol{x}$ が独立ならば，和 $\boldsymbol{x}'(\boldsymbol{A}_1+\boldsymbol{A}_2)\boldsymbol{x}$ もまた χ^2 分布にしたがう．したがって $\boldsymbol{A}_1+\boldsymbol{A}_2$ はベキ等であり，$\boldsymbol{A}_1\boldsymbol{A}_2=\boldsymbol{0}$ となる．

上記の結果は，二つの2次形式が χ^2 分布にしたがうという仮定をおかなくても成りたつ．ここでは，証明を簡単にするために，こうした仮定をおいた．

(iii) $\boldsymbol{x}\sim N(\boldsymbol{0}, \boldsymbol{I})$ とする．$\boldsymbol{x}'\boldsymbol{x}=\boldsymbol{x}'\boldsymbol{A}\boldsymbol{x}+\boldsymbol{x}'(\boldsymbol{I}-\boldsymbol{A})\boldsymbol{x}$ のとき，$\boldsymbol{x}'\boldsymbol{A}\boldsymbol{x}\sim\chi^2(r)$ ならば，$\boldsymbol{x}'(\boldsymbol{I}-\boldsymbol{A})\boldsymbol{x}$ は $\boldsymbol{x}'\boldsymbol{A}\boldsymbol{x}$ と独立に $\chi^2(n-r)$ にしたがう．

(ii) をつかえば，結果はただちに導かれる．

(iv) $\boldsymbol{x}\sim N(\boldsymbol{0}, \boldsymbol{I})$ のとき，$\boldsymbol{x}'\boldsymbol{A}\boldsymbol{x}$ と $\boldsymbol{b}'\boldsymbol{x}$ が独立であるための必要十分条件は $\boldsymbol{A}\boldsymbol{b}=\boldsymbol{0}$ となることである．ただし，$\boldsymbol{A}$ はベキ等行列，$\boldsymbol{b}$ はベクトルである．

$\boldsymbol{x}'\boldsymbol{A}\boldsymbol{x}$ と $\boldsymbol{b}'\boldsymbol{x}$ が独立であることは，χ^2 分布にしたがう2次形式 $\boldsymbol{x}'\boldsymbol{A}\boldsymbol{x}$ と $\|\boldsymbol{b}\|^{-1}(\boldsymbol{b}'\boldsymbol{x})^2=\|\boldsymbol{b}\|^{-1}\boldsymbol{x}'\boldsymbol{b}\boldsymbol{b}'\boldsymbol{x}$ が独立であることと同値である．(ii) より，これら二つが独立であるためには $\boldsymbol{A}\boldsymbol{b}\boldsymbol{b}'=\boldsymbol{0}$ となることが必要十分である．ところが，$\boldsymbol{A}\boldsymbol{b}\boldsymbol{b}'=\boldsymbol{0}\Leftrightarrow\boldsymbol{A}\boldsymbol{b}\boldsymbol{b}'\boldsymbol{A}=(\boldsymbol{A}\boldsymbol{b})(\boldsymbol{A}\boldsymbol{b})'=\boldsymbol{0}\Leftrightarrow\boldsymbol{A}\boldsymbol{b}=\boldsymbol{0}$．したがって $\boldsymbol{A}\boldsymbol{b}\boldsymbol{b}'=\boldsymbol{0}$ と $\boldsymbol{A}\boldsymbol{b}=\boldsymbol{0}$ は同値である．

4. 線形回帰モデル

回帰モデルの概要については，すでに第1章で述べた．この章では，第2章と第3章で少しく迂回して学んだ，線形代数と多変量正規分布の知識をもとにして，回帰分析の基礎理論を展開することにしよう．この章で扱う回帰モデルは，かなり制約的な仮定にもとづいている．推定に用いる最小2乗法も，こうした仮定が成りたつ場合にかぎって，その良さが保証されるのである．どの仮定が，どこでどう使われるのかに留意しながら，この章を読みすすんでほしい．現実のデータが，これらの仮定に違背するとき，最小2乗法の良さはどの程度そこなわれるかという問題，その場合推定法をどのように改良すればよいかという問題，等々は第6,7章で考える．また，諸仮定の当否を検討する方法については，第5章で考えることにしたい．

4.1 最小2乗推定

4.1.1 線形回帰モデル

確率変数 Y の変動のしくみに関心があるものとしよう．そのしくみを統計的に解析するために，たがいに独立な n 個の観測値 $y_1, y_2, \cdots, y_n$ を得たとする．これら n 個の観測値を同一母集団からのランダム・サンプルとみなすのは無理なことを，あらかじめ知っているものとする．とくに，y_i の平均が観測値ごとに異なる可能性が高いとしよう．分散については，ひとまず簡単のために，n 個の観測値を通じて一定値と仮定すれば，モデルを

(4.1) $$E(y_i)=\eta_i, \qquad V(y_i)=\sigma^2$$

と書くことができる．η_i の差違のありようが，まったく不規則ならば，所与の観測値データから推論をすすめることは，まったく不可能である．そこで，η_i

の変動が比較的少数個の関連ある変数の変動によって“説明”されると仮定して

(4.2)
$$\eta_i=\beta_1x_{1i}+\beta_2x_{2i}+\cdots+\beta_px_{pi},\qquad i=1,2,\cdots,n$$

という関係式を想定してみる．

たとえば，y_iが新生児の体重の観測値だとすれば，その期待値η_iは，父母の体重，母親の年齢，懐妊期間，母親の喫煙習慣の有無，等々の変数に依存すると考えられる．関係のしかたは，もちろん線形とは限らないけれども，とりあえず，線形式によって，ある程度の近似がかなえられるものとしておこう．

表記を簡単にするために，上に述べたことを，ベクトルを用いて表現すれば，以下のとおりである．

(4.3)
$$E(\boldsymbol{y})=\boldsymbol{\eta},\qquad V(\boldsymbol{y})=\sigma^2\boldsymbol{I}$$

ただし

(4.4)
$$\boldsymbol{y}=\begin{bmatrix}y_1\\y_2\\\vdots\\y_n\end{bmatrix},\qquad \boldsymbol{\eta}=\begin{bmatrix}\eta_1\\\eta_2\\\vdots\\\eta_n\end{bmatrix}.$$

仮定 (4.2) は

(4.5)
$$\boldsymbol{\eta}=\boldsymbol{X\beta}$$

と書ける．ただし

(4.6)
$$\boldsymbol{X}=\begin{bmatrix}x_{11}&\cdots&x_{p1}\\\vdots&&\vdots\\x_{1n}&\cdots&x_{pn}\end{bmatrix},\qquad \boldsymbol{\beta}=\begin{bmatrix}\beta_1\\\beta_2\\\vdots\\\beta_p\end{bmatrix}$$

である．仮定 (4.5) が正確に成りたつことは，実際問題として，まずありえない．仮定の幾何学的意味は，「平均ベクトル$\boldsymbol{\eta}$が，$\boldsymbol{X}$のp個の列で張られる線形部分空間$\mathcal{M}(\boldsymbol{X})$に属する」ということだから，真の$\boldsymbol{\eta}$を一意的に

(4.7)
$$\boldsymbol{\eta}=\boldsymbol{\eta}_0+\boldsymbol{\eta}_1,\qquad \boldsymbol{\eta}_0\in\mathcal{M}(\boldsymbol{X}),\qquad \boldsymbol{\eta}_1\in\mathcal{M}(\boldsymbol{X})^\perp$$

と分解すれば，仮定 (4.5) は $\boldsymbol{\eta}_1=\boldsymbol{0}$ を意味する((2.22) を参照せよ)．また§2.3.2(ix)より，$\boldsymbol{\eta}$の$\mathcal{M}(\boldsymbol{X})$への射影$\boldsymbol{\eta}_0$は$\boldsymbol{\eta}_0=\boldsymbol{X}(\boldsymbol{X}'\boldsymbol{X})^{-1}\boldsymbol{X}'\boldsymbol{\eta}$となるから，

表 4.1 新生児の体重と関連ある変数の観測値

番 号	Y	X_1	X_2	X_3	X_4
1	3087	48	28	304	0
2	3229	52	24	286	1
3	3204	61	33	273	1
4	3346	58	30	295	0
5	3579	56	21	290	0
6	2325	46	26	262	0
7	3159	55	30	318	1
8	3589	63	37	298	0
9	2969	52	25	299	1
10	2819	40	22	313	0
11	3191	59	34	285	1
12	3346	57	28	306	0
13	2444	45	30	291	1
14	3662	64	21	274	0
15	3241	53	29	283	0

Y=新生児の体重(g)，X_1=母親の体重(kg)，X_2=母親の年齢，
X_3=懐妊期間(日)，X_4=喫煙習慣の有無(有ならば1無ならば0)．

$\boldsymbol{\eta}_0=\boldsymbol{X\beta}$ とすれば

$$\boldsymbol{\beta}=(\boldsymbol{X}'\boldsymbol{X})^{-1}\boldsymbol{X}'\boldsymbol{\eta} \tag{4.8}$$

を得る．

$\boldsymbol{\varepsilon}=\boldsymbol{y}-\boldsymbol{\eta}$ とすれば，$E(\boldsymbol{\varepsilon})=\boldsymbol{0}$，$V(\boldsymbol{\varepsilon})=\sigma^2\boldsymbol{I}$ となる．そこで，仮定 (4.3) にも

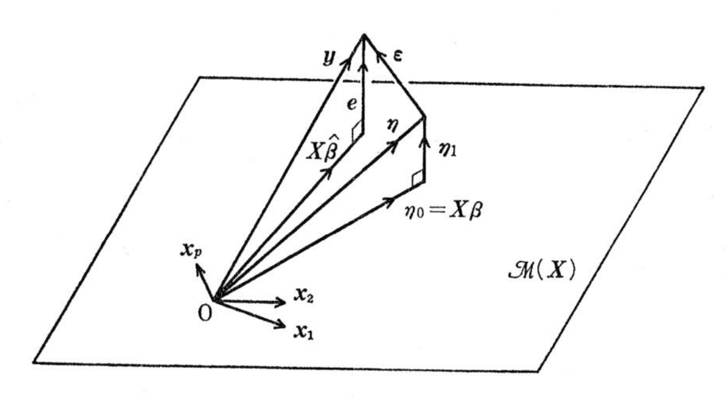

図 4.1 観測値ベクトル$\boldsymbol{y}$の分解

とづくモデルを

$$(4.9)\qquad \boldsymbol{y}=\boldsymbol{X}\boldsymbol{\beta}+\boldsymbol{\varepsilon}+\boldsymbol{\eta}_1,\qquad E(\boldsymbol{\varepsilon})=\boldsymbol{0},\qquad V(\boldsymbol{\varepsilon})=\sigma^2\boldsymbol{I}$$

と書くことができる．$\boldsymbol{\eta}$ から $\mathcal{M}(\boldsymbol{X})$ への垂線

$$(4.10)\qquad \boldsymbol{\eta}_1=[\boldsymbol{I}-\boldsymbol{X}(\boldsymbol{X}'\boldsymbol{X})^{-1}\boldsymbol{X}']\boldsymbol{\eta}$$

のことを，線形回帰モデルの**バイアス**という(図 4.1 参照)．

この章で扱うもっとも標準的な線形回帰モデルにおいては，$\boldsymbol{\eta}\in\mathcal{M}(\boldsymbol{X})$ すなわち $\boldsymbol{\eta}_1=\boldsymbol{0}$ を仮定する．

標準線形回帰モデルが前提とする諸仮定を，以下にまとめておこう．

$$(4.11)\qquad \boldsymbol{y}=\boldsymbol{X}\boldsymbol{\beta}+\boldsymbol{\varepsilon}$$

と書くとき，$\boldsymbol{X}$ と $\boldsymbol{\varepsilon}$ は，以下の仮定を満たす．

仮定 1　$E(\boldsymbol{\varepsilon})=\boldsymbol{0}$.

仮定 2　$V(\boldsymbol{\varepsilon})=\sigma^2\boldsymbol{I}$, σ^2 は正定数である．

仮定 3　$\mathrm{rank}\,\boldsymbol{X}=p$.

なお $n\times p$ 行列 $\boldsymbol{X}$ の要素は，固定された(非確率的)変数値とする．

以上のように定式化された，($\boldsymbol{y}$ の変動にかんする)モデルのことを，**標準線形回帰モデル**という．$\boldsymbol{y}$ のことを**従属**(または**被説明**)**変数**といい，$\boldsymbol{x}_1, \boldsymbol{x}_2, \cdots, \boldsymbol{x}_p$ のことを**独立**(または**説明**)**変数**という．$\boldsymbol{\beta}$ のことを**回帰係数**といい，$\boldsymbol{\varepsilon}$ の要素のことを**誤差項**(または**攪乱項**)という．仮定 2 は，$\boldsymbol{\varepsilon}$ の要素 ε_i の分散(したがって y_i の分散)が等しいこと，さらに ε_i と $\varepsilon_j\,(i\neq j)$ が無相関であることを意味する．断わっておくが，“無相関”ということは，かならずしも“独立”ということを意味しない．また，すべての ε_i が同一分布にしたがうとは限らない．

一般に線形式は定数項(切片)を含むと考えた方が自然である．すなわち，すべての説明変数が 0 のとき，y は必ずしも 0 とは限らない．このような場合には，第 1 番目の説明変数 x_1 は常に 1 である，すなわち $x_{1i}\equiv1$ とすれば，β_1 が定数項となる．

モデル (4.11) が“線形”というのは，「パラメータに関して線形」であり「誤差項が加法的である」という意味であって，たとえば

$$(4.12)\qquad y_i=\beta_1+\beta_2x_i+\beta_3x_i^2+\cdots+\beta_px_i^{p-1}+\varepsilon_i$$

または

$$\log y_i=\beta_1+\beta_2\log x_i+\varepsilon_i \tag{4.13}$$

などのような，x と y にかんする非線形式を排除するものではない．このような非線形式は，x^k や $\log x$ を各々独立した説明変数とみなせば，いずれもモデル (4.11) の一特殊例とみなせる．(4.13) は $y_i=\alpha x_i^{\beta_2}u_i$ の両辺の対数をとり，$\log\alpha=\beta_1$，$\log u_i=\varepsilon_i$ とおきかえたものである．ただし，$y_i=\alpha x_i^{\beta_2}+u_i$ というモデルを線形化することはできない．また，**ロジスティック曲線**

$$y_i=\frac{1}{1+e^{\beta_1+\beta_2x_i+\varepsilon_i}} \tag{4.14}$$

は，一見したところ複雑な非線形式のようだが，$\log[(1-y_i)/y_i]=\beta_1+\beta_2x_i+\varepsilon_i$ として線形化できる．

説明変数は，連続的な変量の場合もあれば，なんらかの質的属性の有無(たとえば喫煙習慣の有無)をあらわす場合もある．質的属性が2元的ならば，変数 x のとる値を

$$x_i=\begin{cases}1, & i\text{番目の観測個体が属性をもつとき,}\\ 0, & \text{しからざるとき,}\end{cases}$$

と定めることによって，当該の属性を量化することができる(表4.1を参照)．質的属性を計量化した変数のことを，**ダミー変数**という．ダミー変数の回帰係数は，属性の有無によって，従属変数の平均値がどれだけシフトするかを示す．他方，連続的な変数の回帰係数は，説明変数が1単位増加したときに，従属変数の平均値がいかほど増加(または減少)するかを示す．

4.1.2 最小2乗推定

あたえられたデータ $(\boldsymbol{y},\boldsymbol{X})$ にもとづいて，回帰係数 $\boldsymbol{\beta}$ を推定することを考えよう．線形回帰モデル(4.11)は，$\boldsymbol{y}=\boldsymbol{\eta}+\boldsymbol{\varepsilon}$，$\boldsymbol{\eta}\in\mathcal{M}(\boldsymbol{X})$ を意味する．$\boldsymbol{\varepsilon}$ はモデルの“誤差”だから，そのノルムの平方 $\|\boldsymbol{\varepsilon}\|^2=\|\boldsymbol{y}-\boldsymbol{\eta}\|^2$ は，なるべく小さいことが望ましい．すなわち，「制約条件 $\boldsymbol{\eta}\in\mathcal{M}(\boldsymbol{X})$ のもとに，$\|\boldsymbol{y}-\boldsymbol{\eta}\|^2$ を最小にせよ」という数学的問題をたててみる．§2.1.4(ii) よりその答は，「$\boldsymbol{\eta}$ を $\boldsymbol{y}$ の $\mathcal{M}(\boldsymbol{X})$ 上への射影 $\hat{\boldsymbol{\eta}}$ とせよ」となる．ところで§2.3.2(ix) でみたように，$\boldsymbol{y}$ の $\mathcal{M}(\boldsymbol{X})$ への射影は $\boldsymbol{X}(\boldsymbol{X}'\boldsymbol{X})^{-1}\boldsymbol{X}'\boldsymbol{y}$ によって与えられる．かくして $\hat{\boldsymbol{\eta}}=\boldsymbol{X}\hat{\boldsymbol{\beta}}=\boldsymbol{X}(\boldsymbol{X}'\boldsymbol{X})^{-1}\boldsymbol{X}'\boldsymbol{y}$，すなわち

(4.15) $$\hat{\boldsymbol{\beta}}=(\boldsymbol{X}'\boldsymbol{X})^{-1}\boldsymbol{X}'\boldsymbol{y}$$

とすればよい．$\hat{\boldsymbol{\beta}}$ を $\boldsymbol{\beta}$ の**最小2乗推定量** (least squares estimator) という．$\boldsymbol{e}=\boldsymbol{y}-\hat{\boldsymbol{\eta}}$ のことを，「説明し残された部分」という意味で，**残差** (residual) という (図 4.1 参照)．

おなじ結果を，以下のようにして解析的に導くこともできる．誤差の2乗和は

(4.16) $$\begin{aligned}\|\boldsymbol{\varepsilon}\|^2&=(\boldsymbol{y}-\boldsymbol{X\beta})'(\boldsymbol{y}-\boldsymbol{X\beta})\\&=\boldsymbol{y}'\boldsymbol{y}-2\boldsymbol{\beta}'\boldsymbol{X}'\boldsymbol{y}+\boldsymbol{\beta}'(\boldsymbol{X}'\boldsymbol{X})\boldsymbol{\beta}\end{aligned}$$

となる．$\partial\|\boldsymbol{\varepsilon}\|^2/\partial\boldsymbol{\beta}=\boldsymbol{0}$ を解くと (§2.5.1 (i) および (ii) を参照)

(4.17) $$-2\boldsymbol{X}'\boldsymbol{y}+2\boldsymbol{X}'\boldsymbol{X\beta}=\boldsymbol{0}$$

すなわち

(4.18) $$\boldsymbol{X}'\boldsymbol{X\beta}=\boldsymbol{X}'\boldsymbol{y}$$

を得る．これは $\boldsymbol{\beta}$ にかんする連立1次方程式であり，**正規方程式** (normal equation) とよばれる．仮定3により $\boldsymbol{X}'\boldsymbol{X}$ は非特異だから (§2.2.3 (i) 参照)，この方程式には一義的な解が存在し，それは (4.15) によって与えられる．

$\|\boldsymbol{\varepsilon}\|^2$ の最小値

(4.19) $$\begin{aligned}\|\boldsymbol{e}\|^2=\boldsymbol{e}'\boldsymbol{e}&=(\boldsymbol{y}-\boldsymbol{X}\hat{\boldsymbol{\beta}})'(\boldsymbol{y}-\boldsymbol{X}\hat{\boldsymbol{\beta}})\\&=\boldsymbol{y}'\boldsymbol{y}-2\hat{\boldsymbol{\beta}}'\boldsymbol{X}'\boldsymbol{y}+\hat{\boldsymbol{\beta}}'\boldsymbol{X}'\boldsymbol{X}\hat{\boldsymbol{\beta}}\\&=\boldsymbol{y}'\boldsymbol{y}-\hat{\boldsymbol{\beta}}'\boldsymbol{X}'\boldsymbol{y}\\&=\boldsymbol{y}'[\boldsymbol{I}-\boldsymbol{X}(\boldsymbol{X}'\boldsymbol{X})^{-1}\boldsymbol{X}']\boldsymbol{y}\end{aligned}$$

のことを**残差平方和** (residual sum of squares) といい，RSS と略記する．容易に確かめられるように，$\boldsymbol{I}-\boldsymbol{X}(\boldsymbol{X}'\boldsymbol{X})^{-1}\boldsymbol{X}'$ はベキ等行列であり，

(4.20) $$\boldsymbol{e}=[\boldsymbol{I}-\boldsymbol{X}(\boldsymbol{X}'\boldsymbol{X})^{-1}\boldsymbol{X}']\boldsymbol{y}=[\boldsymbol{I}-\boldsymbol{X}(\boldsymbol{X}'\boldsymbol{X})^{-1}\boldsymbol{X}']\boldsymbol{\varepsilon}$$

となることに注意しよう．また，$\boldsymbol{e}$ は $\boldsymbol{y}$ から $\mathscr{M}(\boldsymbol{X})$ へ下した垂線であり，RSS はそのノルムの平方である．

簡単な数値例をひとつあげておこう．y_1, y_2, y_3 をたがいに独立な確率変数とし，それらの平均値が，それぞれ $\beta_1+\beta_2$，$\beta_1+2\beta_2$，$\beta_1+3\beta_2$ であるとしよう．このとき線形回帰モデル

$$(4.21)\qquad \begin{bmatrix} y_1 \\ y_2 \\ y_3 \end{bmatrix}=\begin{bmatrix} 1 & 1 \\ 1 & 2 \\ 1 & 3 \end{bmatrix}\begin{bmatrix} \beta_1 \\ \beta_2 \end{bmatrix}+\begin{bmatrix} \varepsilon_1 \\ \varepsilon_2 \\ \varepsilon_3 \end{bmatrix}$$

を得る．$\boldsymbol{\beta}'=(\beta_1, \beta_2)$ の最小2乗推定量は

$$(4.22)\qquad \hat{\boldsymbol{\beta}}=(\boldsymbol{X}'\boldsymbol{X})^{-1}\boldsymbol{X}'\boldsymbol{y}=\left\{\begin{bmatrix} 1 & 1 & 1 \\ 1 & 2 & 3 \end{bmatrix}\begin{bmatrix} 1 & 1 \\ 1 & 2 \\ 1 & 3 \end{bmatrix}\right\}^{-1}\begin{bmatrix} 1 & 1 & 1 \\ 1 & 2 & 3 \end{bmatrix}\begin{bmatrix} y_1 \\ y_2 \\ y_3 \end{bmatrix}$$

$$=\begin{bmatrix} 3 & 6 \\ 6 & 14 \end{bmatrix}^{-1}\begin{bmatrix} y_1+y_2+y_3 \\ y_1+2y_2+3y_3 \end{bmatrix}$$

$$=\frac{1}{6}\begin{bmatrix} 14 & -6 \\ -6 & 3 \end{bmatrix}\begin{bmatrix} y_1+y_2+y_3 \\ y_1+2y_2+3y_3 \end{bmatrix}$$

$$=\frac{1}{6}\begin{bmatrix} 8y_1+2y_2-4y_3 \\ -3y_1+3y_3 \end{bmatrix}$$

となる．また残差平方和は

$$(4.23)\qquad \boldsymbol{e}'\boldsymbol{e}=\boldsymbol{y}'[\boldsymbol{I}-\boldsymbol{X}(\boldsymbol{X}'\boldsymbol{X})^{-1}\boldsymbol{X}']\boldsymbol{y}$$

$$=(y_1, y_2, y_3)\left\{\begin{bmatrix} 1 & 0 & 0 \\ 0 & 1 & 0 \\ 0 & 0 & 1 \end{bmatrix}-\frac{1}{6}\begin{bmatrix} 5 & 2 & -1 \\ 2 & 2 & 2 \\ -1 & 2 & 5 \end{bmatrix}\right\}\begin{bmatrix} y_1 \\ y_2 \\ y_3 \end{bmatrix}$$

$$=(y_1, y_2, y_3)\left\{\frac{1}{6}\begin{bmatrix} 1 & -2 & 1 \\ -2 & 4 & -2 \\ 1 & -2 & 1 \end{bmatrix}\right\}\begin{bmatrix} y_1 \\ y_2 \\ y_3 \end{bmatrix}$$

$$=\frac{1}{6}(y_1{}^2+4y_2{}^2+y_3{}^2-4y_1y_2+2y_1y_3-4y_2y_3)$$

となる．β_1, β_2 の最小2乗推定量は y_1, y_2, y_3 の1次式であり，残差平方和はそれらの2次式になっていることに注意しよう．

4.2 最小2乗推定量の性質

4.2.1 線形不偏推定量

最小2乗推定量は，幾何学的には，$\boldsymbol{X}$ の列で張られる線形部分空間への $\boldsymbol{y}$ の

射影として，また代数的には，誤差の平方和を最小にするものとして導かれた．こうした導き方は，それ自体として，理にかなったものではある．しかし，最小2乗法だけが唯一の推定法というわけではあるまい．たとえば，誤差の絶対値の和を最小にするようにβを決める，という方法だって考えられる．にもかかわらず，最小2乗法が良しとされるのは，一体なぜだろうか．それは，最小2乗推定量が，以下に述べるような“望ましい”性質をもつからである．つまり，しかるべき仮定のもとで，他のいかなる推定法よりも，(一定の基準にてらして)優れている．ただし，このことを裏がえしていえば，最小2乗法の“望ましさ”は，ある特定の基準にてらしてのことであり，その上，かなり制約的な仮定の成立を前提としてのことであることに注意しておこう．

一般に，βの推定量$\boldsymbol{b}$が，観測値ベクトル$\boldsymbol{y}$の1次式(線形変換)として，すなわち，定数行列$\boldsymbol{C}$によって

(4.24) $$\boldsymbol{b}=\boldsymbol{C}\boldsymbol{y}$$

とあらわされるとき，$\boldsymbol{b}$はβの**線形推定量**(linear estimator)であるという．さらに$\boldsymbol{b}$が

(4.25) $$E(\boldsymbol{b})=\beta$$

を満たすならば，$\boldsymbol{b}$は，βの**線形不偏推定量**であるという．

説明変数値は，固定された値であると仮定されているから，最小2乗推定量$\hat{\beta}$は，定数行列$(\boldsymbol{X}'\boldsymbol{X})^{-1}\boldsymbol{X}'$による$\boldsymbol{y}$の線形変換とみなせる．したがって$\hat{\beta}$は，$\beta$の線形推定量である．さらに，仮定1のもとで

(4.26) $$E(\hat{\beta})=(\boldsymbol{X}'\boldsymbol{X})^{-1}\boldsymbol{X}'E(\boldsymbol{y})=(\boldsymbol{X}'\boldsymbol{X})^{-1}\boldsymbol{X}'\boldsymbol{X}\beta=\beta$$

となるから，$\hat{\beta}$はβの不偏推定量でもある．かくして

（i） 最小2乗推定量$\hat{\beta}$はβの線形不偏推定量である．

不偏性というのは，それ自体，好ましい性質であることに違いないけれども

(4.27) $$E(\boldsymbol{b})=\boldsymbol{C}E(\boldsymbol{y})=\boldsymbol{C}\boldsymbol{X}\beta$$

より，

(4.28) $$\boldsymbol{C}\boldsymbol{X}=\boldsymbol{I}$$

となる$p\times n$行列$\boldsymbol{C}$にたいし，$\boldsymbol{b}=\boldsymbol{C}\boldsymbol{y}$は不偏である．このような$\boldsymbol{C}$は無数に存在しうる．たとえば，任意の$n\times p$定数行列$\boldsymbol{Z}$(rank $\boldsymbol{Z}=p$)にたいし，C_2

$=(\boldsymbol{Z}'\boldsymbol{X})^{-1}\boldsymbol{Z}'$ とすれば，不偏性の条件 (4.28) は満たされ，$\boldsymbol{b}=\boldsymbol{C}_z\boldsymbol{y}$ は β の不偏推定量となる．

一般に，任意の rank $\boldsymbol{Z}=p$ となる $n\times p$ 行列 $\boldsymbol{Z}$ にたいし

$$\boldsymbol{b}=(\boldsymbol{Z}'\boldsymbol{X})^{-1}\boldsymbol{Z}'\boldsymbol{y} \tag{4.29}$$

と定義される線形不偏推定量のことを，**操作変数推定量**といい，$\boldsymbol{Z}$ のことを**操作変数**(instrumental variables) という．最小2乗推定量は，説明変数を操作変数とする($\boldsymbol{Z}=\boldsymbol{X}$ とする)操作変数法の特例とみなせる．

誤差の絶対値の和を最小にする，すなわち

$$\sum_{i=1}^{n}|\varepsilon_i|=\sum_{i=1}^{n}|y_i-\beta_1 x_{1i}-\cdots-\beta_p x_{pi}| \tag{4.30}$$

を最小にする推定量のことを，**最小絶対偏差推定量**(least absolute deviation estimator) という．この推定量は，線形推定量でないし，仮定1〜3のもとで不偏推定量とはかぎらない(分布の対称性を仮定すれば，この推定量は不偏になる)．

4.2.2 ガウス=マルコフの定理

さて，任意の線形推定量 (4.24) の分散共分散行列は

$$\begin{aligned} V(\boldsymbol{b})&=\{\mathrm{Cov}(b_i, b_j)\}=V(\boldsymbol{C}\boldsymbol{y})=\boldsymbol{C}V(\boldsymbol{y})\boldsymbol{C}' \\ &=\boldsymbol{C}\sigma^2\boldsymbol{I}\boldsymbol{C}'=\sigma^2\boldsymbol{C}\boldsymbol{C}' \end{aligned} \tag{4.31}$$

となる(§2.5.2(iii))．$\boldsymbol{b}$ が不偏であるためには，条件 (4.28) が満たされていることが必要である．このとき，

$$\boldsymbol{C}^*=(\boldsymbol{X}'\boldsymbol{X})^{-1}\boldsymbol{X}' \tag{4.32}$$

とすれば，

$$\begin{aligned} \boldsymbol{C}\boldsymbol{C}'&=(\boldsymbol{C}-\boldsymbol{C}^*+\boldsymbol{C}^*)(\boldsymbol{C}-\boldsymbol{C}^*+\boldsymbol{C}^*)' \\ &=(\boldsymbol{C}-\boldsymbol{C}^*)(\boldsymbol{C}-\boldsymbol{C}^*)'+\boldsymbol{C}^*\boldsymbol{C}^{*\prime} \end{aligned} \tag{4.33}$$

という関係が恒等的に成りたつ．2番目の等号が成りたつのは，不偏性の条件により $\boldsymbol{C}\boldsymbol{C}^{*\prime}=\boldsymbol{C}^*\boldsymbol{C}^{*\prime}$ となるからである．上式の最右辺の第1項は非負値定符号である(§2.3.3(iii))．したがって不等式

$$\boldsymbol{C}\boldsymbol{C}'\geq\boldsymbol{C}^*\boldsymbol{C}^{*\prime} \tag{4.34}$$

が (4.28) を満たす任意の $p\times n$ 行列 $\boldsymbol{C}$ にたいして成りたつ．ここで等号が成

立するのは，$\boldsymbol{C}-\boldsymbol{C}^*=\boldsymbol{0}$ すなわち $\boldsymbol{C}=\boldsymbol{C}^*$ の場合に限られる．不等式の右辺は最小２乗推定量 $\hat{\boldsymbol{\beta}}=\boldsymbol{C}^*\boldsymbol{y}$ の分散共分散行列を σ^2 で除したものであり，左辺は任意の線形不偏推定量の分散共分散行列を，おなじく σ^2 で除したものである．したがって，以下の結果を得る．

（i）　任意の線形不偏推定量 $\boldsymbol{b}$ にたいし

$$V(\hat{\boldsymbol{\beta}})\leq V(\boldsymbol{b}) \tag{4.35}$$

となる．すなわち $\hat{\boldsymbol{\beta}}$ は，(非負値定符号の意味で)分散共分散行列を最小にする線形不偏推定量である．

$\hat{\boldsymbol{\beta}}$ がこのような性質をもつことを「最小２乗推定量は**最良線形不偏推定量** (best linear unbiased estimator, **BLUE** と略記する)である」という．また $\hat{\boldsymbol{\beta}}$ の分散共分散行列は

$$V(\hat{\boldsymbol{\beta}})=\sigma^2(\boldsymbol{X}'\boldsymbol{X})^{-1} \tag{4.36}$$

によって与えられる．

命題（i）のことを**ガウス=マルコフ**(Gauss–Markov)**の定理**という．この定理の系として，以下のことが簡単に導かれる．

（ii）　任意の p 次元定数ベクトル $\boldsymbol{c}$ にたいして，

$$V(\boldsymbol{c}'\hat{\boldsymbol{\beta}})\leq V(\boldsymbol{c}'\boldsymbol{b}) \tag{4.37}$$

が成りたつ．

正値定符号行列の定義(§2.3.1)，および $V(\boldsymbol{c}'\hat{\boldsymbol{\beta}})=\boldsymbol{c}'V(\hat{\boldsymbol{\beta}})\boldsymbol{c}$ となること(§2.5.2(iii))からただちに明らかである．

(iii)　最小２乗推定量は，すべての線形不偏推定量のなかで，**一般化分散** (generalized variance)を最小にする，すなわち，任意の線形不偏推定量 $\boldsymbol{b}$ にたいし

$$|V(\hat{\boldsymbol{\beta}})|\leq|V(\boldsymbol{b})| \tag{4.38}$$

となる．ただし $|\cdot|$ は行列式をあらわす．

（i）および§2.3.3(viii)より明らかである．

命題(ii)において，特に $\boldsymbol{c}=\boldsymbol{e}_k$ ($\boldsymbol{e}_k$ は第 k 要素のみが１で他の要素は０の p 次元ベクトル)とすれば，(4.37)は $V(\hat{\beta}_k)\leq V(b_k)$ を意味する．すなわち，個々の回帰係数ごとにみても，最小２乗推定量は最小分散線形不偏推定量となっている．

4.2.3 正規分布の仮定

これまでは，誤差項の平均と分散共分散にかんする仮定をおくだけで，その分布型については何も仮定しなかった．この程度のゆるやかな仮定のもとで，ガウス=マルコフの定理のような強い結果が証明できたことは，いささか驚くべきことである．しかし，分布型にかんする仮定をさらに追加すれば，最小2乗推定量の“良さ”について，もっと強いことがいえる．

仮定1～3に加えて

仮定4 誤差項ε_iは正規分布にしたがう．

仮定1, 2, 4をこみにすれば，「εは多変量正規分布$N(\mathbf{0}, \sigma^2\boldsymbol{I})$にしたがう」といいかえることができる．またモデルを

$$y \sim N(\boldsymbol{X}\beta, \sigma^2\boldsymbol{I}), \qquad \mathrm{rank}\,\boldsymbol{X}=p \tag{4.39}$$

と簡潔に書くこともできる．モデル (4.39) のことを，**線形正規回帰モデル**という．

一般に，観測値ベクトル$\boldsymbol{y}$の分布が未知母数$\boldsymbol{\theta}$を含むとして，$\boldsymbol{y}$の同時密度(尤度関数)が

$$f(\boldsymbol{y}|\boldsymbol{\theta})=g(\boldsymbol{t}|\boldsymbol{\theta})h(\boldsymbol{y}) \tag{4.40}$$

という形に書けるとき，$\boldsymbol{\theta}$と同じ次元のベクトル統計量$\boldsymbol{t}$のことを，$\boldsymbol{\theta}$の(最小)十分統計量という．ただし$h(\boldsymbol{y})$は$\boldsymbol{\theta}$を含まないものとする．尤度関数がこのように書けるならば，たとえば$\boldsymbol{\theta}$の最尤推定量は$g(\boldsymbol{t}|\boldsymbol{\theta})$を最大にする$\boldsymbol{\theta}$ということになる．したがって最尤推定量は，十分統計量$\boldsymbol{t}$の関数である．このことからも予想されるように，十分統計量が“十分”であるというのは，「$\boldsymbol{\theta}$にかんするあらゆる統計的推測を十分統計量$\boldsymbol{t}$のみに基づいて行っても，いかなる情報の損失をもきたさない」という意味である．いいかえれば，$\boldsymbol{\theta}$にかんする一切の観測値情報は，少数個の統計量$\boldsymbol{t}$に移入されており，$\boldsymbol{t}$の値さえ知れば，個々の観測値は忘れてしまってもかまわない．このことをもっとはっきりした形で示すのが，次の**ラオ=ブラックウェル**(Rao–Blackwell)**の定理**である．

補助定理1 $\hat{\boldsymbol{\theta}}$が$\boldsymbol{\theta}$の任意の不偏推定量であるとする．そのとき，$\hat{\boldsymbol{\theta}}^*$を十分統計量$\boldsymbol{t}$を与えたときの条件付分布にかんする$\hat{\boldsymbol{\theta}}$の期待値とすれば，$\hat{\boldsymbol{\theta}}^*$も$\boldsymbol{\theta}$の不偏推定量であり，$V(\hat{\boldsymbol{\theta}}^*) \leq V(\hat{\boldsymbol{\theta}})$となる．

$V(\hat{\boldsymbol{\theta}})=E(\hat{\boldsymbol{\theta}}-\boldsymbol{\theta})^2=E(\hat{\boldsymbol{\theta}}-\hat{\boldsymbol{\theta}}^*+\hat{\boldsymbol{\theta}}^*-\boldsymbol{\theta})^2=E(\hat{\boldsymbol{\theta}}-\hat{\boldsymbol{\theta}}^*)^2+E(\hat{\boldsymbol{\theta}}^*-\boldsymbol{\theta})^2\geq V(\hat{\boldsymbol{\theta}}^*)$. 3番目の等号が成りたつのは，$\hat{\boldsymbol{\theta}}^*=E(\hat{\boldsymbol{\theta}}|t)$ だからである．

この定理は次のことを意味する．対象を不偏推定量だけに限って，そのなかで分散が最も小さい推定量が望ましい，という立場にたつならば，始めから“十分統計量の関数となっているような不偏推定量”に対象を限定して差支えない．なぜならば，どんな不偏推定量でも，十分統計量を与えたときの条件付期待値（それは十分統計量の関数である）をとることによって，分散をもっと小さくできるからである．

そこで次に問われるのは，十分統計量の関数であるような不偏推定量が複数個存在するとき，いずれを選択すべきか，という問題である．たとえば，$\hat{\boldsymbol{\theta}}_1(\boldsymbol{t})$ と $\hat{\boldsymbol{\theta}}_2(\boldsymbol{t})$ がともに $\boldsymbol{\theta}$ の不偏推定量だとすれば，

$$E[\hat{\boldsymbol{\theta}}_1(\boldsymbol{t})-\hat{\boldsymbol{\theta}}_2(\boldsymbol{t})]=\boldsymbol{0} \tag{4.41}$$

となる．もし仮に

$$E[\boldsymbol{v}(\boldsymbol{t})]=\boldsymbol{0} \iff \boldsymbol{v}(\boldsymbol{t})\equiv\boldsymbol{0} \tag{4.42}$$

だとすれば，(4.41) は $\hat{\boldsymbol{\theta}}_1(\boldsymbol{t})\equiv\hat{\boldsymbol{\theta}}_2(\boldsymbol{t})$ を意味し，十分統計量 $\boldsymbol{t}$ の関数で不偏な推定量はただ一つしか存在しないことになり，十分統計量の関数で不偏なものがひとつ見つかれば，それは**最小分散不偏推定量**（不偏推定量のなかで分散を最小にする推定量）である，ということになる．条件 (4.42) が満たされるとき，十分統計量は**完備**(complete)であるという．

ベクトル確率変数 $\boldsymbol{y}$ の密度関数が

$$f(\boldsymbol{y}|\boldsymbol{\theta})=\exp\{\boldsymbol{a}(\boldsymbol{\theta})'\boldsymbol{b}(\boldsymbol{y})+c(\boldsymbol{\theta})+d(\boldsymbol{y})\} \tag{4.43}$$

という形に書けるとき，その分布は**指数族**(exponential family)であるという．ただし，$\boldsymbol{\theta}$ の次元を p とするとき，$\boldsymbol{a}(\boldsymbol{\theta})$ は $\boldsymbol{\theta}$ の関数を要素とする p 次元ベクトル，$\boldsymbol{b}(\boldsymbol{y})$ は $\boldsymbol{\theta}$ を含まない $\boldsymbol{y}$ だけの関数を要素とする p 次元ベクトルである．$c(\boldsymbol{\theta})$ と $d(\boldsymbol{y})$ は，それぞれ $\boldsymbol{\theta}$ と $\boldsymbol{y}$ のスカラー関数（とりうる値が1次元の実数であるような関数）である．$\boldsymbol{y}$ が標本観測値のベクトルとすれば，ベクトル $\boldsymbol{b}(\boldsymbol{y})$ の p 個の要素が $\boldsymbol{\theta}$ の十分統計量となる．またそれらは，完備十分統計量であることが示される[1]．

1) 十分統計量による推測にかんする，もっと詳しい議論は，竹内 啓「数理統計学—データ解析の方法—」（東洋経済新報社）第11章を参照せよ．

さて，$\boldsymbol{y} \sim N(\boldsymbol{X\beta}, \sigma^2\boldsymbol{I})$ のとき，$\boldsymbol{y}$ の密度関数($\boldsymbol{\beta}$ と σ^2 の尤度関数)は

$$(4.44) \qquad f(\boldsymbol{y}) = \frac{1}{(2\pi\sigma^2)^{n/2}} \exp\left\{-\frac{1}{2\sigma^2}(\boldsymbol{y}-\boldsymbol{X\beta})'(\boldsymbol{y}-\boldsymbol{X\beta})\right\}$$

となる．尤度関数を $\boldsymbol{\beta}$ にかんして最大化するということは，2次形式 $(\boldsymbol{y}-\boldsymbol{X\beta})'(\boldsymbol{y}-\boldsymbol{X\beta})$ を $\boldsymbol{\beta}$ にかんして最小化することと同値である．したがって，以下の結果を得る．

（i） 仮定1〜4のもとで，最小2乗推定量は最尤推定量である．

一般に，最尤推定量は一致性，漸近的有効性などの望ましい性質をもつことが知られている．したがって，正規分布を仮定すれば，最小2乗推定量がこれらの望ましい性質をもつことがわかる．とりあえず簡単のために，σ^2 を既知の定数(未知母数は $\boldsymbol{\beta}$ のみ)と仮定すれば，尤度関数は

$$(4.45) \quad f(\boldsymbol{y}) = \exp\left\{\frac{1}{\sigma^2}\boldsymbol{\beta}'\boldsymbol{X}'\boldsymbol{y} - \frac{1}{2\sigma^2}\boldsymbol{\beta}'\boldsymbol{X}'\boldsymbol{X\beta} - \frac{n}{2}\log(2\pi\sigma^2) - \frac{1}{2\sigma^2}\boldsymbol{y}'\boldsymbol{y}\right\}$$

と書ける．したがって $\boldsymbol{y}$ の分布は指数族であり，$\boldsymbol{X}'\boldsymbol{y}$ が完備十分統計量になることがわかる．また，σ^2 も未知ならば，$\boldsymbol{y}$ の密度関数は，

$$(4.46) \qquad \boldsymbol{a}(\boldsymbol{\theta}) = \begin{bmatrix} \boldsymbol{\beta}/\sigma^2 \\ -1/2\sigma^2 \end{bmatrix}, \qquad \boldsymbol{b}(\boldsymbol{y}) = \begin{bmatrix} \boldsymbol{X}'\boldsymbol{y} \\ \boldsymbol{y}'\boldsymbol{y} \end{bmatrix},$$

$$(4.47) \qquad c(\boldsymbol{\theta}) = -\frac{1}{2\sigma^2}\boldsymbol{\beta}'\boldsymbol{X}'\boldsymbol{X\beta} - \frac{n}{2}\log(2\pi\sigma^2), \qquad d(\boldsymbol{y}) = 0$$

とおけば (4.43) のように書ける．したがって $\boldsymbol{X}'\boldsymbol{y}$ と $\boldsymbol{y}'\boldsymbol{y}$ が $\boldsymbol{\beta}$ と σ^2 の十分統計量となる．以上をまとめると

（ii） 線形回帰モデル (4.39) の未知母数 $\boldsymbol{\beta}$ と σ^2 にかんする完備十分統計量は $(\boldsymbol{y}'\boldsymbol{X},\ \boldsymbol{y}'\boldsymbol{y})$ である．

さて最小2乗推定量 $\hat{\boldsymbol{\beta}}$ は，明らかに $\boldsymbol{X}'\boldsymbol{y}$ の関数になっており，それは $\boldsymbol{\beta}$ の不偏推定量だから，次のことがただちに結果する．

（iii） $\hat{\boldsymbol{\beta}}$ は $\boldsymbol{\beta}$ の最小分散(最良)不偏推定量である．

同じ結果を次のようにして証明することもできる．一般に，尤度関数を $f(\boldsymbol{y}|\boldsymbol{\theta})$ とするとき，$\boldsymbol{\theta}$ の不偏推定量 $\hat{\boldsymbol{\theta}}$ の分散共分散行列にかんして，

$$(4.48) \qquad V(\hat{\boldsymbol{\theta}}) \geq \boldsymbol{I}(\boldsymbol{\theta})^{-1}$$

ただし

(4.49)
$$\boldsymbol{I}(\boldsymbol{\theta})=-E\left[\frac{\partial^2\log f(\boldsymbol{y}|\boldsymbol{\theta})}{\partial\boldsymbol{\theta}\partial\boldsymbol{\theta}'}\right]$$

という不等式が成りたつ．ただし不等号は，正値定符号の意味におけるそれである(§2.3.3参照)．この不等式のことを，**クラメール=ラオ**(Cramér–Rao)**の不等式**といい，$\boldsymbol{I}(\boldsymbol{\theta})$ のことをフィッシャー(Fisher)の**情報行列**という．分散共分散行列が不等式の下限に一致するような推定量のことを**有効推定量**(efficient estimator)という．有効推定量は最小分散不偏推定量であることは明らかであろう．

回帰モデルの尤度関数について，情報行列を計算してみると

(4.50)
$$\boldsymbol{I}(\boldsymbol{\theta})=-E\begin{bmatrix}\dfrac{\partial^2\log f}{\partial\boldsymbol{\beta}\partial\boldsymbol{\beta}'} & \dfrac{\partial^2\log f}{\partial\boldsymbol{\beta}\partial\sigma^2}\\[2ex] \dfrac{\partial^2\log f}{\partial\sigma^2\partial\boldsymbol{\beta}'} & \dfrac{\partial^2\log f}{\partial\sigma^2\partial\sigma^2}\end{bmatrix}=\frac{1}{\sigma^2}\begin{bmatrix}\boldsymbol{X}'\boldsymbol{X} & 0\\ 0' & n/2\sigma^2\end{bmatrix}$$

となる．したがって

(4.51)
$$I(\boldsymbol{\theta})^{-1}=\sigma^2\begin{bmatrix}(\boldsymbol{X}'\boldsymbol{X})^{-1} & 0\\ 0' & 2\sigma^2/n\end{bmatrix}$$

となり，$\boldsymbol{\beta}$ の不偏推定量の分散共分散行列は，$\sigma^2(\boldsymbol{X}'\boldsymbol{X})^{-1}$ よりも小さくはならない．ところで，最小2乗推定量 $\hat{\boldsymbol{\beta}}$ の分散は $\sigma^2(\boldsymbol{X}'\boldsymbol{X})^{-1}$ であり，下限に一致する．したがって $\hat{\boldsymbol{\beta}}$ は有効推定量であり，かつまた最小分散不偏推定量であることが示された．

さて次に，$\hat{\boldsymbol{\beta}}$ の確率分布についてみてみよう．

(4.52)
$$\begin{aligned}\hat{\boldsymbol{\beta}}&=(\boldsymbol{X}'\boldsymbol{X})^{-1}\boldsymbol{X}'\boldsymbol{y}=(\boldsymbol{X}'\boldsymbol{X})^{-1}\boldsymbol{X}'(\boldsymbol{X}\boldsymbol{\beta}+\boldsymbol{\varepsilon})\\&=\boldsymbol{\beta}+(\boldsymbol{X}'\boldsymbol{X})^{-1}\boldsymbol{X}'\boldsymbol{\varepsilon}\end{aligned}$$

となること，および $\boldsymbol{\varepsilon}\sim N(0,\sigma^2\boldsymbol{I})$ より(§3.1.1(iii)参照)以下の結果を得る．

(iv) 仮定1～4のもとで，

(4.53)
$$\hat{\boldsymbol{\beta}}\sim N(\boldsymbol{\beta},\ \sigma^2(\boldsymbol{X}'\boldsymbol{X})^{-1}).$$

この結果は，$\boldsymbol{\beta}$ にかんする仮説検定や区間推定の方式を導くうえでの基本となる．

4.2.4 漸近理論

正規分布の仮定(仮定4)をはずせば，最小2乗推定量の分布について，はっ

きりしたことは何もいえない．しかし，誤差項がたがいに独立であり，さらにいくつかの正則条件をみたすならば，観測値の個数が十分に大きいとき，最小2乗推定量の分布を正規分布で近似することが許される．

仮定1〜3に加えて，次のことを仮定する．表記を簡単にするために，

$$\boldsymbol{A}_n=(a_{ij}{}^n)=\boldsymbol{X}'\boldsymbol{X},\qquad \boldsymbol{c}_n=\boldsymbol{X}'\boldsymbol{y} \tag{4.54}$$

とおく(標本の大きさを明示するために添字nを付した)．最小2乗推定量にも，添字nをつけて

$$\hat{\boldsymbol{\beta}}_n=\boldsymbol{A}_n{}^{-1}\boldsymbol{c}_n \tag{4.55}$$

と書く．さらに対角行列

$$\boldsymbol{D}_n=\begin{bmatrix}\sqrt{a_{11}{}^n} & 0 & \cdots & 0\\ 0 & \sqrt{a_{22}{}^n} & \cdots & 0\\ \vdots & \vdots & & \vdots\\ 0 & 0 & \cdots & \sqrt{a_{pp}{}^n}\end{bmatrix} \tag{4.56}$$

を定義し，p個の説明変数相互の標本相関係数を要素とする$p\times p$行列を

$$\boldsymbol{R}_n=\boldsymbol{D}_n{}^{-1}\boldsymbol{A}_n\boldsymbol{D}_n{}^{-1} \tag{4.57}$$

とする．

仮定5 誤差項ε_jは，平均0分散σ^2をもって，たがいに独立に同一分布$F(\varepsilon)$にしたがって分布する．

仮定6 すべての$i=1,2,\cdots,p$にたいして，$n\to\infty$のとき

$$\frac{\max_j x_{ij}{}^2}{a_{ii}{}^n}\to 0 \tag{4.58}$$

となる．

仮定7 $n\to\infty$のとき$\boldsymbol{R}_n\to\boldsymbol{R}_\infty$となる非特異行列$\boldsymbol{R}_\infty$が存在する．

仮定6,7は，説明変数にかんするものである．いずれもさほど強い仮定とはいえまい．以上の仮定のもとで，$\hat{\boldsymbol{\beta}}_n$の漸近的正規性を証明することができる．すなわち

(i) 仮定1〜3および5〜7のもとで

$$\boldsymbol{D}_n(\hat{\boldsymbol{\beta}}_n-\boldsymbol{\beta}) \tag{4.59}$$

の漸近分布($n\to\infty$としたときの分布の極限)は，正規分布$N(\boldsymbol{0},\sigma^2\boldsymbol{R}_\infty{}^{-1})$で

ある．

証明は以下のとおり．

$$D_n(\hat{\beta}_n-\beta)=D_n(A_n^{-1}c_n-\beta) \tag{4.60}$$
$$=D_n[A_n^{-1}X'(X\beta+\varepsilon)-\beta]$$
$$=(D_n^{-1}A_nD_n^{-1})^{-1}D_n^{-1}X'\varepsilon$$
$$=R_n^{-1}D_n^{-1}X'\varepsilon$$

となる．$D_n(\hat{\beta}_n-\beta)$ は，基準化された β_i の推定量 $\sqrt{a_{ii}^n}(\hat{\beta}_i^n-\beta_i)$ を第 i 要素とする p 次元ベクトルであることに注意しよう．

補助定理 2　ベクトル確率変数 z_n，$n=1,2,\cdots$ について，もし任意の定数ベクトル α ($\neq 0$) にたいし，$\alpha' z_n$ が漸近的に $N(0,\alpha'\Omega\alpha)$ にしたがって分布するならば，z_n は漸近的に $N(0,\Omega)$ にしたがう．

（補助定理の証明）定理の条件により，$\alpha' z_n$ の特性関数の極限は，$N(0,\alpha'\Omega\alpha)$ の特性関数に一致する．すなわち，任意の実数 t にたいし

$$\lim_{n\to\infty} E(e^{it\alpha' z_n})=e^{-(1/2)t^2\alpha'\Omega\alpha} \tag{4.61}$$

となる．とくに $t=1$ とおけば

$$\lim_{n\to\infty} E(e^{i\alpha' z_n})=e^{-(1/2)\alpha'\Omega\alpha} \tag{4.62}$$

となる．この式は，z_n の特性関数の極限が $N(0,\Omega)$ のそれに一致することを意味する．

（補助定理の証明終り）

さて補助定理 2 により，任意の実数ベクトル α ($\neq 0$) にたいし，$\alpha' D_n^{-1}X'\varepsilon$ の漸近分布が $N(0,\ \sigma^2\alpha' R_\infty\alpha)$ となることを示せば十分である．$\gamma_n=(\gamma_j^n)=XD_n^{-1}\alpha$ とおく．$\alpha' D_n^{-1}X'\varepsilon=\gamma_n'\varepsilon$ の分散は

$$V(\gamma_n'\varepsilon)=\sigma^2\gamma_n'\gamma_n=\sigma^2\alpha' R_n\alpha \tag{4.63}$$

となる．

$$u_j^n=\gamma_j^n\varepsilon_j/(\sigma\sqrt{\alpha' R_n\alpha}) \tag{4.64}$$

と基準化すれば

$$E(u_j^n)=0,\qquad \sum_{j=1}^n V(u_j^n)=1 \tag{4.65}$$

となる．次のような中心極限定理が必要となる．

補助定理 3（リンドバーグ(Lindberg)の中心極限定理）　$u_1^n, u_2^n, \cdots, u_n^n$ をたがいに独立な確率変数とする．u_j^n の分布関数を $F_j^n(u)$ とし，$E(u_j^n)=0$，$\sum_{j=1}^n V(u_j^n)=1$ とする．このとき $\sum_{j=1}^n u_j^n$ の漸近分布が $N(0,1)$ になるための十分条件は，すべての $\delta>0$ にたいし，$n\to\infty$ のとき

$$\sum_{j=1}^n \int_{|u|>\delta} u^2 dF_j^n(u) \ \to\ 0 \tag{4.66}$$

となることである[1]．

この十分条件のことを，**リンドバーグ=フェラー**(Lindberg-Feller)**の条件**という．

1)　この補助定理の証明は，清水良一「中心極限定理」（教育出版）を参照して頂きたい．

さて，この十分条件の成立を確かめよう．

$$\sum_{j=1}^{n}\int_{|u|>\delta}u^2dF_j^n(u)=\sum_{j=1}^{n}\frac{(\gamma_j^n)^2}{\sigma^2\boldsymbol{\alpha}'\boldsymbol{R}_n\boldsymbol{\alpha}}\int_{|\varepsilon|>c_j^n}\varepsilon^2dF(\varepsilon) \tag{4.67}$$

$$\leq\frac{1}{\sigma^2}\int_{|\varepsilon|>c_n}\varepsilon^2dF(\varepsilon)$$

ただし

$$c_j^n=\sigma\sqrt{\boldsymbol{\alpha}'\boldsymbol{R}_n\boldsymbol{\alpha}}\,\delta/|\gamma_j^n|, \tag{4.68}$$

$$c_n=\sigma\sqrt{\boldsymbol{\alpha}'\boldsymbol{R}_n\boldsymbol{\alpha}}\,\delta/\max_{j=1,2,\cdots,n}|\gamma_j^n| \tag{4.69}$$

である．ところで

$$\max_{j=1,\cdots,n}|\gamma_j^n|=\max_{j=1,\cdots,n}\left|\sum_{i=1}^{p}\alpha_i\frac{x_{ij}}{\sqrt{a_{ii}^n}}\right|\leq\sum|\alpha_i|\max_{j=1,\cdots,n}\frac{|x_{ij}|}{\sqrt{a_{ii}^n}}. \tag{4.70}$$

仮定6により，上式の右辺は，$n\to\infty$ のとき0に収束する．したがって，$n\to\infty$ のとき $c_n\to\infty$ となり，ε が有限の分散をもつことから，不等式 (4.67) の右辺は，$n\to\infty$ のとき0に収束し，リンドバーグ=フェラーの条件が成立する．かくして

$$\sum_{j=1}^{n}u_j^n=\sum\gamma_j^n\varepsilon_j/(\sigma\sqrt{\boldsymbol{\alpha}'\boldsymbol{R}_n\boldsymbol{\alpha}}) \tag{4.71}$$

$$=\boldsymbol{\alpha}'\boldsymbol{D}_n^{-1}\boldsymbol{X}'\boldsymbol{\varepsilon}/(\sigma\sqrt{\boldsymbol{\alpha}'\boldsymbol{R}_n\boldsymbol{\alpha}})$$

の漸近分布は $N(0,1)$ となる．すなわち $\boldsymbol{\alpha}'\boldsymbol{D}_n^{-1}\boldsymbol{X}'\boldsymbol{\varepsilon}$ の漸近分布は $N(0,\ \sigma^2\boldsymbol{\alpha}'\boldsymbol{R}_\infty\boldsymbol{\alpha})$ となる．したがって補助定理2により，$\boldsymbol{D}_n^{-1}\boldsymbol{X}'\boldsymbol{\varepsilon}$ の漸近分布は $N(\boldsymbol{0},\sigma^2\boldsymbol{R}_\infty)$ となる．このことは

$$\boldsymbol{D}_n(\hat{\boldsymbol{\beta}}_n-\boldsymbol{\beta})\sim N(\boldsymbol{0},\sigma^2\boldsymbol{R}_\infty^{-1}) \tag{4.72}$$

を意味する．

上の定理では，誤差項がたがいに独立に同一分布にしたがうと仮定した．同一分布にしたがわない場合でも，適当に仮定をつけ加えることにより，$\hat{\boldsymbol{\beta}}_n$の漸近的正規性を証明できる．すなわち，仮定5のかわりに

仮定5′ 誤差項 ε_j は，平均0分散 σ^2 をもって，たがいに独立に，各々，$F_j(\varepsilon)$ にしたがって分布する．

仮定8 $c\to\infty$ のとき

$$\sup_{j=1,2,\cdots}\int_{|\varepsilon|>c}\varepsilon^2dF_j(\varepsilon)\ \to\ 0 \tag{4.73}$$

の二つの仮定と，仮定6および7のもとで，$\boldsymbol{D}_n(\hat{\boldsymbol{\beta}}_n-\boldsymbol{\beta})$ の漸近分布は $N(\boldsymbol{0},\sigma^2\boldsymbol{R}_\infty^{-1})$ になる．

証明は，ほとんど同様である．

4.3　誤差分散 σ^2 の推定

4.3.1　残差の性質

これまでは回帰係数 $\boldsymbol{\beta}$ の推定だけに議論を限定してきた．この節では，もうひとつの未知母数である誤差分散 σ^2 の推定について考えることにしよう．いうまでもなく，誤差項そのものは観測不可能である．しかし，(4.20) で定義される残差 $\boldsymbol{e}$ は，「$\boldsymbol{y}$ の変動のうち $\boldsymbol{X}$ で "説明" しきれない部分」であって，それを誤差項 $\boldsymbol{\varepsilon}$ の "代理" とみなすことは，いちおう妥当と考えられる．

幾何学的にいえば，残差 $\boldsymbol{e}$ は，$\boldsymbol{y}$ から $\mathcal{M}(\boldsymbol{X})$ 上に下した垂線にほかならない(図 4.1 参照)．残差が以下の性質をもつことは，たやすく証明される．

(i)　$E(\boldsymbol{e})=\boldsymbol{0}$.

(ii)　$\mathrm{Cov}(\boldsymbol{e},\hat{\boldsymbol{\beta}})=\boldsymbol{0}$.

(iii)　$V(\boldsymbol{e})=\sigma^2[\boldsymbol{I}-\boldsymbol{X}(\boldsymbol{X}'\boldsymbol{X})^{-1}\boldsymbol{X}']$.

(iv)　$\boldsymbol{X}'\boldsymbol{e}=\boldsymbol{0}$.

証明は以下のとおり．

(4.74)
$$\begin{aligned}\boldsymbol{e}&=[\boldsymbol{I}-\boldsymbol{X}(\boldsymbol{X}'\boldsymbol{X})^{-1}\boldsymbol{X}']\boldsymbol{y}\\&=[\boldsymbol{I}-\boldsymbol{X}(\boldsymbol{X}'\boldsymbol{X})^{-1}\boldsymbol{X}'](\boldsymbol{X}\boldsymbol{\beta}+\boldsymbol{\varepsilon})\\&=[\boldsymbol{I}-\boldsymbol{X}(\boldsymbol{X}'\boldsymbol{X})^{-1}\boldsymbol{X}']\boldsymbol{\varepsilon}=\bar{\boldsymbol{P}}_X\boldsymbol{\varepsilon},\end{aligned}$$

ただし

(4.75)
$$\bar{\boldsymbol{P}}_X=\boldsymbol{I}-\boldsymbol{X}(\boldsymbol{X}'\boldsymbol{X})^{-1}\boldsymbol{X}'$$

は $\mathcal{M}(\boldsymbol{X})^{\perp}$ への射影行列である(§2.3.2(viii) および (ix) を参照)．

$$E(\boldsymbol{e})=\bar{\boldsymbol{P}}_XE(\boldsymbol{\varepsilon})=\boldsymbol{0}.$$

よって(i)が示された．次に

(4.76)
$$\begin{aligned}\mathrm{Cov}(\boldsymbol{e},\hat{\boldsymbol{\beta}})&=E[\bar{\boldsymbol{P}}_X\boldsymbol{\varepsilon}\boldsymbol{\varepsilon}'\boldsymbol{X}(\boldsymbol{X}'\boldsymbol{X})^{-1}]\\&=\bar{\boldsymbol{P}}_XE(\boldsymbol{\varepsilon}\boldsymbol{\varepsilon}')\boldsymbol{X}(\boldsymbol{X}'\boldsymbol{X})^{-1}\\&=\bar{\boldsymbol{P}}_X\sigma^2\boldsymbol{I}\boldsymbol{X}(\boldsymbol{X}'\boldsymbol{X})^{-1}\\&=\sigma^2\bar{\boldsymbol{P}}_X\boldsymbol{X}(\boldsymbol{X}'\boldsymbol{X})^{-1}\\&=\boldsymbol{0}.\end{aligned}$$

よって(ii)が示された．

(4.77)
$$\begin{aligned}V(\boldsymbol{e})&=E(\boldsymbol{e}\boldsymbol{e}')\\&=\bar{\boldsymbol{P}}_XE(\boldsymbol{\varepsilon}\boldsymbol{\varepsilon}')\bar{\boldsymbol{P}}_X\\&=\bar{\boldsymbol{P}}_X\sigma^2\boldsymbol{I}\bar{\boldsymbol{P}}_X\end{aligned}$$

$$=\sigma^2\bar{\boldsymbol{P}}_X{}^2$$
$$=\sigma^2\bar{\boldsymbol{P}}_X.$$

最後の等式は，$\bar{\boldsymbol{P}}_X$ がベキ等であることによる．よって (iii) が示された．(iv) は，$\bar{\boldsymbol{P}}_X\boldsymbol{X}=\boldsymbol{0}$ となることから明らかである．

(4.78)
$$\begin{aligned}\mathrm{tr}\,\bar{\boldsymbol{P}}_X&=\mathrm{tr}\,\boldsymbol{I}_n-\mathrm{tr}\boldsymbol{X}(\boldsymbol{X}'\boldsymbol{X})^{-1}\boldsymbol{X}' && (\S 2.2.4\,(\mathrm{xi}))\\&=n-\mathrm{tr}(\boldsymbol{X}'\boldsymbol{X})^{-1}\boldsymbol{X}'\boldsymbol{X} && (\S 2.2.4\,(\mathrm{xii}))\\&=n-\mathrm{tr}\,\boldsymbol{I}_p\\&=n-p\end{aligned}$$

したがって§2.3.2(iii)より

(4.79)
$$\mathrm{rank}\ \bar{\boldsymbol{P}}_X=n-p$$

となる．このことは，$\boldsymbol{e}$ の分散共分散行列が特異であることを意味する．$\boldsymbol{e}$ が (4.74) のように書けること，および§3.1.1(iii) より，$\boldsymbol{\varepsilon}\sim N(\boldsymbol{0},\sigma^2\boldsymbol{I})$ のとき，$\boldsymbol{e}$ は特異な分散共分散行列 $\sigma^2\bar{\boldsymbol{P}}_X$ をもった多変量正規分布にしたがう．

4.3.2 誤差分散の不偏推定と最尤推定

残差平方和 (4.19) をさらに変形すると

(4.80)
$$\begin{aligned}\boldsymbol{e}'\boldsymbol{e}&=(\boldsymbol{\beta}'\boldsymbol{X}'+\boldsymbol{\varepsilon}')\bar{\boldsymbol{P}}_X(\boldsymbol{X\beta}+\boldsymbol{\varepsilon})\\&=\boldsymbol{\varepsilon}'\bar{\boldsymbol{P}}_X\boldsymbol{\varepsilon}\end{aligned}$$

となる．すなわち残差平方和(RSS)は，誤差項 $\boldsymbol{\varepsilon}$ の 2 次形式に書ける．仮定 1～3 のもとで，§2.5.2(v) より

(4.81)
$$\begin{aligned}E(\boldsymbol{e}'\boldsymbol{e})&=\mathrm{tr}\,\bar{\boldsymbol{P}}_X\sigma^2\boldsymbol{I}\\&=\sigma^2\ \mathrm{tr}\,\bar{\boldsymbol{P}}_X\\&=\sigma^2(n-p)\end{aligned}$$

となる．これより

(i) σ^2 の不偏推定量は

(4.82)
$$s^2=\frac{\boldsymbol{e}'\boldsymbol{e}}{n-p}$$

によってあたえられる．

ところで $\boldsymbol{\varepsilon}\sim N(\boldsymbol{0},\sigma^2\boldsymbol{I})$ を仮定すると，尤度関数は (4.44) のようになる．$\boldsymbol{\beta}$ の最尤推定量は $\hat{\boldsymbol{\beta}}$ によってあたえられるから

$$(4.83)\qquad \log f(\boldsymbol{y}|\hat{\boldsymbol{\beta}},\sigma^2)=-\frac{n}{2}\log(\sigma^2)-\frac{n}{2}\log(2\pi)-\frac{1}{2\sigma^2}(\boldsymbol{y}-\boldsymbol{X}\hat{\boldsymbol{\beta}})'(\boldsymbol{y}-\boldsymbol{X}\hat{\boldsymbol{\beta}})$$
$$=-\frac{n}{2}\log(\sigma^2)-\frac{n}{2}\log(2\pi)-\frac{1}{2\sigma^2}\boldsymbol{e}'\boldsymbol{e}$$

となる．これを σ^2 にかんして微分して，結果を0とおくと

$$(4.84)\qquad -\frac{n}{2\sigma^2}+\frac{1}{2\sigma^4}\boldsymbol{e}'\boldsymbol{e}=0$$

を得る．この方程式の解，すなわち最尤推定量は

$$(4.85)\qquad \hat{\sigma}^2=\frac{\boldsymbol{e}'\boldsymbol{e}}{n}$$

となる．(4.81) より，

$$(4.86)\qquad E(\hat{\sigma}^2)=\frac{(n-p)}{n}\sigma^2$$

となる．したがって $\hat{\sigma}^2$ は偏った推定量であり，$n\to\infty$ のとき，偏りは消滅する．以上をまとめると

(ii) 仮定1～4のもとで，σ^2 の最尤推定量は (4.85) によってあたえられる．これは，漸近的に不偏な推定量である．

ところで，

$$(4.87)\qquad s^2=\frac{1}{n-p}[\boldsymbol{y}'\boldsymbol{y}-\boldsymbol{y}'\boldsymbol{X}(\boldsymbol{X}'\boldsymbol{X})^{-1}\boldsymbol{X}'\boldsymbol{y}]$$

と書けるから，不偏推定量 s^2 は完備十分統計量 $(\boldsymbol{y}'\boldsymbol{X},\boldsymbol{y}'\boldsymbol{y})$ の関数である(§4.2.3(ii) を参照)．したがって，§4.2.3で述べた十分統計量にかんする一般理論により，ただちに次のことがいえる．

(iii) 仮定1～4のもとで，s^2 は σ^2 の最小分散不偏推定量である．

§2.5.2 (vi) により，s^2 の分散は，次のようになる．

(iv) 仮定1～4のもとで，

$$(4.88)\qquad V(s^2)=\frac{2\sigma^4}{(n-p)^2}\mathrm{tr}\ \bar{\boldsymbol{P}}_X{}^2$$
$$=\frac{2\sigma^4}{n-p}.$$

これはクラメール=ラオの不等式 (4.51) によって与えられる，σ^2 の不偏推定量の分散の下限 $2\sigma^4/n$ よりも大きい．したがって，s^2 は有効推定量とはならない．最尤推定量の分散は，同様にして§2.5.2(vi) をもちいて，$2\sigma^4/n$ となることが，たやすく示される．

チュビシェフの不等式

$$\Pr\{|X-\mu_X|>k\sigma_X\}\leq\frac{1}{k^2},\qquad k:\text{正定数} \tag{4.89}$$

(μ_X と $\sigma_X{}^2$ は，確率変数 X の平均と分散である)により，

$$\Pr\left\{|s^2-\sigma^2|>k\sqrt{\frac{2\sigma^4}{n-p}}\right\}\leq\frac{1}{k^2}. \tag{4.90}$$

$k=\varepsilon\sqrt{(n-p)/(2\sigma^4)}$ とおけば，任意の正数 ε にたいし

$$\Pr\{|s^2-\sigma^2|>\varepsilon\}\leq\frac{2\sigma^4}{(n-p)\varepsilon^2} \tag{4.91}$$

となる．$n\to\infty$ のとき右辺は 0 に収束するから，左辺の確率も 0 に収束し，s^2 の確率極限は σ^2 になる．このことを

$$\operatorname{plim} s^2=\sigma^2 \tag{4.92}$$

と書き，s^2 は σ^2 の一致推定量であるという．同様にして，$\hat{\sigma}^2$ も一致推定量であること($\operatorname{plim}\hat{\sigma}^2=\sigma^2$)が示される．

正規分布を仮定しない場合でも，ガウス=マルコフ定理と類似した，次のような結果が知られている．

(v) 仮定 1～3 に加えて，ε_i はたがいに独立であり，3 次と 4 次の平均まわりのモーメント(μ_3 と μ_4)が存在し，さらに $\mu_4=3\sigma^4$(正規分布と同じ尖度をもつ)と仮定する．このとき，s^2 は，最小分散 2 次形式不偏推定量である．すなわち，

$$E(\boldsymbol{y}'A\boldsymbol{y})=\sigma^2 \tag{4.93}$$

となる任意の 2 次形式 $\boldsymbol{y}'A\boldsymbol{y}$ にたいし

$$V(s^2)\leq V(\boldsymbol{y}'A\boldsymbol{y}) \tag{4.94}$$

となる[1)]．

誤差分散 σ^2 の不偏推定量 s^2 をもちいて，最小 2 乗推定量 $\hat{\boldsymbol{\beta}}$ の分散共分散行

1) 証明は，佐和隆光「計量経済学の基礎」(東洋経済新報社) pp. 72–74 を参照されたい．

列は$s^2(\boldsymbol{X}'\boldsymbol{X})^{-1}$として推定される．$(\boldsymbol{X}'\boldsymbol{X})^{-1}=(a^{ij})$とすれば，$s\sqrt{a^{ii}}$は，$\hat{\beta}_i$の標準偏差(または標準誤差ともいう)であり，推定値の精度の目安として，$\hat{\beta}_i$とともに併記される．また，$\hat{\beta}_i/(s\sqrt{a^{ii}})$のことを$t$比といい，この値が十分大きいかどうかによって，推定値の信頼度がはかられる(§4.5 (vi) 参照)．t比にもとづく仮説検定については，次章で考えることにしたい．

4.3.3 変動平方和の分解

説明変数の観測値行列$\boldsymbol{X}$の第1列の要素はすべて1に等しい，すなわち，回帰式は定数項を含むと仮定する．このとき，§4.3.1(iv)より，

(4.95) $$\sum_{i=1}^{n} e_i=0 \quad \text{または} \quad \boldsymbol{e}'\iota=0$$

となる．つまり，残差の算術平均値は0になる．

(4.96) $$\hat{\boldsymbol{y}}=\boldsymbol{X}\hat{\boldsymbol{\beta}}=\boldsymbol{y}-\boldsymbol{e}$$

のことを回帰の**内挿値**(interpolation)または**推計値**という．上記の仮定のもとで

(4.97) $$\sum_{i=1}^{n}\hat{y}_i=\sum_{i=1}^{n} y_i \quad \text{または} \quad \hat{\boldsymbol{y}}'\iota=\boldsymbol{y}'\iota$$

となることは，(4.96) よりただちに明らかであろう．

また，§4.3.1(iv) より，常に

(4.98) $$\hat{\boldsymbol{y}}'\boldsymbol{e}=\hat{\boldsymbol{\beta}}'\boldsymbol{X}'\boldsymbol{e}=0$$

となる．すなわち，内挿値ベクトル$\hat{\boldsymbol{y}}$は，つねに残差ベクトル$\boldsymbol{e}$と直交している．これより

(4.99) $$\begin{aligned}\boldsymbol{y}'\boldsymbol{y}&=(\hat{\boldsymbol{y}}+\boldsymbol{e})'(\hat{\boldsymbol{y}}+\boldsymbol{e})\\&=\hat{\boldsymbol{y}}'\hat{\boldsymbol{y}}+\boldsymbol{e}'\boldsymbol{e}\end{aligned}$$

となる(幾何学的にいえば，これはピュタゴラスの定理の一般化にほかならない．図4.1を参照)．

回帰モデルが定数項を含むときには，$\bar{e}=0$，$\bar{y}=\bar{\hat{y}}$が成りたつから，次のような分解公式を得る．

(i) y_iの平均まわりの総変動平方和(TSS)を，説明される変動平方和(ESS)と残差平方和(RSS)に分解できる．すなわち

(4.100) $$\sum_{i=1}^{n}(y_i-\bar{y})^2=\sum_{i=1}^{n}(\hat{y}_i-\bar{\hat{y}})^2+\sum_{i=1}^{n}(e_i-\bar{e})^2$$

または

$$(4.101)\qquad \boldsymbol{y}'\boldsymbol{y}-\frac{1}{n}(\iota'\boldsymbol{y})^2=\hat{\boldsymbol{y}}'\hat{\boldsymbol{y}}-\frac{1}{n}(\iota'\hat{\boldsymbol{y}})^2+\boldsymbol{e}'\boldsymbol{e}-\frac{1}{n}(\iota'\boldsymbol{e})^2.$$

モデルが定数項を含む $(x_{1i}\equiv 1)$ とき (4.100) の右辺の第1項は，変数 $x_2, \cdots, x_p$ によって説明される変動平方和であり，第1項が第2項に比べて相対的に大きいほど，式の説明力は高いと考えられる．したがって，比率

$$(4.102)\qquad R^2=\frac{\sum_{i=1}^{n}(\hat{y}_i-\bar{\hat{y}}_i)^2}{\sum_{i=1}^{n}(y_i-\bar{y})^2}=1-\frac{\sum_{i=1}^{n}e_i^2}{\sum_{i=1}^{n}(y_i-\bar{y})^2}$$

を**決定係数**(coefficient of determination)とよんで，式の適合度をはかる指標とする．決定係数の正の平方根 R のことを，**重相関係数**(multiple correlation coefficient)という．決定係数は，従属変数の観測値の総変動のうちの何パーセントが，説明変数によって説明されるかを示している．説明変数が定数項のほかにただ1個しか存在しないときには，R^2 は従属変数と説明変数との標本相関係数の2乗になる．

4.3.4　平均値からの偏差モデル

回帰モデルが定数項を含む場合，$\iota'\boldsymbol{e}=\sum e_i=0$ となることはすでに示した．ところで，$\boldsymbol{y}=\boldsymbol{X}\hat{\boldsymbol{\beta}}+\boldsymbol{e}$ の両辺に左側から ι' をかけて n で割ると，$n^{-1}\iota'\boldsymbol{y}=n^{-1}\iota'\boldsymbol{X}\hat{\boldsymbol{\beta}}$，すなわち

$$(4.103)\qquad \bar{y}=\hat{\beta}_1+\hat{\beta}_2\bar{x}_2+\cdots+\hat{\beta}_p\bar{x}_p$$

を得る．ただし $\bar{x}_j=n^{-1}\sum_{i}x_{ji}$ である．これより，推定回帰平面は，各々の変数の平均値を座標にもつ点 $(\bar{x}_2, \cdots, \bar{x}_p, \bar{y})$ を通ることがわかる．

$\boldsymbol{X}=(\iota, \boldsymbol{X}_2)$ と書くことにすれば，(2.44) を用いて

$$(4.104)\qquad (\boldsymbol{X}'\boldsymbol{X})^{-1}=\begin{bmatrix} n & n\bar{\boldsymbol{x}}_2' \\ n\bar{\boldsymbol{x}}_2 & \boldsymbol{X}_2'\boldsymbol{X}_2 \end{bmatrix}^{-1}=\begin{bmatrix} n^{-1}+n\bar{\boldsymbol{x}}_2'(\boldsymbol{X}_2'\boldsymbol{X}_2)^{-1}\bar{\boldsymbol{x}}_2 & -\bar{\boldsymbol{x}}_2'\boldsymbol{M}_{22}^{-1} \\ -\boldsymbol{M}_{22}^{-1}\bar{\boldsymbol{x}}_2 & \boldsymbol{M}_{22}^{-1} \end{bmatrix}$$

となることがわかる．ただし，$\bar{\boldsymbol{x}}_2=n^{-1}\boldsymbol{X}_2'\iota$

$$(4.105)\qquad \boldsymbol{M}_{22}=\boldsymbol{X}_2'\boldsymbol{X}_2-n\bar{\boldsymbol{x}}_2\bar{\boldsymbol{x}}_2'=\left\{\sum_{k=1}^{n}(x_{ik}-\bar{x}_i)(x_{jk}-\bar{x}_j)\right\}$$

すなわち $\boldsymbol{M}_{22}$ は変数 $\boldsymbol{X}_2$ の平均まわりの $\overline{p-1}\times\overline{p-1}$ 積率行列である．回帰係数ベクトルを $\boldsymbol{\beta}'=(\beta_1, \boldsymbol{\beta}_2')$ と分割すれば

(4.106)
$$\hat{\beta}_2 = -M_{22}^{-1}\bar{x}_2 \cdot \iota' y + M_{22}^{-1} X_2' y = M_{22}^{-1}(X_2' y - n\bar{y}\bar{x}_2) = M_{22}^{-1} M_{2y}$$

となる．ただし M_{2y} は，$\sum_{i=1}^{n}(x_{ji}-\bar{x}_j)(y_i-\bar{y})$，$j=2,3,\cdots,p$ を要素とする $\overline{p-1}$ 次元ベクトルである．かくして，$\beta_2,\cdots,\beta_p$ の 最小 2 乗推定値は，$p-1$ 個の変数を平均からの偏差で測りなおしたモデル

(4.107) $y_i-\bar{y}=\beta_2(x_{2i}-\bar{x}_2)+\cdots+\beta_p(x_{pi}-\bar{x}_p)+\varepsilon_i, \qquad i=1,2,\cdots,n$

の最小 2 乗推定値に一致する．$\hat{\beta}_2,\cdots,\hat{\beta}_p$ が得られれば，(4.103) より，定数項を

(4.108)
$$\hat{\beta}_1=\bar{y}-\hat{\beta}_2\bar{x}_2-\cdots-\hat{\beta}_p\bar{x}_p$$

として推定できる．また，$\hat{\beta}_2$ の分散共分散行列は $\sigma^2 M_{22}^{-1}$ によって与えられる．(4.107) の従属変数の変動平方和を (4.99) のように分解すれば，(4.100) または (4.101) のようになる．

4.3.5 数値例

さて，表 4.1 のデータを用いて，以上述べきたった最小 2 乗法による推定方法を例証してみよう．定数項を β_0 として，モデルを

(4.109) $y_i=\beta_0+\beta_1 x_{1i}+\beta_2 x_{2i}+\beta_3 x_{3i}+\beta_4 x_{4i}+\varepsilon_i, \qquad i=1,2,\cdots,15$

と書くことにしよう．変数 $x_1,\cdots,x_4$ の平均まわりの 積率行列は表 4.2 のようになる．

表 4.2 積率行列と平均値(表 4.1 のデータ)*

	x_1	x_2	x_3	x_4	y
x_1	44303	22711	235740	324	2575100
x_2		11966	122010	176	1315900
x_3			1280500	1752	13780000
x_4				6	18196
y					150520000
平均値	53.933	27.867	29.180	0.4	3146.00

* 有効桁数は 5 桁に限ってある．

表 4.2 から，公式 (4.106) と (4.108) によって係数値を推定した結果は，表 4.3 に見るとおりである

表 4.3　推定結果(表 4.1 のデータ)

説明変数	係 数 値	標準誤差	t 比
X_1	54.879	6.807	8.065
X_2	−23.470	9.999	−2.347
X_3	8.810	2.848	3.093
X_4	−140.554	86.842	−1.619
定数項	−1675.190	957.927	−1.749
$n=15$	$R^2=0.878$	$s=158.323$	

R^2 と s は，それぞれ，公式 (4.102) と (4.82) によって計算されたものである．結果の解釈については，読者にまかせる．

4.4　回帰モデルの正準化

線形回帰モデルの説明変数値行列 $\boldsymbol{X}$ の p 個の列(n 次元ベクトル)が，正規直交系をなしているとき，すなわち

(4.110)
$$\boldsymbol{X}'\boldsymbol{X}=\boldsymbol{I}_p$$

となるとき．最小 2 乗推定量とその分散共分散行列は

(4.111)
$$\hat{\boldsymbol{\beta}}=\boldsymbol{X}'\boldsymbol{y}, \qquad V(\hat{\boldsymbol{\beta}})=\sigma^2\boldsymbol{I}_p$$

となる．また，$\boldsymbol{X}$ の各列が正規化(ノルムが 1)されていないけれども，たがいに直交しているとき，

(4.112)
$$\hat{\beta}_i=\frac{\boldsymbol{x}_i'\boldsymbol{y}}{\boldsymbol{x}_i'\boldsymbol{x}_i}, \qquad V(\hat{\beta}_i)=\frac{\sigma^2}{\boldsymbol{x}_i'\boldsymbol{x}_i}, \qquad \mathrm{Cov}(\hat{\beta}_i, \hat{\beta}_j)=0$$

となり，推定値の計算はいたって簡単になる．

説明変数を $\boldsymbol{X}=(\boldsymbol{X}_1, \boldsymbol{X}_2)$ と分割して

(4.113)
$$\boldsymbol{y}=\boldsymbol{X}_1\boldsymbol{\beta}_1+\boldsymbol{X}_2\boldsymbol{\beta}_2+\boldsymbol{\varepsilon}$$

と書く．このとき

(4.114)
$$\boldsymbol{X}_1'\boldsymbol{X}_2=\boldsymbol{0}$$

とすれば

(4.115)
$$\hat{\boldsymbol{\beta}}_1=(\boldsymbol{X}_1'\boldsymbol{X}_1)^{-1}\boldsymbol{X}_1'\boldsymbol{y}, \qquad \hat{\boldsymbol{\beta}}_2=(\boldsymbol{X}_2'\boldsymbol{X}_2)^{-1}\boldsymbol{X}_2'\boldsymbol{y}$$

となり，$\boldsymbol{\beta}_1$ の推定値は $\boldsymbol{X}_1$ のみに依存し，$\boldsymbol{X}_2$ の影響をうけない．$\boldsymbol{\beta}_2$ の推定値についても，同様のことがいえる．

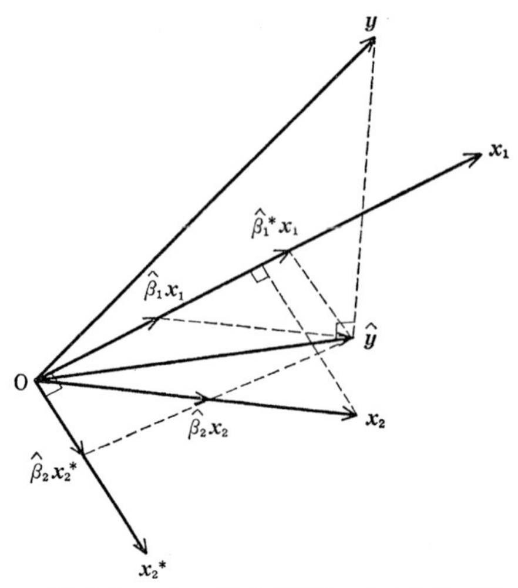

図 4.2　2組の説明変数群の直交化と回帰

(4.114) が成りたつかぎり，変数 $\boldsymbol{X}_2$ を欠落させたモデル

$$\boldsymbol{y}=\boldsymbol{X}_1\boldsymbol{\gamma}+\boldsymbol{\varepsilon} \tag{4.116}$$

を“誤って”想定したとしても，$\boldsymbol{\gamma}$ の最小2乗推定量 $\hat{\boldsymbol{\gamma}}$ は $\hat{\boldsymbol{\beta}}_1$ に一致する．また

$$\begin{aligned}\hat{\boldsymbol{\gamma}}&=(\boldsymbol{X}_1'\boldsymbol{X}_1)^{-1}\boldsymbol{X}_1'\boldsymbol{y}\\&=(\boldsymbol{X}_1'\boldsymbol{X}_1)^{-1}\boldsymbol{X}_1'(\boldsymbol{X}_1\boldsymbol{\beta}_1+\boldsymbol{X}_2\boldsymbol{\beta}_2+\boldsymbol{\varepsilon})\\&=\boldsymbol{\beta}_1+(\boldsymbol{X}_1'\boldsymbol{X}_1)^{-1}\boldsymbol{X}_1'\boldsymbol{\varepsilon}\end{aligned} \tag{4.117}$$

となり，$\hat{\boldsymbol{\gamma}}$ は回帰係数 $\boldsymbol{\beta}_1$ の不偏推定量となる．しかし，$\boldsymbol{X}_1'\boldsymbol{X}_2\fallingdotseq\boldsymbol{0}$ ならば

$$E(\hat{\boldsymbol{\gamma}})=\boldsymbol{\beta}_1+(\boldsymbol{X}_1'\boldsymbol{X}_1)^{-1}\boldsymbol{X}_1'\boldsymbol{X}_2\boldsymbol{\beta}_2 \tag{4.118}$$

となり，変数 $\boldsymbol{X}_2$ の欠落によって，$\boldsymbol{\beta}_1$ の推定にバイアス(上式の右辺の第2項)が生じてくる．

$\boldsymbol{X}'\boldsymbol{X}$ は正値定符号行列だから，

$$(\boldsymbol{X}'\boldsymbol{X})=\boldsymbol{T}'\boldsymbol{T} \tag{4.119}$$

となるような，非特異(上側)三角行列 $\boldsymbol{T}$ が存在する(§2.3.3(iv)参照)．したがって

$$\boldsymbol{X}^*=\boldsymbol{X}\boldsymbol{T}^{-1} \tag{4.120}$$

と変換すれば，$\boldsymbol{X}^{*\prime}\boldsymbol{X}^*=\boldsymbol{I}_p$ となる．これより，任意の線形回帰モデル

(4.121) $$y = X\beta + \varepsilon, \qquad \text{rank}\, X = p$$

が与えられたとき，(4.120) のような変数変換によってこれと同等な正規直交モデル

(4.122) $$y = X^* \beta^* + \varepsilon, \qquad X^{*\prime} X^* = I_p$$

を導くことができる．ただし

(4.123) $$\beta^* = T\beta$$

である．$\hat{\beta}^* = X^{*\prime} y$, $\hat{\beta} = T^{-1} X^{*\prime} y = T^{-1}(T^{-1})' X' y = (X'X)^{-1} X' y$ となる．$X = (X_1, X_2)$ と分割し，これに対応して β と T を

(4.124) $$\beta = \begin{bmatrix} \beta_1 \\ \beta_2 \end{bmatrix}, \qquad T = \begin{bmatrix} T_{11} & T_{12} \\ 0 & T_{22} \end{bmatrix}$$

と分割すれば

(4.125) $$\beta_1^* = T_{11}\beta_1 + T_{12}\beta_2, \qquad \beta_2^* = T_{22}\beta_2$$

となる．T_{22} が非特異なことから

(4.126) $$\beta_2 = 0 \iff \beta_2^* = 0$$

となる．(4.119)のような関係をみたす非特異行列は無数に存在するけれども，§2.3.3(iv) のようにして求まる三角行列を用いてモデルを変換してやると (4.126) のような関係が成りたち，回帰係数の一部分(β_2)にかんする仮説検定の問題を考えたりする場合に，仮説が不変に保たれ便利である．

ついで，もうひとつの変換法を考えよう．回帰モデル (4.113) を

(4.127) $$\begin{aligned} y &= X_1\beta_1 + X_2\beta_2 + \varepsilon \\ &= X_1[\beta_1 + (X_1'X_1)^{-1}X_1'X_2\beta_2] + [I - X_1(X_1'X_1)^{-1}X_1']X_2\beta_2 + \varepsilon \\ &= X_1\beta_1^* + \bar{P}_{X_1}X_2\beta_2 + \varepsilon \\ &= X_1\beta_1^* + X_2^*\beta_2 + \varepsilon \end{aligned}$$

と書きなおすことができる．ただし

(4.128) $$\beta_1^* = \beta_1 + (X_1'X_1)^{-1}X_1'X_2\beta_2,$$

(4.129) $$X_2^* = \bar{P}_{X_1}X_2$$

である．

(4.130) $$X_1'X_2^* = X_1'\bar{P}_{X_1}X_2 = 0$$

だから，

(4.131)
$$\hat{\boldsymbol{\beta}}_2=(\boldsymbol{X}_2^{*\prime}\boldsymbol{X}_2^*)^{-1}\boldsymbol{X}_2^{*\prime}\boldsymbol{y}$$

となる．$\boldsymbol{X}_2^*$ の各列は，対応する $\boldsymbol{X}_2$ の列の $\mathcal{M}(\boldsymbol{X}_1)^\perp$ への射影，すなわち $\mathcal{M}(\boldsymbol{X}_1)$ 上に下した垂線である．いいかえれば，$\boldsymbol{X}_2$ の列を $\boldsymbol{X}_1$ に回帰させたときの残差ベクトルが，$\boldsymbol{X}_2^*$ の列である，$\hat{\boldsymbol{\beta}}_1^*=(\boldsymbol{X}_1'\boldsymbol{X}_1)^{-1}\boldsymbol{X}_1'\boldsymbol{y}$ だから

(4.132)
$$\hat{\boldsymbol{\beta}}_1=\hat{\boldsymbol{\beta}}_1^*-(\boldsymbol{X}_1'\boldsymbol{X}_1)^{-1}\boldsymbol{X}_1'\boldsymbol{X}_2\hat{\boldsymbol{\beta}}_2$$

として $\boldsymbol{\beta}_1$ を推定できる．かくして推定される $\hat{\boldsymbol{\beta}}_1$ と $\hat{\boldsymbol{\beta}}_2$ は，変数変換する前の回帰式の最小2乗推定量に一致する．

(4.133)
$$\begin{aligned}\hat{\boldsymbol{y}}'\hat{\boldsymbol{y}}&=(\boldsymbol{X}_1\hat{\boldsymbol{\beta}}_1^*+\boldsymbol{X}_2^*\hat{\boldsymbol{\beta}}_2)'(\boldsymbol{X}_1\hat{\boldsymbol{\beta}}_1^*+\boldsymbol{X}_2^*\hat{\boldsymbol{\beta}}_2)\\&=\hat{\boldsymbol{\beta}}_1^{*\prime}\boldsymbol{X}_1'\boldsymbol{X}_1\hat{\boldsymbol{\beta}}_1^*+\hat{\boldsymbol{\beta}}_2'\boldsymbol{X}_2^{*\prime}\boldsymbol{X}_2^*\hat{\boldsymbol{\beta}}_2\end{aligned}$$

となる．右辺の第1項は，$\boldsymbol{X}_1$ だけで説明される変動平方和であり，第2項は，$\boldsymbol{X}_2$ によって"追加的"に説明される変動平方和である．したがって，(4.99) の右辺をさらに分解して

(4.134)
$$\boldsymbol{y}'\boldsymbol{y}=\hat{\boldsymbol{y}}_1'\hat{\boldsymbol{y}}_1+\hat{\boldsymbol{y}}_{2\cdot1}'\hat{\boldsymbol{y}}_{2\cdot1}+\boldsymbol{e}'\boldsymbol{e}$$

と書ける．ただし $\hat{\boldsymbol{y}}_1=\boldsymbol{X}_1\hat{\boldsymbol{\beta}}_1^*$，$\hat{\boldsymbol{y}}_{2\cdot1}=\boldsymbol{X}_2^*\hat{\boldsymbol{\beta}}_2$ とする．また (4.101) に対応して

(4.135)
$$\boldsymbol{y}'\boldsymbol{y}-\frac{1}{n}(\iota'\boldsymbol{y})^2=\left[\hat{\boldsymbol{y}}_1'\hat{\boldsymbol{y}}_1-\frac{1}{n}(\iota'\boldsymbol{y})^2\right]+\hat{\boldsymbol{y}}_{2\cdot1}'\hat{\boldsymbol{y}}_{2\cdot1}+\boldsymbol{e}'\boldsymbol{e}$$

を得る．左辺は，従属変数の平均まわりの変動平方和，右辺の第1項は，(定数項を除く)変数群 $\boldsymbol{X}_1$ によって説明される変動平方和，第2項は変数群 $\boldsymbol{X}_2$ によって追加的に説明される変動平方和，第3項は残差平方和である．$\hat{\boldsymbol{y}}_1=\boldsymbol{X}_1\hat{\boldsymbol{\beta}}_1^*=\boldsymbol{X}_1(\boldsymbol{X}_1'\boldsymbol{X}_1)^{-1}\boldsymbol{X}_1'\boldsymbol{y}$ となるから，$\hat{\boldsymbol{y}}_1$ は $\boldsymbol{y}$ の $\mathcal{M}(\boldsymbol{X}_1)$ への射影，すなわち $\boldsymbol{y}$ を $\boldsymbol{X}_1$ のみに回帰したときの，$\boldsymbol{y}$ の推計値である．

(4.134) を

(4.136)
$$\hat{\boldsymbol{y}}_{2\cdot1}\hat{\boldsymbol{y}}_{2\cdot1}=(\boldsymbol{y}'\boldsymbol{y}-\hat{\boldsymbol{y}}_1'\hat{\boldsymbol{y}}_1)-\boldsymbol{e}'\boldsymbol{e}$$

と変形してみる．右辺の第1項は，$\boldsymbol{y}'\boldsymbol{y}-\boldsymbol{y}'\boldsymbol{X}_1(\boldsymbol{X}_1'\boldsymbol{X}_1)^{-1}\boldsymbol{X}_1'\boldsymbol{y}$ となり，$\boldsymbol{y}$ を $\boldsymbol{X}_1$ のみに回帰したときの残差平方和にほかならない．第2項は，$\boldsymbol{y}$ を $(\boldsymbol{X}_1,\boldsymbol{X}_2)$ に回帰したときの残差平方和である．すなわち，二つの残差平方和の差として，追加的に説明される変動平方和を計算できる．この関係は，$\boldsymbol{\beta}_2=0$ を検定するための分散分析表(§5.1参照)をつくる際に重要である．

4.5 推定量の分布

すでに§4.2.3で示したとおり，線形正規回帰モデル

(4.137) $$\boldsymbol{y} \sim N(\boldsymbol{X\beta}, \sigma^2 \boldsymbol{I}), \qquad \mathrm{rank}\, \boldsymbol{X} = p$$

の最小2乗推定量 $\hat{\boldsymbol{\beta}} = (\boldsymbol{X}'\boldsymbol{X})^{-1}\boldsymbol{X}'\boldsymbol{y}$ は，正規分布 $N(\boldsymbol{\beta}, \sigma^2(\boldsymbol{X}'\boldsymbol{X})^{-1})$ にしたがう．また，線形回帰モデル

(4.138) $$E(\boldsymbol{y}) = \boldsymbol{X\beta}, \qquad V(\boldsymbol{y}) = \sigma^2 \boldsymbol{I}$$

においても，$\boldsymbol{\varepsilon} = \boldsymbol{y} - \boldsymbol{X\beta}$ の各要素がたがいに独立に同一の確率分布にしたがい，さらに，説明変数列が一定の正則条件（仮定6と7）を満たすならば，最小2乗推定量 $\hat{\boldsymbol{\beta}}$ は漸近的に正規分布にしたがう．すなわち，観測値の個数 n が十分大きければ，$\hat{\boldsymbol{\beta}}$ の分布を多次元正規とみなして，さしつかえない（§4.2.4参照）．

§3.2で述べた，正規変量の2次形式の分布にかんする諸定理を用いて，回帰モデルにおける諸統計量の分布についてみていこう．これらの結果は，次章で述べる仮説検定や区間推定の基礎となる．さて，以下のことが，モデル(4.137)にたいして成りたつ．

(i) $(\hat{\boldsymbol{\beta}} - \boldsymbol{\beta})'\boldsymbol{X}'\boldsymbol{X}(\hat{\boldsymbol{\beta}} - \boldsymbol{\beta})/\sigma^2 \sim \chi^2(p)$.

これは§3.2.1(vii)の直接的結果である．

(ii) $\mathrm{RSS}/\sigma^2 = (n-p)s^2/\sigma^2 \sim \chi^2(n-p)$.

残差平方和は(4.80)のように $N(\boldsymbol{0}, \sigma^2\boldsymbol{I})$ にしたがう変量 $\boldsymbol{\varepsilon}$ の2次形式に書ける．$(\sigma^{-2}\bar{\boldsymbol{P}}_{\mathrm{X}})(\sigma^2\boldsymbol{I}) = \bar{\boldsymbol{P}}_{\mathrm{X}}$ はベキ等行列であり，(4.79)より $\mathrm{rank}\, \bar{\boldsymbol{P}}_{\mathrm{X}} = n-p$ となる．かくして§3.2.1(vi)より，$\boldsymbol{e}'\boldsymbol{e}/\sigma^2 \sim \chi^2(n-p)$ が示される．

(iii) $\hat{\boldsymbol{\beta}}$ と s^2 はたがいに独立に分布する．

すでにみたとおり，$(\hat{\boldsymbol{\beta}} - \boldsymbol{\beta})/\sigma = (\boldsymbol{X}'\boldsymbol{X})^{-1}\boldsymbol{X}'(\boldsymbol{\varepsilon}/\sigma)$，$(n-p)s^2/\sigma^2 = (\boldsymbol{\varepsilon}/\sigma)'\bar{\boldsymbol{P}}_{\mathrm{X}}(\boldsymbol{\varepsilon}/\sigma)$ と書ける．$\boldsymbol{\varepsilon}/\sigma \sim N(\boldsymbol{0}, \boldsymbol{I})$ かつ $(\boldsymbol{X}'\boldsymbol{X})^{-1}\boldsymbol{X}'\bar{\boldsymbol{P}}_{\mathrm{X}} = \boldsymbol{0}$ だから，§3.2.2(iv)より，$\hat{\boldsymbol{\beta}}$ の各要素と s^2 は独立になる．

説明変数を2群に分割する．

(4.139) $$\boldsymbol{X} = (\boldsymbol{X}_1, \boldsymbol{X}_2).$$

$\boldsymbol{X}_1$ を $n \times q$，$\boldsymbol{X}_2$ を $n \times r$ として，回帰係数 $\boldsymbol{\beta}$ もまた初めの q 個 $\boldsymbol{\beta}_1$ と残りの r 個 $\boldsymbol{\beta}_2$ に分割すると，回帰モデルを

(4.140) $$\boldsymbol{y} \sim N(\boldsymbol{X}_1\boldsymbol{\beta}_1 + \boldsymbol{X}_2\boldsymbol{\beta}_2,\ \sigma^2\boldsymbol{I}), \qquad \mathrm{rank}(\boldsymbol{X}_1, \boldsymbol{X}_2) = p$$

と書くことができる．

(4.141)　　$A_{22\cdot1}=X_2'X_2-X_2'X_1(X_1'X_1)^{-1}X_1'X_2$

とすれば，$\hat{\beta}_2$ の分布は次のようになる($A_{22\cdot1}$ は (4.131) の $X_2^{*\prime}X_2^*$，したがって $X_2'\bar{P}_{X_1}X_2$ に等しいことに注意).

(iv)　$\hat{\beta}_2\sim N(\beta_2,\sigma^2A_{22\cdot1}^{-1})$.

§3.1.1 (iv) より，$\hat{\beta}_2$ は正規分布にしたがい，その平均は β_2，分散共分散行列は $\sigma^2(X'X)^{-1}$ の右下の $r\times r$ 小行列によって与えられることがわかる．ところで

(4.142)　　$(X'X)^{-1}=\begin{bmatrix}X_1'X_1 & X_1'X_2\\ X_2'X_1 & X_2'X_2\end{bmatrix}^{-1}$

だから，公式 (2.44) により，この逆行列の右下の $r\times r$ 小行列は $A_{22\cdot1}^{-1}$ によって与えられる．

(v)　$(\hat{\beta}_2-\beta_2)'A_{22\cdot1}(\hat{\beta}_2-\beta_2)/(rs^2)$ は，自由度 $(r,\ n-p)$ の F 分布にしたがう．

一般に，$v_1\sim\chi^2(r_1)$，$v_2\sim\chi^2(r_2)$ で，これらが独立ならば，$(v_1/r_1)/(v_2/r_2)$ は自由度 (r_1,r_2) の F 分布にしたがう．(i)と同様にして，$(\hat{\beta}_2-\beta_2)'A_{22\cdot1}(\hat{\beta}_2-\beta_2)/\sigma^2$ は自由度 r の χ^2 分布にしたがうことがわかる．また(ii)より，$(n-p)s^2/\sigma^2\sim\chi^2(n-p)$ である．さらに(iii)より，これらがたがいに独立なことを知る．

上の結果の特殊例として

(vi)　$(X'X)^{-1}$ の第 i 対角要素を a^{ii} とする．$(\hat{\beta}_i-\beta_i)/(s\sqrt{a^{ii}})$ は自由度 $n-p$ の t 分布にしたがう．

$(\hat{\beta}_i-\beta_i)/(\sigma\sqrt{a^{ii}})$ は，s^2 と独立に $N(0,1)$ にしたがう．他方，$(n-p)s^2/\sigma^2\sim\chi^2(n-p)$ だから，t 分布の定義により，命題はただちに結果する．

(4.99) を

(4.143)　　$$\begin{aligned}y'y&=\hat{\beta}'X'X\hat{\beta}+e'e\\ &=y'X(X'X)^{-1}X'y+y'[I-X(X'X)^{-1}X']y\end{aligned}$$

と書ける．右辺の第1項の2次形式の階数は p であり，第2項の2次形式の階数は $n-p$ である．左辺の階数は明らかに n である．したがって，コックランの定理の一般形(§3.2.2(ii))により，次の命題を得る．

(vii)　$y\sim N(X\beta,\sigma^2I)$ のとき，$\hat{y}'\hat{y}/\sigma^2$ と $e'e/\sigma^2$ は，たがいに独立に，各々非心 χ^2 分布 $\chi^2(p,\ \beta'X'X\beta/\sigma^2)$ と通常の χ^2 分布 $\chi^2(n-p)$ にしたがって分布する．

また (4.134) を

(4.144)　$\boldsymbol{y}'\boldsymbol{y}=\boldsymbol{y}'\boldsymbol{X}_1(\boldsymbol{X}_1'\boldsymbol{X}_1)^{-1}\boldsymbol{X}_1'\boldsymbol{y}+\boldsymbol{y}'\boldsymbol{X}_2^*(\boldsymbol{X}_2^{*\prime}\boldsymbol{X}_2^*)^{-1}\boldsymbol{X}_2^{*\prime}\boldsymbol{y}+\boldsymbol{e}'\boldsymbol{e}$

と書き，コックランの定理を適用すれば，

(viii)　$\boldsymbol{y}\sim N(\boldsymbol{X\beta},\sigma^2\boldsymbol{I})$ のとき，$\hat{\boldsymbol{y}}_1'\hat{\boldsymbol{y}}_1/\sigma^2\sim\chi^2(q,\ \boldsymbol{\beta}_1^{*\prime}\boldsymbol{X}_1'\boldsymbol{X}_1\boldsymbol{\beta}_1^*/\sigma^2)$，$\hat{\boldsymbol{y}}_{2\cdot1}'\hat{\boldsymbol{y}}_{2\cdot1}/\sigma^2\sim\chi^2(r,\ \boldsymbol{\beta}_2'\boldsymbol{X}_2^{*\prime}\boldsymbol{X}_2^*\boldsymbol{\beta}_2/\sigma^2)$，$\boldsymbol{e}'\boldsymbol{e}/\sigma^2\sim\chi^2(n-p)$ であり，それらはたがいに独立である．なお，前二者の非心度は，$\boldsymbol{\beta}'\boldsymbol{X}'\boldsymbol{P}_{X_1}\boldsymbol{X\beta}/\sigma^2$，$\boldsymbol{\beta}_2'\boldsymbol{X}_2'\bar{\boldsymbol{P}}_{X_1}\boldsymbol{X}_2\boldsymbol{\beta}_2/\sigma^2$ とも書ける．ただし，$\boldsymbol{P}_{X_1}=\boldsymbol{X}_1(\boldsymbol{X}_1'\boldsymbol{X}_1)^{-1}\boldsymbol{X}_1'$，$\bar{\boldsymbol{P}}_{X_1}=\boldsymbol{I}-\boldsymbol{P}_{X_1}$.

とくに $\boldsymbol{X}_1=\iota$ とすれば，(4.144) を

(4.145)　$$\boldsymbol{y}'\boldsymbol{y}=\frac{1}{n}(\iota'\boldsymbol{y})^2+\boldsymbol{y}'(\boldsymbol{X}_2-\iota\bar{\boldsymbol{x}}_2')(\boldsymbol{X}_2'\boldsymbol{X}_2-n\bar{\boldsymbol{x}}_2\bar{\boldsymbol{x}}_2')(\boldsymbol{X}_2-\iota\bar{\boldsymbol{x}}_2')'\boldsymbol{y}+\boldsymbol{e}'\boldsymbol{e}$$

と書くことができる．ただし $\bar{\boldsymbol{x}}_2=n^{-1}\boldsymbol{X}_2'\iota$. 右辺の第2項は，(定数項以外の)説明変数によって説明される変動平方和であり，§4.3.4 の記法にしたがえば，$\boldsymbol{M}_{y2}\boldsymbol{M}_{22}^{-1}\boldsymbol{M}_{2y}$ となる．すなわち，(4.145) の第2項は，平均からの偏差モデル (4.107) における説明される変動平方和である．説明変数 $x_2,\cdots,x_p$ を平均からの偏差ではかるということは，それらの観測値ベクトルを，n 次元ベクトル ι に下した垂線によっておきかえることにほかならないことに注意しよう．

(viii) のように分解したとき，追加された説明変数 $\boldsymbol{X}_2$ がまったく無意味 ($\boldsymbol{\beta}_2=\boldsymbol{0}$) な場合にかぎって，$\hat{\boldsymbol{y}}_{2\cdot1}'\hat{\boldsymbol{y}}_{2\cdot1}$ の分布は，非心度 0 の通常の χ^2 分布になる．したがって，以下の結果を得る ((4.136) のすぐ下の説明を参照)．

(ix)　$\boldsymbol{y}\sim N(\boldsymbol{X}_1\boldsymbol{\beta}_1+\boldsymbol{X}_2\boldsymbol{\beta}_2,\ \sigma^2\boldsymbol{I})$ のとき，$\boldsymbol{\beta}_2=\boldsymbol{0}$ のときにかぎり

$$\frac{\hat{\boldsymbol{y}}_{2\cdot1}'\hat{\boldsymbol{y}}_{2\cdot1}}{\boldsymbol{e}'\boldsymbol{e}}\div\frac{r}{n-p}=\frac{\mathrm{RSS}_0-\mathrm{RSS}}{\mathrm{RSS}}\div\frac{r}{n-p}$$

は自由度 $(r,n-p)$ の F 分布にしたがう．ただし，RSS_0 は $\boldsymbol{y}$ の $\boldsymbol{X}_1$ にたいする回帰の残差平方和，RSS は $(\boldsymbol{X}_1,\boldsymbol{X}_2)$ にたいする回帰の残差平方和である．

5. 仮説検定，区間推定，予測

回帰分析を実際のデータ解析に応用する場合，モデルの定式化(specification)において，たえず不確実性がつきまとう．第1に，どういう変数を説明変数に採用すべきかという問題．第2に，なんらかの変数変換が必要かどうか．第3に，回帰係数にかんする先験的知識(たとえばある変数の係数値が別の変数の係数値に等しいという予見)が，はたして妥当か否かという問題．さらに第4に，前節で述べた誤差項の確率分布にかんする諸仮定が，所与のデータにかんして妥当かどうかという問題．

現実のデータの回帰分析に携わったことのある人なら誰しも，これらの諸問題の重要性については，すでにお気づきのことと思う．本書においても，この章以降は，もっぱらこうした問題にかかわっている．まず手始めにこの章では回帰係数にかんする線形仮説の検定，回帰係数の区間推定，および予測の許容区間の構成法等について述べることにしたい．残された諸問題は，第6章以降の課題である．

5.1 線形制約の検定

5.1.1 制約つきの最小2乗推定

線形回帰モデル

(5.1) $$\boldsymbol{y}=\boldsymbol{X\beta}+\varepsilon, \qquad E(\varepsilon)=\boldsymbol{0}, \qquad V(\varepsilon)=\sigma^2\boldsymbol{I}$$

の回帰係数 $\boldsymbol{\beta}$ が，線形制約条件

(5.2) $$\boldsymbol{H}'\beta=\xi_0$$

を満たすことが，あらかじめ知られている場合がある．ただし $\boldsymbol{H}$ は既知の定数を要素とする $p\times r$ 行列であり，r 個の列は，1次独立と仮定しよう．すな

わち

$$\text{rank}\, \boldsymbol{H}=r(<p) \tag{5.3}$$

を仮定する．このことは，r 個の線形制約が，たがいに独立であることを意味する．ξ_0 もまた，r 次元の定数ベクトルとする．

たとえば，最も簡単な制約条件 $\beta_i=0$(特定の i にたいして)も，$\beta_i=\beta_j$(特定の相異なる i と j にたいして)も，$\boldsymbol{H}$ と ξ_0 を適当に定めることによって (5.2) ように書ける．また，もっとも頻出するのは

$$\boldsymbol{\beta}=\begin{bmatrix}\boldsymbol{\beta}_1\\ \boldsymbol{\beta}_2\end{bmatrix}, \qquad \boldsymbol{X}=(\boldsymbol{X}_1, \boldsymbol{X}_2) \tag{5.4}$$

と分割したとき，$\boldsymbol{\beta}_2=\boldsymbol{0}$($r$ 個の変数 $\boldsymbol{X}_2$ はまったく効いていない)という制約である．

$$\boldsymbol{H}'=(\boldsymbol{0}_{p-r}, \boldsymbol{I}_r), \qquad \xi_0=\boldsymbol{0} \tag{5.5}$$

とすれば，制約 $\boldsymbol{\beta}_2=\boldsymbol{0}$ を (5.2) の形に書きあらわせる．ただし，$\boldsymbol{0}_{p-r}$ は $r\times(p-r)$ の零行列であり，$\boldsymbol{I}_r$ は $r\times r$ の単位行列である．

さて，$\boldsymbol{\beta}$ にかんする線形制約 (5.2) のもとで，回帰係数 $\boldsymbol{\beta}$ を最小 2 乗推定することを考えよう．制約 (5.2) を満たす任意の $\boldsymbol{\beta}$ は

$$\boldsymbol{\beta}=\boldsymbol{\beta}_0+\boldsymbol{B\theta} \tag{5.6}$$

と書き表わされる．ここに $\boldsymbol{\beta}_0$ は 1 次方程式 (5.2) の特殊解であり，$p\times\overline{p-r}$ 行列 $\boldsymbol{B}$ の各列は，同次方程式 $\boldsymbol{H}'\boldsymbol{\beta}=\boldsymbol{0}$ の解空間の基底である．また $\boldsymbol{\theta}$ は，$s(=p-r)$次元ベクトルである(§2.1.3(iv)の証明，とくに (2.13) を参照せよ)．

かくしてモデル (5.1) を

$$\begin{aligned}\boldsymbol{y}&=\boldsymbol{X\beta}+\boldsymbol{\varepsilon}\\ &=\boldsymbol{X}(\boldsymbol{\beta}_0+\boldsymbol{B\theta})+\boldsymbol{\varepsilon},\end{aligned} \tag{5.7}$$

すなわち，$\boldsymbol{z}=\boldsymbol{y}-\boldsymbol{X\beta}_0$ と定義すれば

$$\boldsymbol{z}=\boldsymbol{XB\theta}+\boldsymbol{\varepsilon} \tag{5.8}$$

と書きなおすことができる．すなわち，r 個の線形制約によって，未知の回帰係数が $p-r$ 個に減ったわけである．$\text{rank}(\boldsymbol{B}'\boldsymbol{X}'\boldsymbol{XB})=s$ であることに注意して，上式の $\boldsymbol{\theta}$ を最小 2 乗推定すれば

$$\hat{\boldsymbol{\theta}}=(\boldsymbol{B}'\boldsymbol{X}'\boldsymbol{XB})^{-1}\boldsymbol{B}'\boldsymbol{X}'\boldsymbol{z} \tag{5.9}$$

$$=(B'X'XB)^{-1}B'X'(y-X\beta_0)$$

を得る．これを (5.6) の θ に代入すれば，β の制約つき最小2乗推定量

$$\hat{\beta}_R=\beta_0+B(B'X'XB)^{-1}B'X'(y-X\beta_0) \tag{5.10}$$

を得る．

$\hat{\beta}_R$ が，β_0 や B の選び方(これらの選び方は一義的でない)とは無関係であることを以下に示そう．表記を簡単にするために $X'X=A$ とおけば，

$$B(B'AB)^{-1}B'+A^{-1}H(H'A^{-1}H)^{-1}H'A^{-1}=A^{-1} \tag{5.11}$$

という関係が，B の選び方にかかわらず恒等的に成りたつ．

この等式の証明は以下のとおりである．まず，右辺−左辺$=D$ とおこう．$A^{-1}=CC'$ (C は非特異)と分解すれば，$D=C[I-E(E'E)^{-1}E'-F(F'F)^{-1}F']C'$ となる．ただし $E=C^{-1}B$, $F=C'H$ である．$E'F=B'H=0$ だから，$G=I-E(E'E)^{-1}E'-F(F'F)^{-1}F'$ はベキ等行列であり，その階数は $\mathrm{tr}\,G$ に等しい．E は $p\times\overline{p-r}$, F は $p\times r$ だから，$\mathrm{tr}\,G=p-(p-r)-r=0$, したがって $\mathrm{rank}\,G=0$ となり，$G=0$ が示せた．これより $D=0$, すなわち (5.11) の成立が確かめられた．

(5.10) と (5.11) より

$$\begin{aligned}\hat{\beta}_R&=[I-B(B'AB)^{-1}B'A]\beta_0+B(B'AB)^{-1}B'X'y\\&=A^{-1}H(H'A^{-1}H)^{-1}H'\beta_0+[A^{-1}-A^{-1}H(H'AH)^{-1}H'A^{-1}]X'y\\&=\hat{\beta}-A^{-1}H(H'A^{-1}H)^{-1}(H'\hat{\beta}-\xi_0)\end{aligned} \tag{5.12}$$

となり，$\hat{\beta}_R$ は β_0 や B の選び方とは無関係なことがわかる．上式において $\hat{\beta}$ は，制約のつかないときの最小2乗推定量，すなわち，$\hat{\beta}=A^{-1}X'y$ である．上式の第2項は，$\hat{\beta}$ が制約条件を満たさない度合に応じて決まる補正項とみなせる．

同様の結果を解析的に導くこともできる．誤差の2乗和の制約条件つき最小化問題を，ラグランジュ乗数法を用いて解けばよい．

(5.10) の両辺に左側から H' をかけると

$$\begin{aligned}H'\hat{\beta}_R&=H'\beta_0+H'B(B'X'XB)^{-1}B'X'(y-X\beta_0)\\&=H'\beta_0+0\\&=\xi_0\end{aligned} \tag{5.13}$$

となり，$\hat{\beta}_R$ が制約条件 (5.2) を満たすことが確かめられる．また

(5.14)
$$E(\hat{\boldsymbol{\beta}}_R)=\boldsymbol{\beta}_0+\boldsymbol{B}(\boldsymbol{B}'\boldsymbol{X}'\boldsymbol{X}\boldsymbol{B})^{-1}\boldsymbol{B}'\boldsymbol{X}'\boldsymbol{X}\boldsymbol{B}\boldsymbol{\theta}$$
$$=\boldsymbol{\beta}_0+\boldsymbol{B}\boldsymbol{\theta}$$
$$=\boldsymbol{\beta}$$

となり，$\hat{\boldsymbol{\beta}}_R$ は $\boldsymbol{\beta}$ の不偏推定量である．さらに

(5.15)
$$\hat{\boldsymbol{\beta}}_R-\boldsymbol{\beta}=\hat{\boldsymbol{\beta}}_R-\boldsymbol{\beta}_0-\boldsymbol{B}\boldsymbol{\theta}$$
$$=\boldsymbol{B}(\boldsymbol{B}'\boldsymbol{X}'\boldsymbol{X}\boldsymbol{B})^{-1}\boldsymbol{B}'\boldsymbol{X}'(\boldsymbol{y}-\boldsymbol{X}\boldsymbol{\beta}_0)-\boldsymbol{B}\boldsymbol{\theta}$$
$$=\boldsymbol{B}(\boldsymbol{B}'\boldsymbol{X}'\boldsymbol{X}\boldsymbol{B})^{-1}\boldsymbol{B}'\boldsymbol{X}'\boldsymbol{\varepsilon}$$

となるから

(5.16)
$$V(\hat{\boldsymbol{\beta}}_R)=E(\hat{\boldsymbol{\beta}}_R-\boldsymbol{\beta})(\hat{\boldsymbol{\beta}}_R-\boldsymbol{\beta})'$$
$$=\boldsymbol{B}(\boldsymbol{B}'\boldsymbol{X}'\boldsymbol{X}\boldsymbol{B})^{-1}\boldsymbol{B}'\boldsymbol{X}'E(\boldsymbol{\varepsilon}\boldsymbol{\varepsilon}')\boldsymbol{X}\boldsymbol{B}(\boldsymbol{B}'\boldsymbol{X}'\boldsymbol{X}\boldsymbol{B})^{-1}\boldsymbol{B}'$$
$$=\sigma^2\boldsymbol{B}(\boldsymbol{B}'\boldsymbol{X}'\boldsymbol{X}\boldsymbol{B})^{-1}\boldsymbol{B}'$$

を得る．ところで，制約のつかない最小2乗推定量 $\hat{\boldsymbol{\beta}}$ の分散共分散行列は $V(\hat{\boldsymbol{\beta}})=\sigma^2(\boldsymbol{X}'\boldsymbol{X})^{-1}$ である．正値定符号行列 $\boldsymbol{X}'\boldsymbol{X}$ の三角平方根を $\boldsymbol{T}$ とすれば，$\boldsymbol{X}'\boldsymbol{X}=\boldsymbol{T}\boldsymbol{T}'$，$(\boldsymbol{X}'\boldsymbol{X})^{-1}=(\boldsymbol{T}^{-1})'\boldsymbol{T}^{-1}$ である（§2.3.3 (iv)）．したがって

(5.17)
$$V(\hat{\boldsymbol{\beta}})-V(\hat{\boldsymbol{\beta}}_R)=\sigma^2[(\boldsymbol{X}'\boldsymbol{X})^{-1}-\boldsymbol{B}(\boldsymbol{B}'\boldsymbol{X}'\boldsymbol{X}\boldsymbol{B})^{-1}\boldsymbol{B}']$$
$$=\sigma^2(\boldsymbol{T}^{-1})'[\boldsymbol{I}-\boldsymbol{T}'\boldsymbol{B}(\boldsymbol{B}'\boldsymbol{T}\boldsymbol{T}'\boldsymbol{B})^{-1}\boldsymbol{B}'\boldsymbol{T}]\boldsymbol{T}^{-1}$$
$$=\sigma^2(\boldsymbol{T}^{-1})'[\boldsymbol{I}-\boldsymbol{C}(\boldsymbol{C}'\boldsymbol{C})^{-1}\boldsymbol{C}']\boldsymbol{T}^{-1}$$

ただし $\boldsymbol{C}=\boldsymbol{T}'\boldsymbol{B}$ である．右辺は，ベキ等行列（したがって非負値定符号行列）の両側に，非特異行列 $\boldsymbol{T}^{-1}$ とその転置をかけたものである．したがって§2.3.3 (v)により，それは非負値定符号である．かくして，以下の結果を得る．

(i) 制約つき最小2乗推定量 $\hat{\boldsymbol{\beta}}_R$(5.10) の分散共分散行列は，（正値定符号の意味で）制約なしの最小2乗推定量 $\hat{\boldsymbol{\beta}}$ の分散共分散行列よりも大きくない．すなわち

(5.18)
$$V(\hat{\boldsymbol{\beta}}_R)\leq V(\hat{\boldsymbol{\beta}}).$$

結果の意味は明らかである．回帰係数にかんする何らかの線形制約が先験的に知られているならば，それを積極的にとりこむことによって，推定値の標準誤差を小さくすることができる．先にふれたように，(5.5) のような形の線形制約がもっとも頻出する．したがって上記の結果から，「回帰係数が0である

ような(効いてない)変数を回帰式に含めないように注意すべきである」という教訓を得る．

ところで，回帰分析の応用にあたって，なんらかの線形制約の成立が予想されても，それが絶対に確実というような状況は，まずありえない．もし“予想される”線形制約に誤りがあれば，(5.12) より

(5.19)　$$E(\hat{\boldsymbol{\beta}}_R)=\boldsymbol{\beta}-\boldsymbol{A}^{-1}\boldsymbol{H}(\boldsymbol{H}'\boldsymbol{A}^{-1}\boldsymbol{H})^{-1}(\boldsymbol{H}'\boldsymbol{\beta}-\boldsymbol{\xi}_0)$$

となり，$\hat{\boldsymbol{\beta}}_R$ は片寄った推定量となる．片寄りの大きさは，線形制約の“誤り”の度合($\boldsymbol{H}'\boldsymbol{\beta}$ と $\boldsymbol{\xi}_0$ の差)に依存して決まる．そこで次に，線形制約の当否を，所与のデータにもとづいて検定する方法について，考えを進めることにしよう．

5.1.2　線形制約の仮説検定

回帰係数 $\boldsymbol{\beta}$ が，線形制約

(5.20)　$$H_0:\quad \boldsymbol{H}'\boldsymbol{\beta}(=\boldsymbol{\xi})=\boldsymbol{\xi}_0$$

を満たすかどうかに関心があるとしよう．ただし，$\boldsymbol{H}$ は既知の定数を要素とする $p\times r$ 行列であり，rank $\boldsymbol{H}=r$ とする．また r 次元ベクトル $\boldsymbol{\xi}$ は，$\boldsymbol{H}'\boldsymbol{\beta}$ の未知の真値であり，$\boldsymbol{\xi}_0$ は“予想”される仮説値である．

標準的な仮説検定の方式を適用するために，(5.20) を帰無仮説とし，

(5.21)　$$\boldsymbol{H}'\boldsymbol{\beta}\neq\boldsymbol{\xi}_0$$

を対立仮説としよう．$\boldsymbol{\beta}$ の最小 2 乗推定量を $\hat{\boldsymbol{\beta}}$ とする．回帰モデル (5.1) の誤差項 $\boldsymbol{\varepsilon}$ が多変量正規分布 $N(\boldsymbol{0},\sigma^2\boldsymbol{I})$ にしたがうことを仮定すれば，$\hat{\boldsymbol{\beta}}$ は $N(\boldsymbol{\beta},\sigma^2(\boldsymbol{X}'\boldsymbol{X})^{-1})$ にしたがう(§4.2.3(iv))．さらに§3.1.1(iii)より，

(5.22)　$$\hat{\boldsymbol{\xi}}=\boldsymbol{H}'\hat{\boldsymbol{\beta}}$$

は $N(\boldsymbol{\xi},\ \sigma^2\boldsymbol{H}'(\boldsymbol{X}'\boldsymbol{X})^{-1}\boldsymbol{H})$ にしたがう．

(5.23)　$$\boldsymbol{D}=\boldsymbol{H}'(\boldsymbol{X}'\boldsymbol{X})^{-1}\boldsymbol{H}$$

とおけば，$\boldsymbol{D}$ は正値定符号であり，§3.2.1(vii)より

(5.24)　$$v_1=\frac{(\hat{\boldsymbol{\xi}}-\boldsymbol{\xi})'\boldsymbol{D}^{-1}(\hat{\boldsymbol{\xi}}-\boldsymbol{\xi})}{\sigma^2}$$

が，自由度 r の χ^2 分布にしたがうことがただちに結果する．また，§4.5(ii)で示したように，

(5.25)　$$v_2=\frac{(n-p)s^2}{\sigma^2}=\frac{\boldsymbol{e}'\boldsymbol{e}}{\sigma^2}$$

は$\hat{\beta}$と(したがって$\hat{\xi}$と)独立に自由度$n-p$のχ^2分布にしたがう．かくして，v_1とv_2は，たがいに独立なχ^2変量となり，それらを各々自由度で調整した比

$$W=\frac{v_1/r}{v_2/(n-p)}=\frac{(\hat{\xi}-\xi)'\boldsymbol{D}^{-1}(\hat{\xi}-\xi)}{rs^2} \tag{5.26}$$

は，自由度$(r, n-p)$のF分布にしたがう．

さて，帰無仮説$(\xi=\xi_0)$のもとで，上式のξにξ_0を代入して得られる統計量

$$W_0=\frac{(\hat{\xi}-\xi_0)'\boldsymbol{D}^{-1}(\hat{\xi}-\xi_0)}{rs^2} \tag{5.27}$$

は，自由度$(r, n-p)$のF分布にしたがう．W_0の分子の期待値をとると

$$\begin{aligned} E(W_0 \text{ の分子}) &= \mathrm{tr}\ \boldsymbol{D}^{-1}E(\hat{\xi}-\xi_0)(\hat{\xi}-\xi_0)' \\ &= \mathrm{tr}\ \boldsymbol{D}^{-1}\{E(\hat{\xi}-\xi)(\hat{\xi}-\xi)'+(\xi-\xi_0)(\xi-\xi_0)'\} \\ &= \mathrm{tr}\ \boldsymbol{D}^{-1}\{\sigma^2\boldsymbol{D}+(\xi-\xi_0)(\xi-\xi_0)'\} \\ &= r\sigma^2+(\xi-\xi_0)'\boldsymbol{D}^{-1}(\xi-\xi_0) \end{aligned} \tag{5.28}$$

となる．したがって，$\boldsymbol{H}'\beta$の真値ξと想定値ξ_0との差が大きいほど，統計量W_0の観測値は，平均的に，大きな値をとる．かくして，データから計算されるW_0の観測値$W_0{}^{obs}$が大きいとき，帰無仮説$\xi=\xi_0$を棄却するという検定方式は，いちおう妥当なものとみなしてさしつかえなかろう．すなわち，

$$\begin{aligned} W_0{}^{obs} \geq c &\Rightarrow H_0 \text{ を棄却} \\ W_0{}^{obs} < c &\Rightarrow H_0 \text{ を受容} \end{aligned} \tag{5.29}$$

という検定方式である．定数cは，帰無仮説が正しいとき仮説を棄却する確率(第1種過誤の確率)

$$\Pr\{W_0 \geq c \mid \xi=\xi_0\} \tag{5.30}$$

が，あらかじめ指定された有意水準αに等しくなるように決めればよい．W_0は(帰無仮説のもとで)自由度$(r, n-p)$のF分布にしたがうから，(数表から読みとれる)分布の100α%点$F_{r,n-p}{}^{\alpha}$をcにとればよい．

検定統計量W_0にたいして，次のような意味づけを与えることもできる．線形制約$\boldsymbol{H}'\beta=\xi_0$のもとでの残差平方和(すなわち線形制約をくみこんだ回帰モデル(5.8)の残差平方和)は

$$\mathrm{RSS}_0=\min_{H'\beta=\xi_0}(\boldsymbol{y}-\boldsymbol{X}\beta)'(\boldsymbol{y}-\boldsymbol{X}\beta)=\boldsymbol{\varepsilon}'[\boldsymbol{I}-\boldsymbol{XB}(\boldsymbol{B}'\boldsymbol{X}'\boldsymbol{XB})^{-1}\boldsymbol{B}'\boldsymbol{X}']\boldsymbol{\varepsilon} \tag{5.31}$$

となり，制約のつかない場合のそれは

(5.32)　$$\mathrm{RSS}=\min_{\beta}(\boldsymbol{y}-\boldsymbol{X}\beta)'(\boldsymbol{y}-\boldsymbol{X}\beta)=\varepsilon'[\boldsymbol{I}-\boldsymbol{X}(\boldsymbol{X}'\boldsymbol{X})^{-1}\boldsymbol{X}']\varepsilon$$

となる．恒等式 (5.11) を用いれば，(5.27) の分子は

(5.33)　$$(\hat{\boldsymbol{\xi}}-\boldsymbol{\xi}_0)'\boldsymbol{D}^{-1}(\hat{\boldsymbol{\xi}}-\boldsymbol{\xi}_0)=\mathrm{RSS}_0-\mathrm{RSS}$$

となることが，簡単に示される．また $s^2=\mathrm{RSS}/(n-p)$ だから

(5.34)　$$W_0=\frac{\mathrm{RSS}_0-\mathrm{RSS}}{\mathrm{RSS}}\div\frac{r}{n-p}$$

を得る．もし帰無仮説($\boldsymbol{\xi}=\boldsymbol{\xi}_0$)が著しく誤っておれば，$\mathrm{RSS}_0$ と RSS の差が大きいことが，当然のこと予想される．したがって，この観点からも，W_0 の観測値が大きいとき帰無仮説を棄却するという方式の妥当性が確かめられる．

W_0 にもとづく検定はまた，尤度比検定になっている．すなわち，尤度比検定の棄却域

(5.35)　$$\lambda=\frac{\max\limits_{H'\beta=\xi_0} L(\boldsymbol{\beta},\sigma^2|\boldsymbol{y})}{\max L(\boldsymbol{\beta},\sigma^2|\boldsymbol{y})}\leq c^*$$

は，$W^0\geq c$ と同値である．ただし $L(\boldsymbol{\beta},\sigma^2|\boldsymbol{y})$ は回帰モデルの尤度関数 (4.45) である．また c^* は有意水準によって決まる定数である(証明は読者にまかせよう)．

ついでにいっておくと，制約条件 $\boldsymbol{H}'\boldsymbol{\beta}=\boldsymbol{\xi}_0$ のもとでの $\boldsymbol{\beta}$ の最尤推定量は $\hat{\boldsymbol{\beta}}_R$ によって与えられ，σ^2 の最尤推定量は RSS_0/n によって与えられる．

帰無仮説が正しいとしたときの確率 $\Pr\{W_0\geq W_0^{obs}\}$ のことを**限界水準**(achieved significance level)という．この確率が，あらかじめ指定された α よりも小さいとき，帰無仮説は棄却される(100 α% 有意である)ことになる．仮説検定の結論を，たとえば5%水準で有意か否か，二元的に述べるだけでなく，限界水準によって結論を述べた方が好ましい，という立場の人々がいる．限界水準は，帰無仮説の妥当性にたいする“疑い”の程度を数量的に表現するものであり，限界水準によって結論を述べる方が，より多くの情報を提供することは確かである．本書でも，数値例をとりあつかう際，検定の結論に限界水準を併記することにしたい．

5.1.3　回帰係数の有意性検定

以上の一般論の応用例をあげておこう．まずはじめに，説明変数群を (5.4)

のように分割したとき，帰無仮説

(5.36) $$H_0:\quad \boldsymbol{\beta}_2=\mathbf{0}$$

を検定するという問題を考えよう．$\boldsymbol{H}$ と $\boldsymbol{\xi}_0$ を (5.5) のように定めれば，この仮説を (5.20) のように表現できる．(5.23) に (5.5) の $\boldsymbol{H}$ を代入すれば

(5.37) $$\boldsymbol{D}=\boldsymbol{A}_{22\cdot1}{}^{-1}$$

となる．ただし，$\boldsymbol{A}_{22\cdot1}=\boldsymbol{X}_2{}'\boldsymbol{X}_2-\boldsymbol{X}_2{}'\boldsymbol{X}_1(\boldsymbol{X}_1{}'\boldsymbol{X}_1)^{-1}\boldsymbol{X}_1{}'\boldsymbol{X}_2=\boldsymbol{X}_2{}'\bar{\boldsymbol{P}}_{X_1}\boldsymbol{X}_2$ である．(公式 (2.44) を参照せよ)．また明らかに，$\hat{\boldsymbol{\xi}}=\hat{\boldsymbol{\beta}}_2$ だから，検定統計量

(5.38) $$W_0=\frac{\hat{\boldsymbol{\beta}}_2{}'\boldsymbol{A}_{22\cdot1}\hat{\boldsymbol{\beta}}_2}{rs^2}$$

を得る．帰無仮説 (5.36) が正しいとき，W_0 の分布は，自由度 $(r,n-p)$ の F 分布になる．したがって，水準 α の検定の棄却減は，$W_0{}^{obs}\geq F_{r,n-p}{}^{\alpha}$ によって与えられる．なお，$\boldsymbol{A}_{22\cdot1}{}^{-1}$ は $(\boldsymbol{X}'\boldsymbol{X})^{-1}$ の右下側の $r\times r$ 小行列である．したがって，$\sigma^2\boldsymbol{A}_{22\cdot1}{}^{-1}$ は $\hat{\boldsymbol{\beta}}_2$ の分散共分散行列にほかならない．

$r=1$ のとき，

(5.39) $$W_0=\frac{\hat{\beta}_p{}^2}{a^{pp}s^2}\qquad (a^{pp}\text{ は }(\boldsymbol{X}'\boldsymbol{X})^{-1}\text{ の右下隅にある要素})$$

となり，その分布は，自由度 $(1,n-p)$ の F 分布である．F 分布と t 分布の関係(自由度 k の t 分布にしたがう確率変数の 2 乗は，自由度 $(1,k)$ の F 分布にしたがう)により，$W_0{}^{obs}$ にもとづく F 検定は，

(5.40) $$\frac{|\hat{\beta}_p|}{\sqrt{a^{pp}}s}\geq t_{n-p}{}^{\alpha/2}$$

を棄却域とする t 検定と同値である．ただし，$t_{n-p}{}^{\alpha/2}$ は，自由度 $n-p$ の t 分布の両側 $100\alpha\%$ 点である．

また $x_{1i}\equiv1$ (β_1 は定数項) として，$r=p-1$ ならば

(5.41) $$H_0:\quad \beta_2=\cdots=\beta_p=0$$

となる．すなわち，定数項以外のすべての係数値がゼロ (回帰モデルは無意味である!!) という帰無仮説になる．このとき，H_0 のもとでの残差平方和は

(5.42) $$\begin{aligned}\mathrm{RSS}_0&=\min_{\beta_1}\sum_{i=1}^{n}(y_i-\beta_1)^2\\&=\sum_{i=1}^{n}(y_i-\bar{y})^2\end{aligned}$$

となる．また制約なしの残差平方和は $\mathrm{RSS}=\sum e_i^2$ だから，(5.34) より

$$W_0=\frac{\mathrm{RSS}_0-\mathrm{RSS}}{\mathrm{RSS}}\div\frac{p-1}{n-p}=\frac{\sum(y_i-\bar{y})^2-\sum e_i^2}{\sum e_i^2}\div\frac{p-1}{n-p}=\frac{R^2}{1-R^2}\div\frac{p-1}{n-p} \tag{5.43}$$

となる．したがって，回帰式が全体として有意かどうか(帰無仮説 H_0 を棄却できるかどうか)を検定するための統計量は，決定係数 R^2 からも簡単に計算できる．また W_0 は，分解公式 (4.100) における，説明される変動平方和と残差平方和を，各々自由度で調整して比をとったものにほかならない．

以上の結果を見やすくするために，表 5.1 のような分散分析表に必要な統計量をまとめると便利である．表の右端の平均平方和の比が，$H_0: \beta_{p-r+1}=\cdots=\beta_p=0$ を検定するための検定統計量 (5.38) になる．$\hat{\boldsymbol{\beta}}_2'\boldsymbol{A}_{22\cdot1}\hat{\boldsymbol{\beta}}_2$ は，$\boldsymbol{X}_1$ が式に含まれるという前提で，$\boldsymbol{X}_2$ によって追加的に説明される平方和であり，それは，帰無仮説のもとでの回帰モデル $\boldsymbol{y}=\boldsymbol{X}_1\boldsymbol{\beta}_1+\boldsymbol{\varepsilon}$ の残差平方和と，対立仮説のもとでのモデル $\boldsymbol{y}=\boldsymbol{X\beta}+\boldsymbol{\varepsilon}$ の残差平方和の差に等しい(§4.4 参照)．

表 5.1　分散分析表

	変動因	変動平方和	自由度	平均平方和
(1)	$X_2,\cdots,X_{p-r}$	(4)−(2)−(3)	$p-r-1$	
(2)	$X_{p-r+1},\cdots,X_p$	$\hat{\boldsymbol{\beta}}_2'\boldsymbol{A}_{22\cdot1}\hat{\boldsymbol{\beta}}_2$	r	$\hat{\boldsymbol{\beta}}_2'\boldsymbol{A}_{22\cdot1}\hat{\boldsymbol{\beta}}_2/r$
(3)	残差	$\boldsymbol{e}'\boldsymbol{e}$	$n-p$	s^2
(4)	総変動	$\boldsymbol{y}'\boldsymbol{y}-\frac{1}{n}(\boldsymbol{\iota}'\boldsymbol{y})^2$	$n-1$	

表 4.1 のデータに基づく回帰モデル (4.109) について，以上の手続きを例証してみよう．まず，回帰式が全体として有意かどうか，すなわち帰無仮説 H_0: $\beta_2=\beta_3=\beta_4=0$ が棄却されるかどうかをみてみよう．表 4.3 より $R^2=0.8783$ だから，検定統計量 (5.43) の観測値は

$$W_0^{obs}=\frac{0.8783}{1-0.8783}\div\frac{4}{10}=18.046 \tag{5.44}$$

自由度 (4, 10) の F 分布の 1% 点は 5.99 だから，結果は水準 1% で有意であ

表 5.2　分散分析表(表 4.1 のデータ)

	変動因	変動平方和	自由度	平均平方
(1)	X_1, X_2, X_3	1743731	3	581244
(2)	X_4	65662	1	65662
(3)	残 差	250662	10	25066
(4)	総変動	2060055	14	

る．実際，帰無仮説のもとで W_0 が W_0^{obs} $(=18.046)$ を超える確率(限界水準)は，0.00014 である．次に，帰無仮説 H_0：$\beta_4=0$ を検定するための分散分析表を作ってみると，表 5.2 のようになる．検定統計量 (5.38) の観測値は

$$W_0^{obs}=\frac{65662}{25066}=2.620 \tag{5.45}$$

となる．自由度 (1, 10) の F 分布の10%点は 3.28 だから，帰無仮説 H_0：$\beta_4=0$ は 10% 水準で受容される．ちなみに限界水準は 0.137 である．したがって「母親の喫煙習慣が胎児の成育に影響する」という仮説を，表 4.1 のデータによって有意に検証することはできなかった．分散分析表の作り方を例示するためにここでは F 検定を用いたが，帰無仮説が 1 個の回帰係数にかんするものであれば，t 検定 (5.40) で十分である．実際，表 4.3 に与えられる $\hat{\beta}_4$ の t 比 -1.619 の 2 乗は，いましがた求めた F 比の値に一致する．ついでに，その他の係数推定値についても見てみると，自由度 10 の t 分布の両側 5% 有意点は 2.23 だから，$\beta_1, \beta_2, \beta_3$ は，いずれも 5% 水準で有意に 0 と隔たっている．

5.1.4　二つの回帰式の同等性の検定

与えられた n 個の観測値が，(当該の問題にとって有意味と思われる)なんらかの質的属性の差異によって，2 組に分割されるとしよう．たとえば，表 5.3 は，20人の成人男子が受検した体力検査の点数 (Y) を，年齢 (X_1)，運動習慣の有無 (X_2) とともに記録したデータである．とりあえず，X_2 を無視して，X_1 だけで Y を説明する回帰モデルを推定してみると，表 5.4 のようになる．観測値の散布図に推定回帰直線を描いてみると図 5.1 のようになり，運動習慣のある $(X_2=1)$ 者の観測値は回帰直線の上方に，しからざる者の観測値はその下方にわかれて位置している．また決定係数もさほど高くない．これらの事実から，20人の検査データを，同一母集団からの標本観測値とみなすことは不適切では

表 5.3　体力検査の測定値データ

Y	X_1	X_2	Y	X_1	X_2
98	32	1	80	32	0
85	34	1	65	34	0
91	37	1	50	35	0
80	38	1	64	37	0
70	40	1	42	38	0
77	42	1	55	41	0
60	43	1	29	42	0
68	45	1	20	44	0
53	47	1	38	46	0
42	49	1	10	49	0

Y=体力検査の点数，　X_1=年齢，
X_2=運動習慣の有無を示すダミー変数.

表 5.4　すべての観測値をプールしたときの回帰分析

変　数	係数値	標準誤差	t 比
X_1	−2.957	0.762	−3.881
定数項	177.862	30.925	5.751
$n=20$	$R^2=0.456$	$s=17.960$	

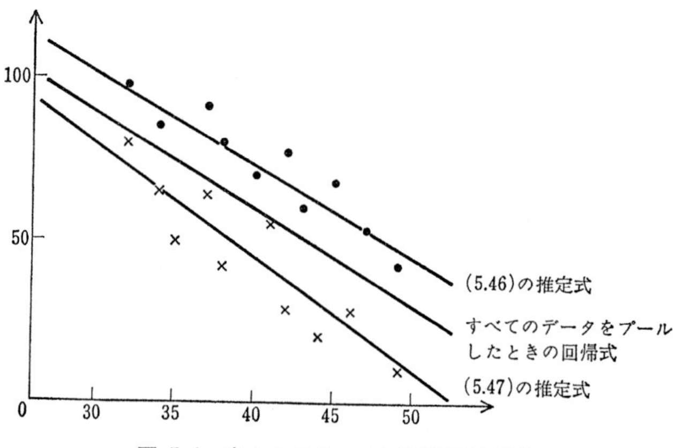

図 5.1　表 5.2 のデータと推定回帰直線

ないか，という予想がたつ．こうした“予想”を統計的に，きちんと検証してみる必要がある．まず，X_2 が0か1かによって，年齢と検査成績の関係のあり方が異なるものと仮定する．すなわち

(5.46) $$y_i=\beta_0^{(0)}+\beta_1^{(0)}x_{1i}+\varepsilon_i, \qquad i=1,2,\cdots,10,$$

(5.47) $$y_i=\beta_0^{(1)}+\beta_1^{(1)}x_{1i}+\varepsilon_i, \qquad i=11,12,\cdots,20$$

という2本の回帰式を想定してみて，帰無仮説

(5.48) $$H_0: \quad \beta_0^{(0)}=\beta_0^{(1)}, \quad \beta_1^{(0)}=\beta_1^{(1)}$$

を検定することを考える．仮説が棄却されれば，散布図をながめての“予想”は的確であったということになるし，もし仮説が受容されれば，これだけのデータから“予想”を裏づけるのは無理であるという結論になる．検定方式を導くまえに，回帰式 (5.46) と (5.47) の各々について，個別の推定結果を表5.5と表5.6にまとめておこう．一見したところ，両回帰式の差はかなり大きいようである．

表 5.5 (5.46) の推定結果

変　数	係数値	標準誤差	t 比
X_1	−2.937	0.391	−7.512
定数項	191.920	16.039	11.966
$n=10$	$R^2=0.876$	$s=6.494$	

表 5.6 (5.47) の推定結果

変　数	係数値	標準誤差	t 比
X_1	−3.462	0.663	−5.224
定数項	183.132	26.614	6.881
$n=10$	$R^2=0.773$	$s=11.005$	

さて，(5.48) のような帰無仮説の検定もまた，§5.1.2で導いた一般線形仮説の検定の一特殊例とみなすことができる．このことを以下に示そう．問題を一般化して，二つの線形回帰モデル

(5.49) $$\boldsymbol{y}_{(1)}=\boldsymbol{X}_{(1)}\boldsymbol{\beta}_{(1)}+\boldsymbol{\varepsilon}_{(1)}, \qquad \boldsymbol{\varepsilon}_{(1)}\sim N(\boldsymbol{0},\sigma^2\boldsymbol{I})$$

(5.50) $$\boldsymbol{y}_{(2)}=\boldsymbol{X}_{(2)}\boldsymbol{\beta}_{(2)}+\boldsymbol{\varepsilon}_{(2)}, \qquad \boldsymbol{\varepsilon}_{(2)}\sim N(\boldsymbol{0},\sigma^2\boldsymbol{I})$$

において，帰無仮説

$$\beta_{(1)}=\beta_{(2)} \tag{5.51}$$

を対立仮説 $\beta_{(1)}\neq\beta_{(2)}$ にたいして検定したい．ただし，(5.49) と (5.50) は，同一の従属変数を同一の説明変数群にたいして回帰するものであり，観測値の個数は，それぞれ $n_1(\geq p)$，$n_2(\geq p)$ とする．誤差項 $\varepsilon_{(1)}$ と $\varepsilon_{(2)}$ は，たがいに独立であり，同じ分散をもつと仮定する．これらの2式をまとめて

$$\boldsymbol{y}=\boldsymbol{X}\beta+\varepsilon,\qquad \varepsilon\sim N(\boldsymbol{0},\sigma^2\boldsymbol{I}) \tag{5.52}$$

と書くことにしよう．ただし

$$\boldsymbol{y}=\begin{bmatrix}\boldsymbol{y}_{(1)}\\ \boldsymbol{y}_{(2)}\end{bmatrix},\quad \boldsymbol{X}=\begin{bmatrix}\boldsymbol{X}_{(1)} & 0\\ 0 & \boldsymbol{X}_{(2)}\end{bmatrix},\quad \beta=\begin{bmatrix}\beta_{(1)}\\ \beta_{(2)}\end{bmatrix},\quad \varepsilon=\begin{bmatrix}\varepsilon_{(1)}\\ \varepsilon_{(2)}\end{bmatrix} \tag{5.53}$$

である．

$$\boldsymbol{H}'=(\boldsymbol{I}_p,\ -\boldsymbol{I}_p),\qquad \xi_0=\boldsymbol{0} \tag{5.54}$$

とおけば，帰無係説 (5.51) を回帰モデル (5.52) にかんする線形仮説 (5.20) として表現できる．(5.23) と (5.27) より，この仮説の検定統計量は

$$W_0=\frac{(\hat{\beta}_{(1)}-\hat{\beta}_{(2)})'[(\boldsymbol{X}_{(1)}'\boldsymbol{X}_{(1)})^{-1}+(\boldsymbol{X}_{(2)}'\boldsymbol{X}_{(2)})^{-1}]^{-1}(\hat{\beta}_{(1)}-\hat{\beta}_{(2)})}{ps^2}, \tag{5.55}$$

検定の棄却域は，$W_{0}{}^{obs}\geq F_{p,n_1+n_2-2p}{}^{\alpha}$ によって与えられる．ただし，s^2 は (5.52) の不偏分散推定量である．

帰無仮説 H_0：$\beta_{(1)}=\beta_{(2)}(=\beta)$ のもとでの制約つき残差平方和 RSS_0 は，回帰モデル

$$\begin{bmatrix}\boldsymbol{y}_{(1)}\\ \boldsymbol{y}_{(2)}\end{bmatrix}=\begin{bmatrix}\boldsymbol{X}_{(1)}\\ \boldsymbol{X}_{(2)}\end{bmatrix}\beta+\begin{bmatrix}\varepsilon_{(1)}\\ \varepsilon_{(2)}\end{bmatrix} \tag{5.56}$$

の残差平方和にほかならない．したがって，(5.52) の残差平方和を RSS とすれば，(5.31)～(5.34) より，検定統計量は

$$W_0=\frac{\mathrm{RSS}_0-\mathrm{RSS}}{\mathrm{RSS}}\div\frac{p}{n-2p} \tag{5.57}$$

となる．ただし $n=n_1+n_2$．これは (5.55) と同等であるが，計算は (5.55) よりもはるかに簡単である．2本の回帰式の残差平方和から，$W_0{}^{obs}$ をたやすく計算できる．また RSS は，(5.49) の残差平方和と (5.50) の残差平方和の和

に等しいことに注意しておこう．

さて数値例にもどって，仮説 (5.48) を検定してみよう．表 5.4 より，$\mathrm{RSS}_0=18\times17.960^2=5806.11$， 表 5.5 と表 5.6 より， $\mathrm{RSS}=8\times(6.494^2+11.005^2)=1306.26$. したがって

$$W_0^{obs}=\frac{5806.11-1306.26}{1306.26}\div\frac{2}{16}=27.56.$$

限界水準は 0.0^566 だから，仮説 (5.48) はデータによって反証される．すなわち，運動習慣の有無によって，体力と年齢の関係に差異が生ずる可能性が，表 5.4 のデータによって強く示唆されたことになる．

回帰係数の一部分の恒等性についての検定方式もまた，おなじようにして導くことができる．すなわち，(5.49) と (5.50) をそれぞれ

$$\boldsymbol{y}_{(1)}=\boldsymbol{X}_1^{(1)}\boldsymbol{\beta}_1^{(1)}+\boldsymbol{X}_2^{(1)}\boldsymbol{\beta}_2^{(1)}+\boldsymbol{\varepsilon}_{(1)} \tag{5.58}$$

$$\boldsymbol{y}_{(2)}=\boldsymbol{X}_1^{(2)}\boldsymbol{\beta}_1^{(2)}+\boldsymbol{X}_2^{(2)}\boldsymbol{\beta}_2^{(2)}+\boldsymbol{\varepsilon}_{(2)} \tag{5.59}$$

と書いて， 帰無仮説 $H_0:\boldsymbol{\beta}_2^{(1)}=\boldsymbol{\beta}_2^{(2)}$ を検定するという問題である． ただし，$\boldsymbol{X}_{(1)}=(\boldsymbol{X}_1^{(1)},\ \boldsymbol{X}_2^{(1)})$， $\boldsymbol{X}_{(2)}=(\boldsymbol{X}_1^{(2)},\ \boldsymbol{X}_2^{(2)})$，$\boldsymbol{X}_1^{(1)}$ と $\boldsymbol{X}_1^{(2)}$ は， それぞれ $n_1\times\overline{p-r}$，$n_2\times\overline{p-r}$ である．

さてこのとき， 帰無仮説と無関係な係数値 $\boldsymbol{\beta}_1^{(1)}$ と $\boldsymbol{\beta}_1^{(2)}$ について，それらが相等しい($\boldsymbol{\beta}_1^{(1)}=\boldsymbol{\beta}_1^{(2)}$)ことが暗黙の前提とされているのか， あるいは，$\boldsymbol{\beta}_1^{(1)}\neq\boldsymbol{\beta}_1^{(2)}$ が前提とされているのかによって，検定のやり方に違いが生じてくる．

まずはじめに， $\boldsymbol{\beta}_1^{(1)}=\boldsymbol{\beta}_1^{(2)}$ $(=\boldsymbol{\beta}_1)$ を前提とする場合について考えよう．帰無仮説 $H_0:\boldsymbol{\beta}_2^{(1)}=\boldsymbol{\beta}_2^{(2)}$ $(=\boldsymbol{\beta}_2)$ のもとでの制約つき回帰モデルを，

$$\begin{bmatrix}\boldsymbol{y}_{(1)}\\ \boldsymbol{y}_{(2)}\end{bmatrix}=\begin{bmatrix}\boldsymbol{X}_1^{(1)} & \boldsymbol{X}_2^{(1)}\\ \boldsymbol{X}_1^{(2)} & \boldsymbol{X}_2^{(2)}\end{bmatrix}\begin{bmatrix}\boldsymbol{\beta}_1\\ \boldsymbol{\beta}_2\end{bmatrix}+\begin{bmatrix}\boldsymbol{\varepsilon}_{(1)}\\ \boldsymbol{\varepsilon}_{(2)}\end{bmatrix} \tag{5.60}$$

と書くことができる．また，対立仮説のもとでの制約なしの回帰モデルは

$$\begin{bmatrix}\boldsymbol{y}_{(1)}\\ \boldsymbol{y}_{(2)}\end{bmatrix}=\begin{bmatrix}\boldsymbol{X}_1^{(1)} & \boldsymbol{X}_2^{(1)} & 0\\ \boldsymbol{X}_1^{(2)} & 0 & \boldsymbol{X}_2^{(2)}\end{bmatrix}\begin{bmatrix}\boldsymbol{\beta}_1\\ \boldsymbol{\beta}_2^{(1)}\\ \boldsymbol{\beta}_2^{(2)}\end{bmatrix}+\begin{bmatrix}\boldsymbol{\varepsilon}_{(1)}\\ \boldsymbol{\varepsilon}_{(2)}\end{bmatrix} \tag{5.61}$$

と書ける．説明変数行列は $n\times\overline{p+r}$ である．各々の回帰モデルを最小 2 乗推定したときの残差平方和を，それぞれ RSS_0，RSS とすれば，

$$W_0=\frac{\mathrm{RSS}_0-\mathrm{RSS}}{\mathrm{RSS}}\div\frac{r}{n-p-r} \tag{5.62}$$

が，帰無仮説のもとで自由度 $(r,\ n-p-r)$ の F 分布にしたがう検定統計量となる．この場合，$n=n_1+n_2\geq p+r,\ n_1\geq r,\ n_2\geq r$ となることは必要だが，必ずしも $n_1\geq p,\ n_2\geq p$ を必要としないことに注意しよう．

数値例にもどって，次のような仮説検定を考えてみよう．$\beta_1^{(0)}=\beta_1^{(1)}$（老化に応じて体力の衰えるスピードに差はないこと）を前提としたうえで，帰無仮説 $\beta_0^{(0)}=\beta_0^{(1)}$ を検定する．対立仮説 $\beta_0^{(0)}\neq\beta_0^{(1)}$ は，運動習慣の効果が年齢に関係なく一定値であることを意味する．帰無仮説のもとでの回帰モデルの推定結果は，表 5.4 に与えられている．対立仮説のもとでの回帰モデルは

$$y_i=\beta_0^{(0)}+(\beta_0^{(1)}-\beta_0^{(0)})x_{2i}+\beta_1x_{1i}+\varepsilon_i,\qquad i=1,2,\cdots,20 \tag{5.63}$$

となる．x_2 はダミー変数である．推定結果は，表 5.7 に見るとおりである．残差平方和は $\mathrm{RSS}=17\times8.894^2=1344.76$ となる．帰無仮説のもとでの残差平方和は $\mathrm{RSS}_0=5806.11$ だから

$$W_0^{obs}=\frac{5806.11-1344.76}{1344.76}\div\frac{1}{17}=56.40 \tag{5.64}$$

となる．限界水準は 0.0^2103 となり $\beta_0^{(0)}\neq\beta_0^{(1)}$ が支持された．この例では，帰無仮説は (5.63) において x_2 の係数がゼロということと同値だから，x_2 の係数推定値の t 比によって検定してもよい．実際，W_0^{obs} の正の平方根は表5.7の X_2 の t 比に等しいことが確かめられる．

表 5.7　回帰式 (5.63) の推定結果

変　数	係数値	標準誤差	t 比
X_1	−3.200	0.379	−8.450
X_2	29.980	3.992	7.510
定数項	172.643	15.330	11.262
$n=20$	$R^2=0.874$	$s=8.894$	

$\beta_1^{(1)}\neq\beta_1^{(2)}$ を前提とする場合には，帰無仮説 $H_0:\beta_2^{(1)}=\beta_2^{(2)}$ のもとでの回帰モデルは

$$(5.65)\qquad \begin{bmatrix} \boldsymbol{y}_{(1)} \\ \boldsymbol{y}_{(2)} \end{bmatrix} = \begin{bmatrix} \boldsymbol{X}_1{}^{(1)} & \boldsymbol{0} & \boldsymbol{X}_2{}^{(1)} \\ \boldsymbol{0} & \boldsymbol{X}_1{}^{(2)} & \boldsymbol{X}_2{}^{(2)} \end{bmatrix} \begin{bmatrix} \boldsymbol{\beta}_1{}^{(1)} \\ \boldsymbol{\beta}_1{}^{(2)} \\ \boldsymbol{\beta}_2 \end{bmatrix} + \begin{bmatrix} \boldsymbol{\varepsilon}_{(1)} \\ \boldsymbol{\varepsilon}_{(2)} \end{bmatrix}$$

となる．対立仮説のもとでの回帰モデルは，(5.58) と (5.59) を組合せたものである．(5.65) の残差平方和を RSS_0 とし，(5.58) と (5.59) の残差平方和の和を RSS とすれば，

$$(5.66)\qquad W_0 = \frac{\mathrm{RSS}_0 - \mathrm{RSS}}{\mathrm{RSS}} \div \frac{r}{n-2p}$$

が，帰無仮説のもとで自由度 $(r, n-2p)$ の F 分布にしたがう検定統計量となる．

数値例について，次のような仮説検定を考えよう．運動習慣の有無が体力の水準に一定の効果があるのは当然としても，はたしてそれが，老化のスピードを緩かにするという効果を期待できるか否かを知りたいとする．すなわち，$\beta_0{}^{(0)}$ と $\beta_0{}^{(1)}$ は関心の外において，帰無仮説 $\beta_1{}^{(0)} = \beta_1{}^{(1)}$ を検定しようというわけである．帰無仮説のもとでの回帰モデルは (5.63) にほかならず，その残差平方和は，$\mathrm{RSS}_0 = 1344.76$ となる．他方，対立仮説のもとでの残差平方和は，表 5.5 と表 5.6 から $\mathrm{RSS} = 1306.26$ として計算される．かくして検定統計量は

$$W_0{}^{obs} = \frac{1344.76 - 1306.26}{1306.26} \div \frac{1}{16} = 0.47$$

となる．限界水準は 0.502 であり，帰無仮説は受容される．

5.2 信頼領域の構成

5.2.1 回帰係数の信頼領域

統計学の初等的教科書にも書かれているように，仮説検定と信頼領域(区間)の構成は，おなじ事柄の裏と表の関係にある．回帰係数にかんする線形仮説の検定方式について前節で述べたことをもとに，回帰係数の線形関数の信頼領域を構成する方法について述べ進めることにしよう．

(5.26) で定義される確率変数 W は，自由度 $(r, n-p)$ の F 分布にしたがう．それゆえ

$$(5.67)\qquad \Pr\{W \leq F_{r,n-p}{}^{\alpha}\} = \Pr\{(\boldsymbol{\xi} - \hat{\boldsymbol{\xi}})' \boldsymbol{D}^{-1} (\boldsymbol{\xi} - \hat{\boldsymbol{\xi}}) \leq rs^2 F_{r,n-p}{}^{\alpha}\} = 1 - \alpha$$

という確率命題が成りたつ．行列 $\boldsymbol{D}$ が正値定符号であることから，$(\boldsymbol{\xi}-\hat{\boldsymbol{\xi}})'\boldsymbol{D}^{-1}(\boldsymbol{\xi}-\hat{\boldsymbol{\xi}})\leq rs^2F_{r,n-p}{}^{\alpha}$ は $\hat{\boldsymbol{\xi}}$ を中心とする r 次元楕円体の内点および境界線から成る集合を定める．かくして定まる領域が，$\boldsymbol{\beta}$ の線形関数 $\boldsymbol{\xi}=\boldsymbol{H}'\boldsymbol{\beta}$ の $100(1-\alpha)$% **結合信頼領域**(joint confidence region)にほかならない．仮説検定との関係はあきらかである．点 $\boldsymbol{\xi}_0$ がこの領域に含まれるならば，帰無仮説 (5.20) は水準 α で受容され，しからざるとき，水準 α で棄却される．

$\boldsymbol{H}=(\boldsymbol{h}_1,\boldsymbol{h}_2)$ とするとき，$\boldsymbol{h}_1'\boldsymbol{\beta}$ と $\boldsymbol{h}_2'\boldsymbol{\beta}$ の各々についての個別の信頼区間と，結合信頼区間の関係は，一般に，図 5.2 のようになる．$\boldsymbol{h}_1'\hat{\boldsymbol{\beta}}$ と $\boldsymbol{h}_2'\hat{\boldsymbol{\beta}}$ が独立な場合，同時信頼領域は，軸が座標軸に平行な楕円となり，個別の信頼区間によって形づくられる長方形に内接する．

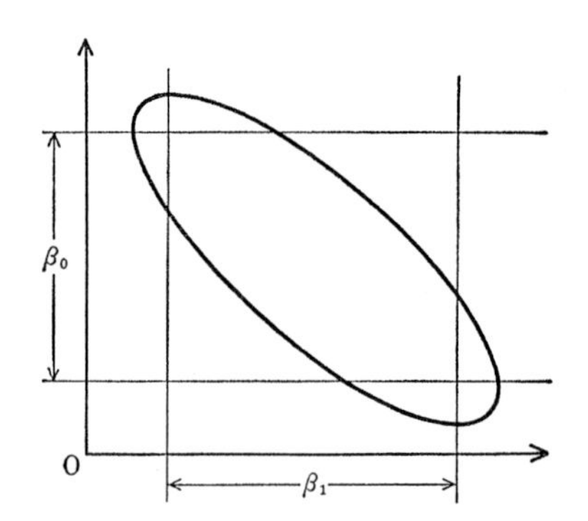

図 5.2　β_0 と β_1 の結合信頼区間(楕円)と個別の信頼区間(長方形)の関係

p 個の説明変数値 $\boldsymbol{x}_0$ が与えられたとき，対応して決まる従属変数値の期待値 $E(y_0)=\boldsymbol{x}_0'\boldsymbol{\beta}$ の信頼区間を構成したい．上記の一般論を適用すれば，$\xi=\boldsymbol{x}_0'\boldsymbol{\beta}$ の $100(1-\alpha)$% 信頼区間は，

$$(5.68)\qquad \frac{(\xi-\boldsymbol{x}_0'\hat{\boldsymbol{\beta}})^2}{\boldsymbol{x}_0'(\boldsymbol{X}'\boldsymbol{X})^{-1}\boldsymbol{x}_0}\leq s^2F_{1,n-p}{}^{\alpha}$$

によって定められることが，ただちに結果する．F 分布と t 分布の関係に注意して，上の式を変形すれば，信頼区間の上下限は

$$(5.69)\qquad \boldsymbol{x}_0'\hat{\boldsymbol{\beta}}\pm t_{n-p}{}^{\alpha/2}s\sqrt{\boldsymbol{x}_0'(\boldsymbol{X}'\boldsymbol{X})^{-1}\boldsymbol{x}_0}$$

となる．

表 5.8 男子水泳 1500 m 自由型の世界新記録

年次(T)	記録(分・秒)	X	Y	選手
1949	18′19″0	−16	79.0	古橋
1956	17′52″9	−9	52.9	ブリーン
1958	17′28″7	−7	28.7	コンラッズ
1960	17′11″0	−5	11.0	コンラッズ
1963	17′05″5	−2	5.5	サーリ
1964	16′58″7	−1	−1.3	サーリ
1965	16′58″6	0	−1.4	クラウス
1966	16′41″6	1	−18.4	バートン
1967	16′34″1	2	−25.9	バートン
1968	16′08″5	3	−51.5	バートン
1969	16′04″5	4	−55.5	バートン
1970	15′57″1	5	−62.9	キンセラ
1972	15′52″6	7	−67.4	バートン
1973	15′31″8	8	−88.2	ホランド

$X=T-1965$, $Y=$秒単位の記録-17×60.

表 5.9

変数	係数値	標準誤差	t 比
X	−7.080	0.450	−15.747
定数項	−19.014	2.904	−6.548
$n=14$	$R^2=0.954$	$S=10.798$	

表5.8のデータを用いて，以上の手続きを例示してみよう．回帰式の推定結果は，表5.9に見るとおりである．説明変数の積率行列と，その逆行列は，それぞれ

$$(5.70)\qquad \boldsymbol{X}'\boldsymbol{X}=\begin{bmatrix} 14 & -10 \\ & 584 \end{bmatrix},\qquad (\boldsymbol{X}'\boldsymbol{X})^{-1}=\begin{bmatrix} 0.07231 & 0.001238 \\ & 0.001734 \end{bmatrix}$$

となる．$F_{2,12}{}^{0.05}=3.89$ だから，(β_0, β_1) の結合信頼領域は，2次不等式

$$(5.71)\qquad 14(\beta_0+19.014)^2-20(\beta_0+19.014)(\beta_1+7.080) +584(\beta_1+7.080)^2\leq 907.123$$

によって与えられる．次に，$X=x_0$ のときの y の期待値 $\xi_0=\beta_0+\beta_1 x_0$ の 95% 信頼区間の上下限は，(5.69) より

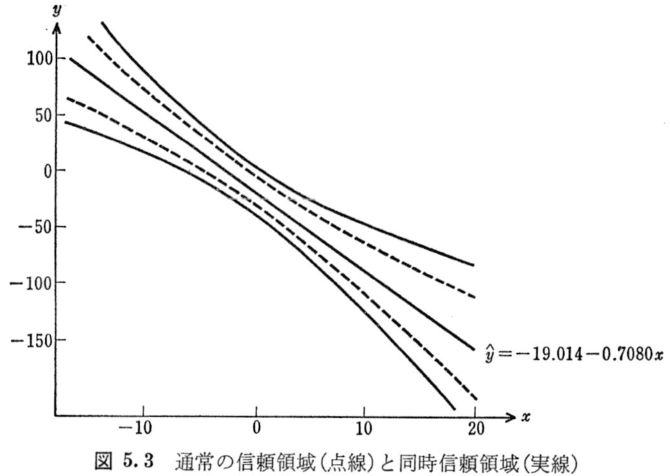

図 5.3　通常の信頼領域(点線)と同時信頼領域(実線)
(表 5.8 のデータ)

(5.72)　$-19.014-7.080x_0\pm 23.529\sqrt{0.07231+0.002476x_0+0.001734x_0^2}$

となる．たとえば，1980 年の世界記録の期待値は，信頼度 95% で区間(14′38″2, 15′11″4) に含まれる，と述べることができる(図 5.3 参照)．

しばしば誤解されるように，回帰直線 $\xi=\beta_0+\beta_1 x$ が 95% の信頼度をもって，(5.72) で定まる領域に収まっている，というふうに解釈してはならない．上で導いた信頼領域というのは，特定の説明変数値(x_0)に対応する従属変数の期待値が $100(1-\alpha)$% の信頼度で含まれる領域にすぎないのである．そこで次に，回帰直線全体の信頼領域を求めてみよう．

5.2.2 回帰直線の信頼領域

§2.4.2(i)より，任意の p 次元ベクトル $\boldsymbol{x}$ にたいして，不等式

(5.73)　$$\frac{[(\hat{\beta}-\beta)'\boldsymbol{x}]^2}{\boldsymbol{x}'(\boldsymbol{X}'\boldsymbol{X})^{-1}\boldsymbol{x}}\leq(\hat{\beta}-\beta)'(\boldsymbol{X}'\boldsymbol{X})^{-1}(\hat{\beta}-\beta)$$

が成りたつ．ところで

(5.74)　$$W=\frac{(\hat{\beta}-\beta)'(\boldsymbol{X}'\boldsymbol{X})^{-1}(\hat{\beta}-\beta)}{ps^2}$$

は自由度 $(p, n-p)$ の F 分布にしたがうから，以下のことが成りたつ．

(5.75)　$$1-\alpha=\Pr\{W\leq F_{p,\,n-p}{}^{\alpha}\}$$

$$=\Pr\left\{\frac{[(\hat{\beta}-\beta)'x]^2}{ps^2x'(X'X)^{-1}x}\leq F_{p,n-p}{}^{\alpha},\ \text{for all } x\right\}$$

$$=\Pr\{\beta'x\in I(y|x),\ \text{for all } x\}$$

ただし，$I(y|x)$は

(5.76) $$\hat{\beta}'x\pm s\sqrt{pF_{p,n-p}{}^{\alpha}x'(X'X)^{-1}x}$$

を上下限とする区間である．(5.69) と (5.76) を比べてみると，両者の違いは，$s\sqrt{x'(X'X)^{-1}x}$ にかかる係数の違いだけである．あきらかに

(5.77) $$\sqrt{pF_{p,n-p}{}^{\alpha}}\geq t_{n-p}{}^{\alpha/2}$$

であり，区間 (5.76) の方が幅広い．すべての x にたいして(for all x)か，特定の $x(=x_0)$ にたいしてかが，両信頼区間の違いの決めてである．$I(y|x)$ のことを，$\beta'x$ の信頼係数 $1-\alpha$ の**同時**(simultaneous)**信頼区間**と呼ぶこともある．通常の信頼区間と同時信頼区間の差がどの程度かを，図 5.3 に見ることができる．いくつかの異なる説明変数値(各々 p 次元ベクトル)$x_1, x_2, \cdots$にたいして，$\xi_i=\beta'x_i,\ i=1,2,\cdots$ を同時的に含む信頼領域を求めたい．確かに$\Pr\{\xi_i\in I(y|x_i),\ i=1,2,\cdots\}\geq 1-\alpha$ となるから，$I(y|x_i),\ i=1,2,\cdots$ は $\xi_i(i=1,2,\cdots)$ の $100(1-\alpha)$%同時信頼領域を構成する．$I(y|x)$ のかわりに区間 (5.69) を用いると，すべての ξ_i が同時にそれらの区間に含まれる確率は $1-\alpha$ 以下となる．以上要するに，一組の標本観測値データから一本の回帰式を推定し，複数個の異なる説明変数値に対応して決まる Y の期待値を同時に区間推定する際には，同時信頼区間 $I(y|x)$ を用いるべきであって，区間 (5.69) を用いてはならない．

5.3 区間予測

5.3.1 予測の信頼区間

説明変数値 $x=x_0$ がわかっているものとして，対応する従属変数値

(5.78) $$y_0=\beta'x_0+\varepsilon_0$$

をなるべく正確に“言いあてる”ことが，回帰分析における**予測**(prediction)にほかならない．誤差項 ε_0 が，標本観測値の誤差項 ε と独立ならば，

(5.79) $$\hat{y}_0=\hat{\beta}'x_0$$

が**最良線形不偏予測量**(BLUP)となる．$E(\hat{y}_0)=E(y_0)=\boldsymbol{\beta}'\boldsymbol{x}_0$ となることは，$\hat{\boldsymbol{\beta}}$ の不偏性から明らかであろう．$\hat{y}_0$ が $y_1, y_2, \cdots, y_n$ の1次式になることもまた，容易に確かめられる．$\hat{y}_0$ の分散は

$$V(\hat{y}_0)=\boldsymbol{x}_0'V(\hat{\boldsymbol{\beta}})\boldsymbol{x}_0=\sigma^2\boldsymbol{x}_0'(\boldsymbol{X}'\boldsymbol{X})^{-1}\boldsymbol{x}_0 \tag{5.80}$$

となる．任意の線形予測量を $\boldsymbol{c}'\boldsymbol{y}$ とすれば，これが不偏予測量であるためには

$$\boldsymbol{X}'\boldsymbol{c}=\boldsymbol{x}_0 \tag{5.81}$$

でなければならない．ところで，線形不偏予測量 $\boldsymbol{c}'\boldsymbol{y}$ の分散は

$$\begin{aligned} V(\boldsymbol{c}'\boldsymbol{y}) &=\sigma^2\|\boldsymbol{c}\|^2=\sigma^2\|\boldsymbol{c}-\boldsymbol{X}(\boldsymbol{X}'\boldsymbol{X})^{-1}\boldsymbol{x}_0+\boldsymbol{X}(\boldsymbol{X}'\boldsymbol{X})^{-1}\boldsymbol{x}_0\|^2 \\ &=\sigma^2\|\boldsymbol{c}-\boldsymbol{X}(\boldsymbol{X}'\boldsymbol{X})^{-1}\boldsymbol{x}_0\|^2+\sigma^2\|\boldsymbol{X}(\boldsymbol{X}'\boldsymbol{X})^{-1}\boldsymbol{x}_0\|^2 \\ &\geq\sigma^2\|\boldsymbol{X}(\boldsymbol{X}'\boldsymbol{X})^{-1}\boldsymbol{x}_0\|^2 \\ &=V(\hat{y}_0) \end{aligned} \tag{5.82}$$

となり，$\hat{y}_0$ の最小分散性が示される．すなわち，回帰係数の最小2乗推定量に，所与の説明変数値(予測時点における)を乗じたものが，不偏な線形予測量のうちで分散最小となる．

予測の誤差

$$y_0-\hat{y}_0=-(\hat{\boldsymbol{\beta}}-\boldsymbol{\beta})'\boldsymbol{x}_0+\varepsilon_0 \tag{5.83}$$

は正規分布

$$N(0,\ \sigma^2[\boldsymbol{x}_0'(\boldsymbol{X}'\boldsymbol{X})^{-1}\boldsymbol{x}_0+1]) \tag{5.84}$$

にしたがう．またそれは，自由度 $n-p$ の χ^2 変量 $(n-p)s^2/\sigma^2$ と独立である．したがって

$$\frac{y_0-\hat{y}_0}{s\sqrt{\boldsymbol{x}_0'(\boldsymbol{X}'\boldsymbol{X})^{-1}\boldsymbol{x}_0+1}} \tag{5.85}$$

は自由度 $n-p$ の t 分布にしたがう．かくして

$$\Pr\{|y_0-\hat{y}_0|\leq t_{n-p}{}^{\alpha/2}s\sqrt{\boldsymbol{x}_0'(\boldsymbol{X}'\boldsymbol{X})^{-1}\boldsymbol{x}_0+1}\}=1-\alpha \tag{5.86}$$

となり，y_0 の $100(1-\alpha)$%信頼区間の上下限は

$$\hat{y}_0\pm t_{n-p}{}^{\alpha/2}s\sqrt{\boldsymbol{x}_0'(\boldsymbol{X}'\boldsymbol{X})^{-1}\boldsymbol{x}_0+1} \tag{5.87}$$

によって与えられる．これは，$E(y_0)=\boldsymbol{\beta}'\boldsymbol{x}_0$ の $100(1-\alpha)$% 信頼区間 (5.69) よりも幅が広い．予測時点における誤差項 ε_0 の変動が加味されるためである．標本観測値の数 n が多いほど，両者の差は顕著になる．

5.3.2 許容区間

さて，予測区間 (5.87) の確率的意味づけについて考えてみよう．大きさnの標本から$\hat{\boldsymbol{\beta}}$とsを計算し，それから区間 (5.87) を求める，という操作を多数回くりかえしたとき，(5.86) の Pr の中味の命題が成りたつ(y_0が予測区間 (5.87)に含まれる)回数の相対的比率は，およそ$100(1-\alpha)$%に等しい．これが，ごくふつうの解釈である．要するに「ひとつの標本から1回限りの予測をする」という操作のくりかえしが想定されている．予測が必要とされる通常の状況を想定してみると，これではいささか都合がわるい．1個の標本から，回帰式を推定しておいて，それを用いて，異なる説明変数値にたいして，何回も予測をくりかえす，というのが現実的な状況であろう．しかしながら，「1本の回帰式に基づいて区間予測 (5.87) を多数回おこなう」とすれば，その“成功率”は，$100(1-\alpha)$%以下になってしまう．こうした意味で，予測区間 (5.87) は，さほど有用とはいえないばかりか，誤解をうみやすい．こうした欠陥の由来は，標本変動と予測時点における誤差項の変動という，二つの確率的変動を一緒くたにしたためである．

そこで，誤差項の変動と標本の変動を分離して考えることにしよう．

説明変数値$\boldsymbol{x}_0$が与えられたとき，y_0は，確率$1-\gamma$をもって，区間

$$I(\boldsymbol{x}_0):\quad \boldsymbol{\beta}'\boldsymbol{x}_0 \pm \sigma z_{\gamma/2} \tag{5.88}$$

に含まれる．ここに$z_{\gamma/2}$は，標準正規分布の右側$100\gamma/2$%点である．$\boldsymbol{\beta}$とσはむろん未知である．しかし$\boldsymbol{\beta}'\boldsymbol{x}_0$と$\sigma$は，それぞれ$100(1-\alpha/2)$%の信頼度をもって，以下の区間に含まれる．

$$\hat{\boldsymbol{\beta}}'\boldsymbol{x}_0 - t_{n-p}{}^{\alpha/4} s\sqrt{\boldsymbol{x}_0{}'(\boldsymbol{X}'\boldsymbol{X})^{-1}\boldsymbol{x}_0} < \boldsymbol{\beta}'\boldsymbol{x}_0 < \hat{\boldsymbol{\beta}}'\boldsymbol{x}_0 + t_{n-p}{}^{\alpha/4} s\sqrt{\boldsymbol{x}_0{}'(\boldsymbol{X}'\boldsymbol{X})^{-1}\boldsymbol{x}_0} \tag{5.89}$$

$$0 < \sigma < s\sqrt{(n-p)/{}^{\alpha/2}\chi^2{}_{n-p}} \tag{5.90}$$

$\boldsymbol{\beta}'\boldsymbol{x}_0$の$100(1-\alpha/2)$%信頼区間 (5.89) は，すでに§5.2.1で導いたとおりであるが，σの信頼区間 (5.90) は$(n-p)s^2/\sigma^2$が自由度$n-p$のχ^2分布にしたがうことから

$$\Pr\{(n-p)s^2/\sigma^2 > {}^{\alpha/2}\chi^2{}_{n-p}\} = 1-\alpha/2 \tag{5.91}$$

という確率命題が結果し，{ } の中味を適当に変形することにより得られる．

ただし ${}^{\alpha/2}\chi_{n-p}{}^2$ は，自由度 $n-p$ の χ^2 分布の左側 $100\,\alpha/2$ %点である．

さて一般に，二つの事象 A_1, A_2 にたいし

(5.92)
$$P(A_1\cap A_2)\geq 1-P(\bar{A}_1)-P(\bar{A}_2)$$

という不等式が成立する．ただし，$P(A)$ は事象 A の確率であり，$\bar{A}_i$ は A_i の余事象である．証明は以下のとおり．全標本空間を S とすれば，$S=(A_1\cap A_2)\cup\bar{A}_1\cup(\bar{A}_2\cap A_1)$．右辺の三つの事象は，たがいに排反であるから

(5.93)
$$\begin{aligned}1=P(S)&=P(A_1\cap A_2)+P(\bar{A}_1)+P(\bar{A}_2\cap A_1)\\&\leq P(A_1\cap A_2)+P(\bar{A}_1)+P(\bar{A}_2).\end{aligned}$$

適当に移項すれば (5.92) が結果する．

確率事象 (5.89) を A_1，(5.90) を A_2 として，不等式 (5.92) にあてはめると

(5.94)
$$P(A_1\cap A_2)\geq 1-\alpha$$

を得る．$A_1\cap A_2$，すなわち (5.89) と (5.90) がともに成立するということは，未知母数に依存して決まる区間 $I(\boldsymbol{x}_0)$ が，標本観測値のみに依存する区間

(5.95)
$$T(\boldsymbol{x}_0):\quad \hat{\boldsymbol{\beta}}'\boldsymbol{x}_0\pm s[t_{n-p}{}^{\alpha/4}\sqrt{\boldsymbol{x}_0'(\boldsymbol{X}'\boldsymbol{X})^{-1}\boldsymbol{x}_0}+z_{\gamma/2}\sqrt{(n-p)/{}^{\alpha/2}\chi_{n-p}{}^2}\,]$$

にすっぽりと含まれる，すなわち $I(\boldsymbol{x}_0)\subseteq T(\boldsymbol{x}_0)$ を意味する．したがって，$A_1\cap A_2$ ならば

(5.96)
$$y_0\in I(\boldsymbol{x}_0)\ \Rightarrow\ y_0\in T(\boldsymbol{x}_0)$$

となる．一般に，二つの命題 S_1 と S_2 があって，$S_1\Rightarrow S_2$ という論理的関係が成りたつならば，$P(S_1)\leq P(S_2)$ である．かくして，$A_1\cap A_2$ ならば

(5.97)
$$\Pr\{y_0\in T(\boldsymbol{x}_0)\}\geq\Pr\{y_0\in I(\boldsymbol{x}_0)\}=1-\gamma$$

となる．$A_1\cap A_2$ となる確率（標本変動にかんする）は，少なくとも $1-\alpha$ だから，以下のような結論を得る．

説明変数値 $\boldsymbol{x}_0$ に対応する従属変数値 y_0 が，標本観測値によって決まる区間 $T(\boldsymbol{x}_0)$ に含まれる確率（y_0 の誤差項の変動にかんする）が少なくとも $1-\gamma$ であるということを，信頼度 $100(1-\alpha)$ % をもって主張できる．ここで信頼度というのは，通常の未知母数にかんする信頼区間とおなじく，標本の変動にかんする確率の意味である．区間 $T(\boldsymbol{x}_0)$ のことを，予測の**許容区間**(tolerance interval) という．

5.3.3 同時許容区間

以上で導いた許容区間は，予測区間 (5.87) に比べれば多少改善されたとはいえ，現実の予測において，さほど有用とは思えない．というのは，特定の説明変数値 $\boldsymbol{x}_0$ に対応する予測に限定されているからである． 1個の固定された説明変数値にたいして，何度も予測をくりかえすなどということは，現実にはめったにありそうにない．

最も現実的なのは，次のような状況であろう．1組の標本観測値データにもとづいて，回帰式を推定する．その回帰式をもちいて，いくつかの異なる説明変数値にたいして予測をおこなう．こうして予測を多数回おこなったときの“成功率”が，少なくともあらかじめ指定された値 $1-\gamma$ に等しいことが望ましい．

そこで，(5.89) のかわりに，同時信頼区間 (5.76) をもってくれば，少なくとも $100(1-\alpha/2)$ % の信頼度をもって，すべての $\boldsymbol{x}$ にたいし

(5.98)
$$\hat{\boldsymbol{\beta}}'\boldsymbol{x}-s\sqrt{pF_{p,n-p}{}^{\alpha/2}\boldsymbol{x}'(\boldsymbol{X}'\boldsymbol{X})^{-1}\boldsymbol{x}}<\boldsymbol{\beta}'\boldsymbol{x}<\hat{\boldsymbol{\beta}}'\boldsymbol{x}+s\sqrt{pF_{p,n-p}{}^{\alpha/2}\boldsymbol{x}'(\boldsymbol{X}'\boldsymbol{X})^{-1}\boldsymbol{x}}$$

が成りたつことを主張できる． 以下， (5,89) を (5.98) でおきかえて同様の議論をすすめると，予測の**同時許容区間**(simultaneous tolerance interval)

(5.99)
$$T(\boldsymbol{x}):\quad \hat{\boldsymbol{\beta}}'\boldsymbol{x}\pm s\left[\sqrt{pF_{p,n-p}{}^{\alpha/2}\boldsymbol{x}'(\boldsymbol{X}'\boldsymbol{X})^{-1}\boldsymbol{x}}+z_{\gamma/2}\sqrt{(n-p)/{}^{\alpha/2}\chi^2{}_{n-p}}\right]$$

が導かれる．すなわち，すべての $\boldsymbol{x}$ にたいし，対応する y が $T(\boldsymbol{x})$ に含まれる確率(y の誤差変動にかんする)が $1-\gamma$ 以上であることを，信頼度 $100(1-\alpha)$ % をもって主張できる. (5.99) の方式にしたがって，異なる説明変数値 $\boldsymbol{x}_1, \boldsymbol{x}_2, \cdots$ に対応する従属変数値 $y_1, y_2, \cdots$ を区間予測したとする．このとき，成功(予測区間の中に実現値が収まる)の確率は $100(1-\gamma)$ % である， ということを少なくとも $100(1-\alpha)$ % の信頼度をもって主張できる．もっとも実用的かつ理にかなった予測区間の構成方式といえよう．

$\alpha=0.1$, $\gamma=0.3$ として，表 5.9 の推定結果を用いて，男子 1500 m 自由形の世界記録の将来値を区間予測してみよう．$z_{0.15}=1.04$, ${}^{0.05}\chi^2{}_{12}=5.23$, $F_{2,12}{}^{0.05}=3.81$, および (5.70) と表 5.9 の推定値を (5.99) に代入すればよい．結果は，表 5.10 に見るとおりである．表の意味するところは，次のとおり．各年次

表 5.10　1500 m 自由形世界記録の同時予測区間

年　次	下　限	上　限
1978	14′33″1	15′44″8
1980	14′16″7	15′32″9
1985	13′35″7	15′03″1
1990	12′54″1	14′33″9
2000	11′31″1	13′35″2

信頼係数 90%，確率 70%．

の世界記録が，すべて所与の区間内に入る確率は70%である，ということを90%の信頼度をもって主張できる． 回帰式の適合度はかなり高い($R^2=0.954$)にもかかわらず， わずか 14 個の観測値から得られる予測区間というものは， 途方もなく幅が広い．しかし，1986 年の予測区間の上限が 14′57″4 となること，および 1996 年の予測区間の上限が 13′58″3 となることから，次のような比較的有意味な結論を導くことができる．「1986 年には 15 分の 壁が破られ， 1996 年には 14 分の壁が破られる確からしさは 85 %である」という命題を，少なくとも 90%の信頼度をもって主張できる． もちろん， 過去の記録の伸びのすう勢が，今後も続くと仮定したうえでの話である．

6. 標準的諸仮定からのズレ

これまでの議論においては，誤差項の確率分布にかんする諸仮定が，データによって完全に満たされていることを，暗黙の前提としてきた．すなわち，§4.1.1で導入した仮定1～3が，また場合によっては正規分布の仮定(§4.2.3の仮定4)が満たされる状況を想定してきた．最小2乗推定量の“良さ”にしても，これらの仮定を前提としてはじめて証明されたのである．所与のデータを生みだす現実の機構が，これらの仮定を満足しているかどうかが，あやふやな場合は少なくないし，また仮定の不成立が，より積極的に主張されるような場合もありうる．たとえば時系列データをもちいて回帰分析するとき，誤差項が系列的に無相関である(仮定2)という仮定が，どうにも不自然と思われる場合が少なくない．そこで次のような問題が生じてくる．

第1に，いずれかの仮定が成り立たないとき，最小2乗法の“良さ”はどの程度そこなわれるか，という問題．このような問題のことを，通常，仮定にたいする**頑健性**(robustness)の問題という．第2に，仮定からのズレにたいして，より一層頑健な推定法は何か，という問題．データが仮定を完全に満たすことなどは，まずありえないわけだから，統計的方法というものは，なるべく頑健であることが望ましい．第3に，データにもとづいて，仮定の当否を検定するにはどうすればよいか，という問題

本章では，以上のような問題について，順次，考察をすすめることにしよう．なお，いくつかの結果については証明を参考文献にゆだねることにし，結果の意味についての説明に重きをおくことにしたい．

6.1 誤差項の相関と分散不均一

6.1.1 一般化最小2乗法

§4.1.1の仮定2は，誤差項がたがいに無相関であり，各々，等しい分散をもつことを要請している．最小2乗推定量が最小分散不偏推定量であること(ガウス－マルコフの定理)を証明するうえで，この仮定が本質的であることは，すでにみたとおりである．

時系列の回帰モデルの誤差項に，一定の系列的な相関関係が存在することは，大いにありそうなことだし，誤差項の分散もまた，広い範囲にわたって一定値ということは，かなり不自然な仮定ではなかろうか．そこで，線形回帰モデル

$$y=X\beta+\varepsilon \tag{6.1}$$

の誤差項 ε の分散共分散行列を

$$V(\varepsilon)=E(\varepsilon\varepsilon')=\sigma^2\Omega \tag{6.2}$$

としてみよう．$\Omega=I_n$ ならば仮定2が満たされていることになる．Ω の非対角要素が非零ならば，誤差項に**系列相関**(serial correlation)が存在するということになる．また，Ω の対角要素が一定でないとすれば，**分散不均一**(heteroscedastic)ということになる．たとえ $\Omega\neq I_n$ であっても，仮定3が満たされているかぎり最小2乗推定量 $\hat{\beta}$ は定義可能だし，また仮定1が満たされているかぎり，それは不偏推定量である．しかしながら，$\Omega\neq I_n$ のとき，$\hat{\beta}$ は，もはや最小分散不偏推定量ではありえない．また，$\Omega=I_n$ のもとでの σ^2 の不偏推定量 s^2 (4.87) は

$$\begin{aligned} E(s^2)&=\frac{1}{n-p}\mathrm{tr}[I-X(X'X)^{-1}X']E(\varepsilon\varepsilon') \\ &=\frac{\sigma^2}{n-p}\mathrm{tr}[I-X(X'X)^{-1}X']\Omega \end{aligned} \tag{6.3}$$

となり，たとえ分散が均一(Ω の対角要素がすべて1に等しい)としても，$\Omega\neq I_n$ であるかぎり，s^2 は分散 σ^2 の不偏推定量とはならない．

こうしたわけで，仮定2が成りたたないと，最小2乗推定の理論は，かなり大幅な修正をせまられそうである．

まずはじめに，正値定符号行列 Ω の要素がすべて既知であると仮定しよう．

このとき，$\boldsymbol{\Omega}^{-1}=\boldsymbol{G}'\boldsymbol{G}$ すなわち $\boldsymbol{\Omega}=\boldsymbol{G}^{-1}(\boldsymbol{G}')^{-1}$ となる非特異行列 $\boldsymbol{G}$ が存在するから(§2.3.3(iv))，モデル (6.1) を

$$\boldsymbol{G}\boldsymbol{y}=\boldsymbol{G}\boldsymbol{X}\boldsymbol{\beta}+\boldsymbol{G}\boldsymbol{\varepsilon} \tag{6.4}$$

と変換すれば

$$\begin{aligned} V(\boldsymbol{G}\boldsymbol{\varepsilon}) &= \boldsymbol{G}V(\boldsymbol{\varepsilon})\boldsymbol{G}' \\ &= \sigma^2\boldsymbol{G}\boldsymbol{\Omega}\boldsymbol{G}' \\ &= \sigma^2\boldsymbol{I} \end{aligned} \tag{6.5}$$

となり，仮定2が満たされる．したがって，(6.4) に最小2乗法を適用して，$\boldsymbol{\beta}$ の推定量

$$\begin{aligned} \tilde{\boldsymbol{\beta}} &= (\boldsymbol{X}'\boldsymbol{G}'\boldsymbol{G}\boldsymbol{X})^{-1}\boldsymbol{X}'\boldsymbol{G}'\boldsymbol{G}\boldsymbol{y} \\ &= (\boldsymbol{X}'\boldsymbol{\Omega}^{-1}\boldsymbol{X})^{-1}\boldsymbol{X}'\boldsymbol{\Omega}^{-1}\boldsymbol{y} \end{aligned} \tag{6.6}$$

を得る．これは (6.4) の回帰係数(したがって (6.4) と同等な (6.1) の回帰係数) $\boldsymbol{\beta}$ の最小分散線形不偏推定量(BLUE)である．$\tilde{\boldsymbol{\beta}}$ のことを，**一般化最小2乗推定量**(generalized least squares estimator)という．

これが確かに $\boldsymbol{\beta}$ の BLUE であることを，以下のようにして，より直接的に証明できる．任意の線形推定量 $\boldsymbol{C}\boldsymbol{y}$ が不偏であるためには

$$\boldsymbol{C}\boldsymbol{X}=\boldsymbol{I} \tag{6.7}$$

でないといけない．$\boldsymbol{C}\boldsymbol{y}$ の分散は

$$V(\boldsymbol{C}\boldsymbol{y})=\boldsymbol{C}V(\boldsymbol{y})\boldsymbol{C}'=\sigma^2\boldsymbol{C}\boldsymbol{\Omega}\boldsymbol{C}' \tag{6.8}$$

となる．ところで

$$\begin{aligned} \boldsymbol{C}\boldsymbol{\Omega}\boldsymbol{C}' = & [\boldsymbol{C}-(\boldsymbol{X}'\boldsymbol{\Omega}^{-1}\boldsymbol{X})^{-1}\boldsymbol{X}'\boldsymbol{\Omega}^{-1}]\boldsymbol{\Omega}[\boldsymbol{C}-(\boldsymbol{X}'\boldsymbol{\Omega}^{-1}\boldsymbol{X})^{-1}\boldsymbol{X}'\boldsymbol{\Omega}^{-1}]' \\ & +(\boldsymbol{X}'\boldsymbol{\Omega}^{-1}\boldsymbol{X})^{-1} \end{aligned} \tag{6.9}$$

という等式が，(6.7) を満たす任意の $p\times n$ 行列 $\boldsymbol{C}$ にたいして成りたつ．右辺の第1項は，非負値定符号だから

$$\sigma^2\boldsymbol{C}\boldsymbol{\Omega}\boldsymbol{C}' \geq \sigma^2(\boldsymbol{X}'\boldsymbol{\Omega}^{-1}\boldsymbol{X})^{-1} \tag{6.10}$$

という不等式が成りたつ．この不等式の左辺は，任意の線形不偏推定量の分散共分散行列であり，右辺は，一般化最小2乗推定量 $\tilde{\boldsymbol{\beta}}$ の分散共分散行列である．よって $\tilde{\boldsymbol{\beta}}$ は $\boldsymbol{\beta}$ の BLUE である．

6.1.2 最小2乗推定量の有効性

通常 $\boldsymbol{\Omega}$ は未知だから，一般化最小2乗法を適用して $\boldsymbol{\beta}$ を推定することはできない．系列的な相関や分散の不均一の存在が予知されていても，やむなく単純最小2乗法を適用する，というのが通常のやり方である．

そこで次のような問題が問われる．系列相関や分散の不均一を無視して単純最小2乗法を適用したとき，どの程度の損失を被るだろうか．いいかえれば，単純最小2乗推定量 $\hat{\boldsymbol{\beta}}$ の分散は，一般化最小2乗推定量 $\tilde{\boldsymbol{\beta}}$ の分散と比べて，どれくらい大きいのだろうか．§6.1.1 で示したことから明らかなように，$V(\hat{\boldsymbol{\beta}}) \geq V(\tilde{\boldsymbol{\beta}})$，したがって $|V(\hat{\boldsymbol{\beta}})| \geq |V(\tilde{\boldsymbol{\beta}})|$ である(§2.3.3(viii)参照)．分散共分散行列の行列式のことを，一般化分散という．推定量のバラツキの程度を一元的な量で測るための便利な指標である．

単純最小2乗法の相対的な有効性を，一般化分散の比

$$\mathrm{Eff}(\hat{\boldsymbol{\beta}}) = \frac{|V(\tilde{\boldsymbol{\beta}})|}{|V(\hat{\boldsymbol{\beta}})|} \tag{6.11}$$

によって測ることにしよう．$\boldsymbol{\Omega} \fallingdotseq \boldsymbol{I}_n$ のとき，

$$\begin{aligned} V(\hat{\boldsymbol{\beta}}) &= (\boldsymbol{X}'\boldsymbol{X})^{-1}\boldsymbol{X}'V(\boldsymbol{y})\boldsymbol{X}(\boldsymbol{X}'\boldsymbol{X})^{-1} \\ &= \sigma^2(\boldsymbol{X}'\boldsymbol{X})^{-1}\boldsymbol{X}'\boldsymbol{\Omega}\boldsymbol{X}(\boldsymbol{X}'\boldsymbol{X})^{-1}, \end{aligned} \tag{6.12}$$

$$\begin{aligned} V(\tilde{\boldsymbol{\beta}}) &= (\boldsymbol{X}'\boldsymbol{\Omega}^{-1}\boldsymbol{X})^{-1}\boldsymbol{X}'\boldsymbol{\Omega}^{-1}V(\boldsymbol{y})\boldsymbol{\Omega}^{-1}\boldsymbol{X}(\boldsymbol{X}'\boldsymbol{\Omega}^{-1}\boldsymbol{X})^{-1} \\ &= \sigma^2(\boldsymbol{X}'\boldsymbol{\Omega}^{-1}\boldsymbol{X})^{-1} \end{aligned} \tag{6.13}$$

である．したがって

$$\mathrm{Eff}(\hat{\boldsymbol{\beta}}) = \frac{|\boldsymbol{X}'\boldsymbol{X}|^2}{|\boldsymbol{X}'\boldsymbol{\Omega}\boldsymbol{X}|\cdot|\boldsymbol{X}'\boldsymbol{\Omega}^{-1}\boldsymbol{X}|} \tag{6.14}$$

となる．これが1を超えないことは，行列式にかんするシュバルツの不等式(§2.4.1(v))によって示される．すなわち，$(\boldsymbol{G}^{-1})'\boldsymbol{X}=\boldsymbol{A}$，$\boldsymbol{G}\boldsymbol{X}=\boldsymbol{B}$ とおいて，不等式(§2.4.1(v))をあてはめればよい．等号が成立して $\mathrm{Eff}(\hat{\boldsymbol{\beta}})=1$ となるのは，$\boldsymbol{B}=\boldsymbol{A}\boldsymbol{C}$ となる $p\times p$ 行列 $\boldsymbol{C}$ が存在する場合，すなわち

$$\boldsymbol{\Omega}^{-1}\boldsymbol{X} = \boldsymbol{X}\boldsymbol{C} \tag{6.15}$$

となる $p\times p$ 行列 $\boldsymbol{C}$ が存在する場合である．実際，そのような $\boldsymbol{C}$ が存在するならば，$\boldsymbol{C}=(\boldsymbol{X}'\boldsymbol{X})^{-1}(\boldsymbol{X}'\boldsymbol{\Omega}^{-1}\boldsymbol{X})$，したがって

$$(\boldsymbol{X}'\boldsymbol{\Omega}^{-1}\boldsymbol{X})^{-1}\boldsymbol{X}'\boldsymbol{\Omega}^{-1} = (\boldsymbol{X}'\boldsymbol{X})^{-1}\boldsymbol{X}' \tag{6.16}$$

となり，$\tilde{\beta}=\hat{\beta}$，すなわち一般化最小2乗推定量は，単純最小2乗推定量に一致する．逆に，(6.15) のような $\boldsymbol{C}$ が存在することは，$\tilde{\beta}=\hat{\beta}$ となるための必要条件でもあることも，簡単に示せる．

またさらに，(6.15) のような表現が可能であるということは，$\boldsymbol{X}$ の p 個の列が，$\boldsymbol{\Omega}$ の(任意の) p 個の固有ベクトルの1次結合としてあらわされることと同値である．すなわち，$n\times n$ 行列 $\boldsymbol{\Omega}$ の任意の固有ベクトルを $\boldsymbol{h}_1, \boldsymbol{h}_2, \cdots, \boldsymbol{h}_p$ とすれば，$\boldsymbol{X}$ の各列 $\boldsymbol{x}_i$ が，$\boldsymbol{x}_i=\sum\alpha_{ij}\boldsymbol{h}_j$ と書けることが $\tilde{\beta}=\hat{\beta}$ となるための必要十分条件である．このような条件が満たされておれば，$\boldsymbol{\Omega}\fallingdotseq\boldsymbol{I}_n$ を無視して，単純最小2乗法を適用しても，いかなる損失もきたさないのである[1]．

上記の結果の系として，次のようなことがいえる．説明変数行列 $\boldsymbol{X}$ の第1列が $\boldsymbol{x}_1=\iota$(モデルに定数項が含まれている)とすれば，任意の $\boldsymbol{x}_2, \cdots, \boldsymbol{x}_p$ にたいして $\hat{\beta}=\tilde{\beta}$ となるための必要十分条件は

$$(6.17)\qquad \boldsymbol{\Omega}=(1-\rho)\boldsymbol{I}_n+\rho\iota\iota' = \begin{bmatrix} 1 & \rho & \cdots & \rho \\ \rho & 1 & & \vdots \\ \vdots & & \ddots & \rho \\ \rho & \cdots & \rho & 1 \end{bmatrix}$$

となることである．すなわち，相異なる誤差項どうしの相関がすべて相等しいならば，単純な最小2乗法を適用してまったくさしつかえない．

証明は以下のとおり．上記の $\boldsymbol{\Omega}$ の固有値が $\lambda_1=1+(n-1)\rho$，$\lambda_2=\cdots=\lambda_n=1-\rho$ となることは，容易に確かめられる．λ_1 に対応する(正規化された)固有ベクトルは $n^{-1/2}\boldsymbol{\iota}$ であり，$\lambda_2, \cdots, \lambda_{n-1}$ に対応する(正規直交)固有ベクトルは，$\{\boldsymbol{\iota}\}$ の直交補空間の任意の正規直交基底である．$\boldsymbol{T}'(\boldsymbol{X}'\boldsymbol{X})\boldsymbol{T}=\boldsymbol{I}$ となる上側三角行列 $\boldsymbol{T}$ によって，モデルを $\boldsymbol{y}=\boldsymbol{XT}\cdot\boldsymbol{T}^{-1}\boldsymbol{\beta}+\boldsymbol{\varepsilon}$ と変換すれば，$\boldsymbol{X}^*=\boldsymbol{XT}$ は $\boldsymbol{X}^{*\prime}\boldsymbol{X}^*=\boldsymbol{I}$ を満たし，その第1列は $n^{-1/2}\boldsymbol{\iota}$ となる．かくして，$\boldsymbol{X}^*$ の p 個の列は，いずれも $\boldsymbol{\Omega}$ の固有ベクトルである．したがって，$\hat{\beta}^*=\tilde{\beta}^*$ すなわち $\hat{\beta}=\tilde{\beta}$ となる．

誤差項の分散共分散行列が，(6.17) のような特別な形をしている場合は，かまわず単純な最小2乗法を適用してもなんら問題はないが，一般の場合にはどの程度の損失を被るであろうか．すなわち，(6.11) で定義される $\mathrm{Eff}(\hat{\beta})$ に

1) 証明は，佐和隆光「計量経済学の基礎」pp. 103-105 を参照せよ．

よって最小2乗推定量の相対的有効性をはかるとすれば，どの程度それは1と隔たるであろうか．こうした疑問に答えるのが，ワトソン(G. S. Watson)の公式である．すなわち，$\boldsymbol{\Omega}$ の最小固有値を λ_1，最大固有値を λ_n とすれば，不等式

$$\text{(6.18)} \qquad \mathrm{Eff}(\hat{\beta}) \geq 4^p\left[\left(\frac{\lambda_n}{\lambda_1}\right)^{1/2}+\left(\frac{\lambda_1}{\lambda_n}\right)^{1/2}\right]^{-2p}$$

が成りたつ($p \geq 2$ のとき，この下限は必ずしも到達可能でない)[1]．

$\boldsymbol{\Omega}=\boldsymbol{I}_n$ ならば，$\lambda_1=\lambda_n=1$ であり，不等式の下限はむろん1である．これまでの議論からも推察されるように，最小2乗推定量の有効性というのは，説明変数の系列($\boldsymbol{X}$ の p 個の列)のありようと，$\boldsymbol{\Omega}$ の固有ベクトルの方向とのかねあいによって決まる．たとえ $\boldsymbol{\Omega}$ が $\boldsymbol{I}_n$ と大いに隔たっていても，説明変数値の系列が，たまたま(6.15)を近似的に満たすようにとられておれば，単純な最小2乗法を適用して被る損失は微々たるものであろう．ワトソンの不等式の下限は，「最悪のケースには，$\mathrm{Eff}(\hat{\beta})$ がここまで低下する可能性がある」ということを示している．最悪のケースにおける有効性の低下の度合は，分散共分散行列の最大固有値と最小固有値の比によって決まる．

時系列の回帰分析においては，誤差項が1階のマルコフ過程

$$\text{(6.19)} \qquad \varepsilon_t=\rho\varepsilon_{t-1}+\eta_t, \qquad |\rho|<1,$$
$$E(\eta_t)=0, \qquad E(\eta_t{}^2)=\sigma^2$$

にしたがって生成される，というモデルが，かなりの妥当性をもつ．逐次代入をくりかえすと

$$\text{(6.20)} \qquad \begin{aligned}\varepsilon_t&=\rho(\rho\varepsilon_{t-2}+\eta_{t-1})+\eta_t\\&=\rho^2(\rho\varepsilon_{t-3}+\eta_{t-2})+\rho\eta_{t-1}+\eta_t\\&\cdots\cdots\cdots\cdots\\&=\eta_t+\rho\eta_{t-1}+\rho^2\eta_{t-2}+\cdots+\rho^k\eta_{t-k}+\cdots\end{aligned}$$

となり，$E(\varepsilon_t)=0$,

$$\text{(6.21)} \qquad \begin{aligned}V(\varepsilon_t)&=\sigma^2(1+\rho^2+\rho^4+\cdots+\rho^{2k}+\cdots)\\&=\frac{\sigma^2}{1-\rho^2},\end{aligned}$$

1) 証明は，佐和隆光「計量経済学の基礎」pp. 107-109を参照せよ．

$$\text{(6.22)} \qquad \mathrm{Cov}(\varepsilon_t, \varepsilon_{t-s}) = E(\varepsilon_t \varepsilon_{t-s}) = \frac{\sigma^2}{1-\rho^2}\rho^s, \qquad s=1,2,\cdots$$

となることが確かめられる．したがって $\boldsymbol{\varepsilon}$ の分散共分散行列は

$$\text{(6.23)} \qquad V(\varepsilon) = \frac{\sigma^2}{1-\rho^2}\boldsymbol{\Omega} = \frac{\sigma^2}{1-\rho^2}\begin{bmatrix} 1 & \rho & \rho^2 & \cdots & \rho^{n-1} \\ \rho & 1 & & & \vdots \\ \vdots & & \ddots & & \rho \\ \rho^{n-1} & \cdots & \cdots & \rho & 1 \end{bmatrix}$$

となる．この行列の固有値を正確に評価することはできないが，最大固有値と最小固有値の近似値は

$$\text{(6.24)} \qquad \lambda_1 \fallingdotseq \frac{1-|\rho|}{1+|\rho|}, \qquad \lambda_n \fallingdotseq \frac{1+|\rho|}{1-|\rho|}$$

によって与えられる[1]．この近似値を用いると

$$\text{(6.25)} \qquad \mathrm{Eff}(\hat{\beta}) \geq \left(\frac{1-\rho^2}{1+\rho^2}\right)^{2p}$$

という近似不等式が得られる．$p=1$ のとき，$|\rho|$ の大きさによって下限がどう変化するかを示すのが表 6.1 である．

表 6.1 最小 2 乗推定量の有効性の下限

$\lvert\rho\rvert$	0	0.1	0.2	0.3	0.4	0.5	0.7	0.9	1.0
$\mathrm{Eff}(\hat{\beta})$	1.0	0.96	0.85	0.70	0.53	0.36	0.12	0.01	0

表 6.1 に与えられている数字は，有効性の“下限”であることを考慮すれば，$|\rho|=0.3$ 程度なら，かまわず最小 2 乗法を適用しても，有効性において，さしたる損失はなさそうである．

6.2 仮説検定

6.2.1. 系列相関の検定

誤差項の系列が，(6.19) のような確率過程にしたがって生成されるという

1) 佐和隆光「計量経済学の基礎」pp. 113-114 を参照せよ．

仮定のもとで，誤差項がたがいに無相関かどうかを検定する方式について考えてみよう．そのためには，(6.19) の η_t の分布を特定化して

(6.26)　　$\varepsilon_t=\rho\varepsilon_{t-1}+\eta_t, \qquad \eta_t \sim N(0,\sigma^2)$

とする必要がある．誤差項の系列が無相関であるという仮説は，上記の正規マルコフ過程において

(6.27)　　$H_0: \quad \rho=0$

を意味する．これを帰無仮説とし，対立仮説 $\rho\neq 0$ にたいして検定しようというわけである．ところが，このような両側対立仮説にたいする，うまい検定統計量は，これまでのところ提案されていない．しかし，対立仮説が片側 $(\rho>0)$ のとき，

(6.28)　　$$d=\frac{\sum_{i=2}^{n}(e_i-e_{i-1})^2}{\sum_{i=1}^{n}e_i^2}$$

を検定統計量とする棄却域 $d<d_\alpha$ は，局所最強力不偏検定を与えることが示されている[1]．ただし e_i は残差ベクトル $\boldsymbol{e}$ の第 i 要素であり，d_α は，d の分布の左側 100α% 点である[2]．

検定統計量 d のことを，**ダービン=ワトソン** (Durbin–Watson) **比**という．ところで，d の精密標本分布はきわめて複雑であるし，そのうえ，§4.3.1 でみたように，残差 $\boldsymbol{e}$ の分布は，説明変数値行列 $\boldsymbol{X}$ に依存しているから，d の分布もまた $\boldsymbol{X}$ に依存する．それゆえ，有意点 d_α も $\boldsymbol{X}$ に依存することになり，回帰分析のたびごとに d_α を計算しなおさないといけない．こうした手数を省くための巧妙な方法が，ダービンとワトソンによって提案された．すなわち，d には，$\boldsymbol{X}$ に依存しない上限 d_U と下限 d_L が存在する．各々の左側 100α% 点を，d_U^α, d_L^α とすれば，もちろんそれらは $\boldsymbol{X}$ と無関係である．したがって，$d\leq d_L^\alpha$ を棄却域とし，$d>d_U^\alpha$ を受容域とすれば，少なくとも，第1種過誤の確率が α 以下であり，第2種過誤の確率が $1-\alpha$ 以下の水準 α の検定方式が導かれる．$d_L^\alpha<d\leq d_U^\alpha$ のときは不定 (inconclusive) ということになる．$\rho=0$ のときの d_U

---

1) 局所最強力不偏検定の意味については，竹内　啓「数理統計学」(東洋経済新報社) を参照せよ．

2) 証明は，J. Durbin and G. S. Watson, : Testing for serial correlation in least squares regression, III, *Biometrika*, 58, 1971, pp. 1–19 を参照．

と d_L の分布は，観測値の個数 n と変数の個数 p のみに依存する．$n=15(1)40(5)100$，$k(=p-1)=1(1)5$ に対する，1%，2.5%，5%有意点が，ダービンとワトソンの論文[1]に数表化されている．その一部分を引用したのが，巻末の付表4である．

対立仮説 $\rho<0$ にたいして $\rho=0$ を検定するときには，$d'=4-d$ として，$d'\leq d_L{}^{\alpha}$ なら棄却，$d_L{}^{\alpha}<d'\leq d_U{}^{\alpha}$ なら不定，$d'>d_U{}^{\alpha}$ なら受容とすればよい。

説明変数の個数が多いとき，$d_L{}^{\alpha}$ と $d_U{}^{\alpha}$ の差が大きくなり，結果が不定になりがちなのが，ダービン=ワトソン検定の欠陥といえる．なお，ダービン=ワトソンの検定は，回帰式に定数項が含まれる $(\boldsymbol{x}_1=\boldsymbol{\iota})$ ことを前提としていることを断わっておこう．

ダービン=ワトソン検定を適当に修正した検定方式が，数多く提案されているけれども，それらはほとんど実用化されていないようなので，あえて触れないことにする[2]．

あきらかに $\rho\neq 0$ のとき，残差系列から ρ を

$$\hat{\rho}=\frac{\sum_{i=2}^{n} e_i e_{i-1}}{\sum_{i=2}^{n} e_i{}^2}\fallingdotseq 1-\frac{d}{2} \tag{6.29}$$

と最小2乗推定し，$\rho=\hat{\rho}$ として一般化最小2乗法を適用することが考えられる．この方法は

$$\begin{aligned} y_i-\hat{\rho}y_{i-1}=&\beta_1(x_{1i}-\hat{\rho}x_{1,i-1})+\beta_2(x_{2i}-\hat{\rho}x_{2,i-1})+\cdots \\ &+\beta_p(x_{pi}-\hat{\rho}x_{p,i-1})+\varepsilon_i-\hat{\rho}\varepsilon_{i-1}, \qquad i=2,3,\cdots,n \end{aligned} \tag{6.30}$$

に単純最小2乗法を適用するのと，ほとんど同じである．$\hat{\rho}\fallingdotseq\rho$ とすれば，上の回帰式の誤差項は，ほぼ無相関になる．このような推定方法のことを，**コックラン=オーカット**(Cochran-Orcutt)**法**という．またさらに，一般化最小2乗推定された式の残差から，もう一度 ρ を推定しなおして，再度，一般化最小2乗法を適用する，あるいは，こうして手続きを，$\hat{\boldsymbol{\beta}}$ が一定値に収束するまでくりかえすという大がかりな方法も考えられる．

---

1) *Biometrika*, 38, 1951, pp. 159-178.

2) 系列相関の検定にかんする詳細な議論は，佐和隆光「計量経済学の基礎」第7章を参照せよ．

なんらかの有意味な説明変数がモデルから欠落しているために，見かけ上，誤差項に系列相関が発生することがある．つまり，欠落した変数の規則的変動が，あたかも誤差項が系列的に相関しているかのような錯覚をあたえるのである．実際上，こうしたケースが決して少なくない．説明変数を追加したり，変数を適当に変換することにより，多くの場合，こうした見かけ上の系列相関を消去する（ダービン=ワトソン比を2に近づける）ことができる．

6.2.2　分散均一性の検定

誤差項の分散共分散行列 $\sigma^2\Omega$ の非対角要素はすべて0と仮定してさしつかえないが，対角要素が均一かどうか疑わしい場合がある．こうした可能性を検討するには，§6.4で述べる残差分析が最も適切であろう．しかし，分散均一の帰無仮説を有意性検定する方式もいくつか提案されている．以下，それらを簡単に紹介しておくことにしよう．

観測値がいくつかの群に分けられており，各群のなかでは，誤差項の分散は一定と仮定しよう．すなわち，観測値は K 個の群に分類せられ，第 k 番目の群にぞくする観測値 y_i については，$V(\varepsilon_i)=\sigma_k{}^2$ とする．このとき，検定したい帰無仮説は

$$H_0:\quad \sigma_1{}^2=\sigma_2{}^2=\cdots=\sigma_K{}^2(=\sigma^2) \tag{6.31}$$

である．各々の群は n_k 個の観測値を含んでおり，$f_k=n_k-p>0$ とする．個々の群別に回帰をおこない，$\sigma_k{}^2$ の不偏推定量を $s_k{}^2$ とすれば，正規分布の仮定のもとで $f_k s_k{}^2/\sigma_k{}^2$ は，自由度 f_k の χ^2 分布にしたがう．

$s_k{}^2(k=1,2,\cdots,K)$ の値がまちまちならば，帰無仮説 H_0 の成立は疑わしい．したがって H_0 を棄却すべきだ，という結論になる．そこで問題は，$s_k{}^2$ のバラツキを，どういう尺度によって測るのが適切か，ということになる．バートレット(M. S. Bartlett)は，次のような検定統計量を提案した．

$$T_1=\frac{\left(\sum_{k=1}^{K}f_k\right)\log s^2-\sum_{k=1}^{K}(f_k\log s_k{}^2)}{c}, \tag{6.32}$$

$$s^2=\frac{\sum_{k=1}^{K}f_k s_k{}^2}{\sum_{k=1}^{K}f_k}, \tag{6.33}$$

$$c=1+\frac{\sum_{k=1}^{K}f_k^{-1}-\left(\sum_{k=1}^{K}f_k\right)^{-1}}{3(K-1)}. \tag{6.34}$$

統計量 T_1 は，帰無仮説のもとで，近似的に，自由度 $K-1$ の χ^2 分布にしたがう．s_k^2 のバラツキが大きいほど，T_1 の観測値 T_1^{obs} は大きいと予想される．したがって，$T_1^{obs}\geq\chi^2{}_{K-1}{}^{\alpha}$ を棄却域とすればよい．分布の χ^2 近似そのものは，個々の f_k がかなり小さくても良好だが，誤差項の分布の非正規性(正規分布からのズレ)にたいして，この検定はきわめて敏感である．すなわち，仮説 H_0 がほぼ正しいにもかかわらず，正規分布からのズレのために，T_1^{obs} の値が大きくなり，H_0 を不当に棄却するという事態が間々おこりうるのである[1]．

f_k がすべて相等しいとき

$$T_2=\frac{\max(s_1{}^2,s_2{}^2,\cdots,s_K{}^2)}{s_1{}^2+s_2{}^2+\cdots+s_K{}^2} \tag{6.35}$$

という検定統計量が，コックランによって提案された．統計量の形からもあきらかなように，この検定は，$\sigma_k{}^2$ のうちのひとつが他とかけはなれて大きいような場合に，高い検出力を示す[2]．

このほかにも様々な検定方式が提案されている．しかし，これらの方式のほとんどは，主として分散分析モデルを前提とするものであり，通常の回帰分析に用いられることは稀である．通常の回帰分析においては，§6.4 で述べる残差分析によって分散の不均一を確かめることの方が，より有効と思われる．したがって本書では，これ以上，分散の均一性の検定問題に深入りすることはさけたい．

変数を対数変換することによって，分散の不均一を解消できる場合が少なくない．それは，$E(y_i)=\eta_i$ のとき，$V(\log y_i)\fallingdotseq V(y_i)/\eta_i{}^2$ となるからである．また，なんらかの説明変数によって，変数を y_i/x_{ki}，x_{ji}/x_{ki} $(j=1,2,\cdots,p)$ と変換することにより，分散の不均一が解消される場合も少なくない．分散の不均一性というものは，必ずしもデタラメなわけではなく，従属変数や説明変数の

---

1) 詳しくは，原論文 M.S. Bartlett: Properties of sufficiency and statistical tests, *Proceedings of the Royal Society, A*, 160, 1937, pp.268-282 を参照.

2) この検定の有意点は，E.S. Pearson and H.O. Hartley: *Biometrika Tables for Statisticians* または「統計数値表」(日本規格協会) に与えられている.

サイズに比例的に分散が拡大するというケースが多いからである．こうした可能性は，§6.4で述べる残差分析によって確かめることができる．

6.3 正規分布からのズレ

6.3.1 正規分布の仮定の意味

すでに第4章でみたように，誤差項の分布の型をことさら仮定しなくても，最小2乗推定量は，線形で不偏な推定量のクラスのなかで最良(最小分散)である．しかし，もっと強く，非線形な推定量も含めたすべての不偏推定量のクラスのなかで最小2乗推定量が最良であるためには，誤差項がたがいに独立に正規分布 $N(0, \sigma^2)$ にしたがうことを仮定しないといけない．また，仮説検定や信頼区間の構成のためには，正規分布の仮定が不可欠であった．

ガウスが最小2乗法を発案するに至ったのも，もとを正せば，正規分布の仮定から出発してのことであった．回帰モデルの誤差項にどういう意味づけを与えるかは，対象としている現象によってまちまちであろう．ある場合には，単なる観測誤差として片づけられることもあろうし，また別の文脈では，線形近似による誤差であるとか，式にとりこまれていない変数の影響とみなされることもある．

観測誤差の分布が正規分布によって良く近似できることを初めて論証したのはガウスである．また，その後，生物統計学者ガルトンは，多くの生物データの頻度分布を検討するという作業によって，ガウス(正規)分布の経験的妥当性を確かめている．また，ラプラスが証明した中心極限定理も，正規分布を仮定することが妥当なことを裏づけるための有力な根拠となった．こうした研究を背景にして，また正規分布の密度関数が数学的に処理しやすいこともてつだって，大半の統計理論は，正規母集団にかんする推測を中心に展開されている．他方，イギリスの統計学者ジェフリース(Jeffreys)は，天文学の観測データを子細に検討した結果，観測誤差の分布は，正規分布よりも多少スソの広い分布(自由度7前後の t 分布)によって，よりよく近似できるとの結論を得ている．ともあれ，分布型を仮定しない(distribution-free)推定法，あるいは正規分布からのズレにたいして頑健(robust)な推定法の開発ということは，近年の統計学におけるはやりのトピックのひとつである．頑健な推定法にかんする従来の研究のほとんどは，もっぱら位置パラメータ(分布の中心)の推定に関するものである．回帰分析への拡張は，今後の課題といえよう．もちろん，位置母数にかんして提案された推定方法を，そのまま回帰係数の推定へと援用することは可能である．しかし，こうした方法の性質を調べるという研究はあまり多くなされていないし，いわんや実用化には程遠いというのが現状である．

正規分布の仮定の当否を，残差にもとづいて検討する方法については，次節で述べることにして，この節では，誤差項が正規分布以外の分布にしたがうときの最尤推定，および F 検定の頑健性について述べることにしよう．

6.3.2 非正規性と加重回帰

便宜上，線形回帰モデルを

$$y_i=\sum_{j=1}^{p}\beta_j x_{ji}+\varepsilon_i, \qquad i=1,2,\cdots,n \tag{6.36}$$

と書こう．誤差項 ε_i が，たがいに独立に密度関数 $f(\varepsilon)$ をもつ同一の分布にしたがうものとする．そのとき，尤度関数は

$$L=\prod_{i=1}^{n}f\left(y_i-\sum_{j=1}^{p}\beta_j x_{ji}\right) \tag{6.37}$$

となる．回帰係数 β_j の最尤推定量は，連立方程式

$$\frac{\partial \log L}{\partial\beta_j}=-\sum_{i=1}^{n}\frac{f'\left(y_i-\sum_j\beta_j x_{ji}\right)}{f\left(y_i-\sum_j\beta_j x_{ji}\right)}x_{ji}=0, \qquad j=1,2,\cdots,p \tag{6.38}$$

の解として与えられる．ただし $f'(\cdot)$ は $f(\cdot)$ の導関数である．

$f(\varepsilon)$ が正規分布の場合には，

$$\frac{f_i'}{f_i}=-\frac{1}{\sigma^2}\left(y_i-\sum_j\beta_j x_{ji}\right), \qquad i=1,2,\cdots,n \tag{6.39}$$

となり，(6.38) は正規方程式 (4.18) に帰着する．ただし $f_i=f(y_i-\sum\beta_j x_{ji})$．すなわち正規分布の仮定のもとでは，最小2乗推定量が最尤推定量となる．

$f(\varepsilon)$ が2重指数分布の場合には，

$$f(\varepsilon)=\frac{1}{2}\alpha^{-1}e^{-\alpha|\varepsilon|}, \qquad -\infty<\varepsilon<\infty, \tag{6.40}$$

したがって

$$\frac{f_i'}{f_i}=-\alpha\,\mathrm{sgn}\left(y_i-\sum_j\beta_j x_{ji}\right). \tag{6.41}$$

ただし $\mathrm{sgn}(x)$ は，$x>0$ ならば $+1$，$x<0$ ならば -1，$x=0$ ならば0である．これを (6.38) に代入すれば

$$\frac{\partial \log L}{\partial \beta_j}=\alpha \sum_{i=1}^{n} \mathrm{sgn}\left(y_i-\sum_j \beta_j x_{ji}\right) x_{ji}=0 \tag{6.42}$$

となる．これは $\sum_i |y_i-\sum_j \beta_j x_{ji}|$ を β_j で微分したものであり，誤差項が2重指数分布にしたがうとき，最小絶対偏差推定量が最尤推定量になることがわかる．

さて一般に

$$w_i=\frac{-f'\left(y_i-\sum_j \beta_j x_{ji}\right)}{\left(y_i-\sum_j \beta_j x_{ji}\right) f\left(y_i-\sum_j \beta_j x_{ji}\right)}, \quad i=1,2,\cdots,n \tag{6.43}$$

とおけば，(6.38) を

$$\sum_{i=1}^{n} w_i(y_i-\sum \beta_j x_{ji})\, x_{ji}=0, \quad j=1,2,\cdots,p \tag{6.44}$$

と書ける．正規分布の場合には $w_i=1/\sigma^2$ であり，(6.44) は $\sum_i (y_i-\sum_j \beta_j x_{ji})^2/\sigma^2$ を β_j で微分して得られる正規方程式になる．また2重指数分布の場合には $w_i=|y_i-\sum_j \beta_j x_{ji}|^{-1}$ となる．ところで，w_i を定数とする残差の加重平方和

$$\sum_{i=1}^{n} w_i\left(y_i-\sum_j \beta_j x_{ji}\right)^2 \tag{6.45}$$

を β_j にかんして微分して0とおけば，$\beta_1, \cdots, \beta_p$ にかんする方程式 (6.44) を得る．(6.45) のような加重平方和を最小にするように β_j を推定する方法のことを，**加重回帰** (weighted regression) という．正規分布の場合には，等ウェイトにするのが最適であるし，2重指数分布の場合には，誤差の絶対値の逆数をウェイトにとる，すなわち絶対値の大きな誤差にたいするウェイトを小さくすることが望ましい．一般に，正規分布よりも裾野が広い分布の場合には，絶対値の大きな誤差が出やすい．そのため，等ウェイトの最小2乗をやると，絶対値の大きい誤差項をもつ観測値が推定結果を左右しがちである．図6.4からも読みとれるように，推定回帰直線が，(少数個の誤差項の大きい) 観測値に引っ張られるのは好ましくない．

自由度 m の t 分布の密度関数は，定数部分を別にすれば

$$f(\varepsilon) \propto (1+\varepsilon^2/m)^{-(m+1)/2}, \quad -\infty<\varepsilon<\infty,\ m>1/2 \tag{6.46}$$

である．この分布は $m=1$ のときコーシー分布であり，$m\to\infty$ のとき正規分

布に漸近する．この分布について (6.43) を計算してみると

$$w_i=\frac{m+1}{m+\left(y_i-\sum_j \beta_j x_{ji}\right)^2},\qquad i=1,2,\cdots,n \tag{6.47}$$

となる．自由度 m が小さいときには，観測値にたいするウェイトを $|y_i-\sum\beta_j x_{ji}|^{-2}$ の割合で小さくすることが，(最尤推定の観点から)望ましい．逆に m が十分大きいときには，等ウェイトでやってさしつかえない．

ウェイトが未知の回帰係数に依存する場合には，等ウェイトの単純最小2乗推定値を初期値 $\hat{\beta}_{(0)}$ とし，$w_i(\hat{\beta}_0)$ によってウェイトを推定して，加重回帰をおこない，次の推定値 $\hat{\beta}_{(1)}$ を得る．次に，ウェイトを $w_i(\hat{\beta}_{(1)})$ と修正して再び加重回帰をおこない $\hat{\beta}_{(2)}$ を得る，という操作を適当回数くりかえせばよい．(6.45) から明らかなように，ウェイトが w_i の加重回帰は，データを

$$\sqrt{w_i}y_i=\sum_{j=1}^{p}\beta_j\sqrt{w_i}x_{ji}+\sqrt{w_i}\varepsilon_i,\qquad i=1,2,\cdots,n \tag{6.48}$$

と変換して，単純最小2乗推定するのと同じことである．

裾野の広い誤差分布にたいして頑健であるためには，加重回帰のウェイト関数は，$|\varepsilon_i|=|y_i-\sum\beta_j x_{ji}|$ の減小関数であることが望ましい．すなわち，絶対値の大きい誤差項をもつような観測値にたいするウェイトを，相対的に小さくすることが望ましい．最小絶対偏差推定法のウェイト関数は $w_i=w(|\varepsilon_i|)=|\varepsilon_i|^{-1}$ となっており，たしかにこうした条件を満たしている．また，(6.47) も同様である．誤差の大きい観測値を標本から除去するというやり方は，あらかじめ指定された定数 $c(>0)$ にたいし

$$w_i=\begin{cases}1, & |\varepsilon_i|\leq cs \text{ のとき}\\ 0, & |\varepsilon_i|>cs \text{ のとき}\end{cases} \tag{6.49}$$

というウェイト関数の加重回帰とみなせる．ただし，s は誤差の標準偏差の推定値，c はあらかじめ推定された定数(たとえば2)である．具体的な手続きは，以下のとおり．最初に単純な最小2乗法で回帰モデルを推定してみて，$|e_i|>cs$ となる観測値を除去して，もう一度，最小2乗推定をおこなう．こうした手続きを，すべての残差が $|e_i|\leq cs$ となるまでくりかえせばよい．

アンドリュース(D.F. Andrews)は，図6.1のようなウェイト関数が，現実

のデータ解析において，きわめて有効にはたらくことを示している[1]．

$$w_i=\begin{cases}\sin\left[\dfrac{\varepsilon_i(\beta)}{cs(\beta)}\right]\Big/\varepsilon_i(\beta), & \left|\dfrac{\varepsilon_i(\beta)}{s(\beta)}\right|\leq c\pi \text{ のとき} \\ 0, & \text{しからざるとき}.\end{cases} \tag{6.50}$$

ただし $\varepsilon_i(\beta)=y_i-\sum\beta_j x_{ji}$,

$$s(\beta)=\text{median}\{|\varepsilon_i(\beta)|\} \tag{6.51}$$

は，誤差の絶対値のメディアンであり，誤差項を標準化するために用いられる．c は任意に指定する定数であるが，アンドリュースは，$c=1.5$ にとることを推奨している．この方法を実際に適用するには，適当な初期推定値 $\hat{\beta}_{(0)}$（たとえば単純最小2乗推定値）から出発して，$\varepsilon_i(\hat{\beta}_{(0)})$，$s_i(\hat{\beta}_{(0)})$ としてウェイトを定めて重回帰をおこなう．得られた推定値 $\hat{\beta}_{(1)}$ から再度ウェイトを求めて，加重回帰により $\hat{\beta}_{(2)}$ を求める．こうした手続きを，適当回数くりかえせばよい．

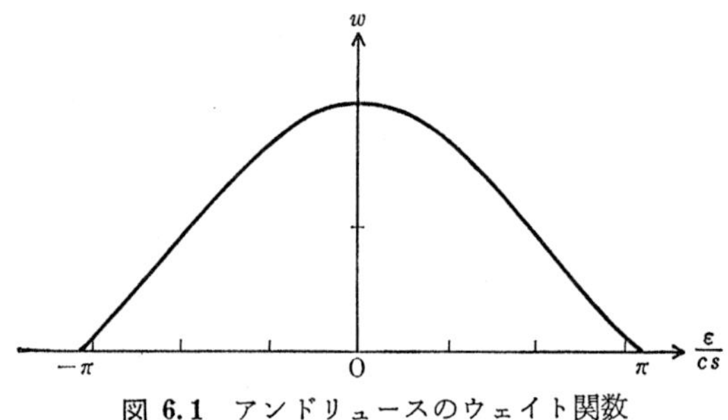

図 6.1　アンドリュースのウェイト関数

6.3.3　*F* 検定の頑健性

§5.1で述べた仮説検定の方式は，誤差項が正規分布にしたがうことを前提としている．こうした正規分布の仮定にもとづく推論は，どの程度頑健(robust)なものであるのかについて，いくつかの結果が知られている．そのうちのひとつである，ボックスとワトソンの結果を簡単に紹介しておこう[2]．

定数項のある線形回帰モデル

$$\boldsymbol{y}=\beta_0\boldsymbol{\iota}+\boldsymbol{X}_1\boldsymbol{\beta}_1+\boldsymbol{\varepsilon} \tag{6.52}$$

---

1)　詳しくは，D.F. Andrews: A Robust Method for Multiple Linear Regression, *Technometrics*, 16, 4, 1974, pp. 523–532 を参照せよ．

2)　G.E.P. Box and G.S. Watson: Robustness to nonnormality of regression tests, *Biometrika*, 49, 1962, pp. 93–106.

を考える．ただし，$\boldsymbol{\iota}=(1,1,\cdots,1)'$，$\boldsymbol{X}_1$ は $n\times(p-1)$ の行列，β_0 は未知のスカラー，$\boldsymbol{\beta}_1$ は $(p-1)$ 次元の未知母数ベクトルである．線形仮説

$$H_0:\quad \boldsymbol{\beta}_1=\mathbf{0} \tag{6.53}$$

を検定するためには，$\boldsymbol{\varepsilon}$ が $N(\mathbf{0},\sigma^2\boldsymbol{I})$ にしたがうものと仮定し，(5.43) の W_0 を検定統計量とする．すでに§5.1で詳しくみたように，帰無仮説 H_0 のもとで，W_0 は自由度 $(p-1,\ n-p)$ の F 分布にしたがう．このことを用いて，検定の有意点あるいは限界水準が求められる．

そこで，次のような問題が問われる．$\boldsymbol{\varepsilon}$ の分布が正規分布と異なるとき，帰無仮説 H_0 のもとでの W_0 の分布は，自由度 $(p-1,\ n-p)$ の F 分布と，どのくらい隔たるのであろうか．ボックスとワトソンの得た結論は，以下のとおりである．H_0 のもとで，W_0 は，近似的に自由度 $\nu_1=\delta(p-1)$，$\nu_2=\delta(n-p)$ の F 分布にしたがう．ただし

$$\delta^{-1}=1+\frac{(n+1)\alpha_2}{n-1-2\alpha_2}, \tag{6.54}$$

$$\alpha_2=\frac{n-3}{2n(n-1)}C_X\Gamma_y. \tag{6.55}$$

ここに Γ_y は，誤差分布の尖度(kurtosis)係数であり，正規分布のとき，それは0となる．したがって，誤差分布が正規分布と同じ尖度をもつ限り，$\alpha_2=0$，したがって $\delta=1$ となり，W_0 の分布は自由度 $(p-1,n-p)$ の F 分布とみなしてさしつかえない．C_X は，$p-1$ 個の説明変数の変動のありようによって決まる数である．すなわち，$\tilde{x}_{ij}=x_{ij}-\bar{x}_i$，$\tilde{\boldsymbol{X}}_1=(\tilde{x}_{ij})$，$\boldsymbol{M}=(m_{ij})=\tilde{\boldsymbol{X}}_1(\tilde{\boldsymbol{X}}_1'\tilde{\boldsymbol{X}}_1)^{-1}\tilde{\boldsymbol{X}}_1'$，$m=\sum_{i=1}^{n}m_{ii}^2$ としたとき，

$$C_X=\frac{n(n^2-1)}{k(n-k-1)(n-3)}\left\{m-\frac{k^2}{n}-\frac{2k(n-k-1)}{n(n+1)}\right\}. \tag{6.56}$$

ただし $k=p-1$ である．

上の式だけから C_X の意味を読みとることは難しいけれども，要は，W_0 の分布が説明変数値行列のありようによって著しく影響をうけるという点である．もし $\boldsymbol{X}_1$ の各行が，多変量正規母集団からのたがいに独立な標本観測値のようであれば，$C_X\fallingdotseq 0$ となる可能性が高い．もし $C_X\fallingdotseq 0$ であれば，誤差項の分布が何であれ(Γ_y の値が何であれ)，W_0 の分布は自由度 $(p-1,\ n-p)$ の

F 分布に近い.

以上の結果の要点は，次のとおりである．第1に，線形回帰モデルにおける F 検定は，たとえ誤差項の確率分布が正規分布からかなり隔たっていても，そうとう頑健であること．第2に，回帰モデルにおける F 検定の頑健性は，説明変数値のとり方にも大きく依存してくる．したがって，一般論を述べることはむつかしい．しかし，説明変数値を自由に指定できる実験データ場合には，あらかじめ F 検定の頑健性が保てるような実験計画をたてることが望ましい.

6.4 残差の分析

6.4.1 残差のプロット

誤差項にかんする諸仮定の妥当性を検討するうえで，もっとも基本的な統計量は，残差系列 $e_i(i=1,2,\cdots,n)$ である．実際，§6.2.1のダービン=ワトソン検定統計量にしろ，§6.2.2のバートレットの検定統計量にしろ，残差系列から計算されるものである．§4.3.1でも述べたように，残差系列は，観測不可能な誤差項系列の“推計値”とみなせる．したがって，誤差項にかんする仮定の違背(violation)を検討するうえで，残差系列は貴重な情報源となる.

手計算に頼っていたころは，個々の残差を計算するのは，なかなかやっかいな作業であった．しかしながら，今日のように高速度電子計算機がたやすく利用できるようになると，個々の残差を計算して，それらのグラフを描くことは，なんの雑作もない．実際，**残差分析**(residuals analysis)の重要性が叫ばれはじめたのは，60年代末期以降，計算機の利用可能性がたかまって以降のことである．いまや，どの回帰分析用プログラム・パッケージにも，多かれ少なかれ，残差プロットのルーティンが加えられている.

残差をプロットするための方式としては，以下のようなものが考えられる.

(i) 時系列データの場合，観測時点 t を横軸にとり，残差 e_t を縦軸にとってプロットする(図6.2参照).

(ii) 推計値 $\hat{y}_i$ を横軸にとり，点 $(\hat{y}_i, e_i)$ をプロットする(図6.3参照).

(iii) 説明変数 x_i を横軸にとり，点 (x_i, e_i) をプロットする.

(iv) 正規確率紙上にプロットする(図6.6参照).

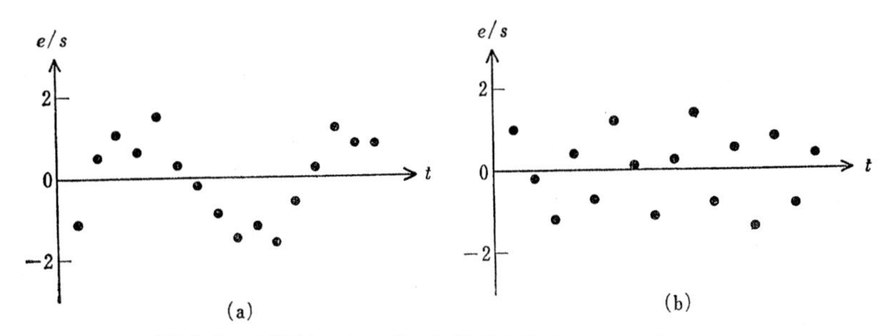

図 6.2 時間(t)にたいする標準化された残差のプロット
(a) 正の系列相関が示唆される場合
(b) 負の系列相関が示唆される場合

(v) 新しい説明変数 x_{p+1} の存在が示唆されるとき，$x_{p+1,i}$ を横軸にとり，点 $(x_{p+1,i}, e_i)$ をプロットする．

時系列データを用いることの多い計量経済分析などでは，(i)の方法がもっともよく用いられるようである．系列相関の有無，分散が均一か否かなどを，このようなプロット法によって検討できる．とくに，経済データの場合，大部分の変数に時間的増加傾向が認められるため，変数値のスケールの増大にともなう分散の増大傾向を(i)の方法によって，ある程度まで読みとることができよう．また，時系列データの場合，隣接した時点の誤差項どうしの間に，強い正の相関が認められることが多い．(i)の方式による残差プロットから，系列相関を読みとるのには，かなり熟練を要するけれども，ダービン=ワトソン比と併用すれば，モデル改善のための方針をたてるうえで，大いに有益である(図6.2参照)．

説明変数の非線形性を調べるためには，(iii)の方法がもっとも直接的である．しかし，説明変数の個数が多いとき，個々の説明変数ごとに，いちいち(iii)のようなグラフをかくのはやっかいである．そこで，(ii)の方式にしたがって残差をプロットすることにより，説明変数の非線形性，重要な変数の欠落などを，総括的に読みとることができる．もしなんらかの説明変数と y との関係が非線形ならば，説明変数の1次結合である $\hat{y}$ と，線形式で説明し残された残差 e との間には，しかるべき非線形関係が認められるはずである(図6.3参照)．

作図法(iv)は，誤差分布が正規である，という仮定を検討するためのもので

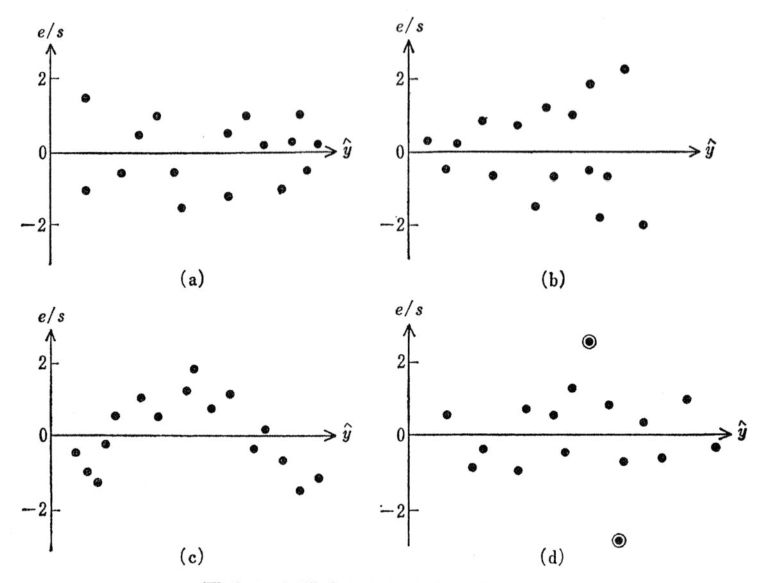

図 6.3　標準化された残差のプロット
(a)　正常な場合　(b)　誤差分散の増大傾向が認められる場合
(c)　非線形の可能性が認められる場合　(d)　異常値のある場合

ある．§6.3.1で述べたように，実際の誤差項は，正規分布よりも裾野の広い確率分布にしたがっている公算が高い．正規確率紙上にプロットされた残差の累積分布の両端が，全体としての直線的動きから異常に飛びはなれるという現象によって，こうした可能性が示唆される(図6.6を参照)．

作図法（v）の用途については，とくに説明を要しまい．

6.4.2　残差の標準化

残差 $\boldsymbol{e}$ の期待値はゼロである．しかしながら，仮定 $V(\boldsymbol{\varepsilon})=\sigma^2\boldsymbol{I}$ のもとで，残差 $\boldsymbol{e}$ の分散共分散行列は

$$V(\boldsymbol{e})=\sigma^2[\boldsymbol{I}-\boldsymbol{X}(\boldsymbol{X}'\boldsymbol{X})^{-1}\boldsymbol{X}'] = \sigma^2(\boldsymbol{I}-\boldsymbol{P}_X) \tag{6.57}$$

となり，e_i の分散は均等でなく，また異なる残差どうしの間に相関が存在する（§4.3.1を参照せよ）．したがって，残差 e_i を誤差項 ε_i の“代理”とみなすことには，多少の留保が必要である．

ところで，$(\boldsymbol{X}'\boldsymbol{X})^{-1}$ の第 (i,j) 要素を m^{ij} と書けば，$\boldsymbol{P}_X$ の第 $(i.j)$ 要素 p_{ij} は

(6.58) $$p_{ij}=\sum_{k=1}^{p}\sum_{h=1}^{p}x_{ik}m^{kh}x_{jh}$$

となり，m^{ij} は n^{-1} のオーダーだから，p/n が十分に小さければ，p_{ij} はほとんどゼロとみなしてさしつかえなく，$V(\boldsymbol{e})\fallingdotseq\sigma^2\boldsymbol{I}$ となる．このような近似が許される場合には，σ^2 の不偏推定値の平方根 s によって，残差を

(6.59) $$\tilde{e}_i=\frac{e_i}{s}$$

と標準化してプロットすればよい．大半の計算プログラム・パッケージは，こうした標準化の方式を採用しているようである．

しかしより厳密には

(6.60) $$e_i{}^*=\frac{e_i}{s\sqrt{1-p_{ii}}}$$

と標準化する方が望ましいことはいうまでもない．とくに，p/n がさほど大きくない場合や，説明変数の変動幅が大きい場合には，$\tilde{e}_i$ と $e_i{}^*$ との間の差は無視できない．しかし，後に数値例によってみるように，n がある程度大きければ，その差は，予想されるほどには大きくない．

残差分析の重要性を，読者に視覚的に感じとっていただくために，アンスコム(F. J. Anscombe)の数値例を紹介しておこう[1]．表6.2には，X と Y にかんする4通りの観測値系列が並んでいる．はじめの3系列にかんしては，説明変数 X の値は共通なので，重複をさけるために，1回しか記載されていない．いずれも観測値の数は11個であり，おなじ推定回帰式

$$\hat{y}=3.0+0.5x$$

をあたえる．また主要な統計量にかんしても，$\bar{x}=9.0$，$\bar{y}=7.5$，$\sum(x_i-\bar{x})^2=110.0$，$\sum(y_i-\bar{y})^2=41.25$ に等しく，回帰係数の標準誤差は0.118，決定係数は0.677である．すなわち，これら4組の観測値系列は，推定結果からみるかぎり，まったく見分けがつかないのである．にもかかわらず，残差(または個々の観測点)をプロットしてみれば一目瞭然あきらかなように，X と Y の関係のしかたは，おたがい似ても似つかないのである．(a)のケースが，線形回帰

1) *The American Statistician*, 27, 1, 1973, pp. 17–21.

表 6.2　アンスコムの数値例

i	(a)～(c) X	(a) Y	(b) Y	(c) Y	(d) X	(d) Y
1	10.0	8.04	9.14	7.46	8.0	6.58
2	8.0	6.95	8.14	6.77	8.0	5.76
3	13.0	7.58	8.74	12.74	8.0	7.71
4	9.0	8.81	8.77	7.11	8.0	8.84
5	11.0	8.33	9.26	7.81	8.0	8.47
6	14.0	9.96	8.10	8.84	8.0	7.04
7	6.0	7.24	6.13	6.08	8.0	5.25
8	4.0	4.26	3.10	5.39	19.0	12.50
9	12.0	10.84	9.13	8.15	8.0	5.56
10	7.0	4.82	7.26	6.42	8.0	7.91
11	5.0	5.68	4.74	5.73	8.0	6.89

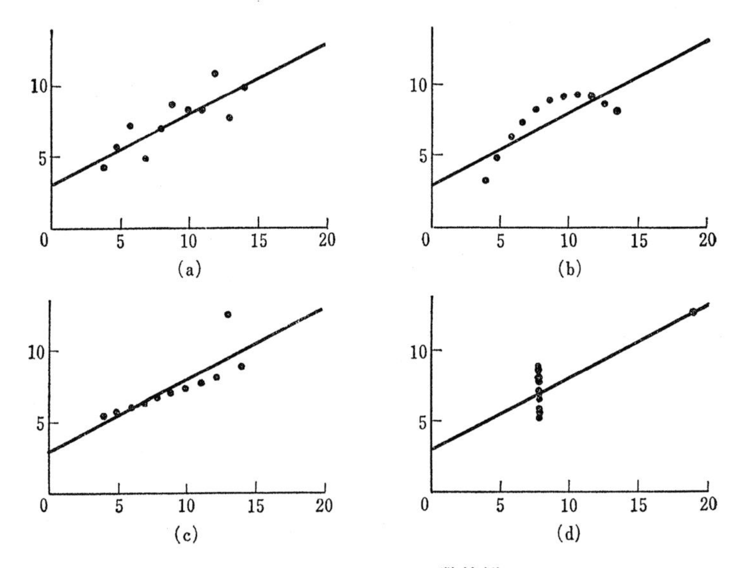

図 6.4　アンスコムの数値例

モデルにとって，もっとも理想的なケースである．(b)のケースは，関係のあり方が非線形であるにもかかわらず，誤って線形モデルをあてはめたケースである．(c)のケースは，1個の異常値を除いて他の観測値はすべて一直線 $y=4.0+0.346x$ 上に並んでいるにもかかわらず，異常値(3番目の観測値)の“磁力”に引っぱられて，とんでもない推定結果をもたらしたケースである．(d)のケースは，線形モデルが誤っているとか，あるいは異常値が存在するというわけではないが，データのとり方が不適切なケースである．8番目の観測値を除くと，回帰係数の推定はまったく不可能となる．いいかえれば，回帰係数の推定値は，8番目の観測値に大きく依存している．これほど極端ではないにしても，ケース（b）～（d）のような病理的状況には，現実の回帰分析の場で，頻繁に出くわすものである．回帰式の推定結果だけから，こうした病理を診断することは，ぜったいに不可能である．残差のグラフが，もっとも有効な診断の指針となるのである．

6.4.3 異常値の検出

残差をプロットしてみることの最大の効用は，**異常値**(outliers)の検出である．大半の観測値とくらべて，残差の値が異常に大きい観測値のことを，異常値という．

異常値が生ずる原因は，いくつか考えられる．第1，モデルの説明変数として考慮されていない要因(とくに質的・制度的要因)が，特定の少数個の観測値だけに作用した結果，従属変数値が定数分シフトしたり，回帰係数の値が変化したりすることがある．第2，データ収集の段階で，確率誤差とはみなせないほどに大きい「観測誤差」や「集計誤差」の生ずることがある．第3，誤差分布が正規分布にくらべて極度に裾の広い分布(たとえばコーシー分布)であれば，絶対値の大きい誤差項が発生する確率は高い．そうした場合，対応する観測値は，正規分布の仮定のもとでは，異常値とみなされる．

原因が何であれ，最終的な推定結果をみちびく前に，異常値の検出を怠ってはならない．さもないと，回帰分析の結論は，いちじるしく歪められることになる．異常値が検出されたとき，それをとり除くのが，もっとも直截簡明な方法であろう．しかしながら，異常値を自動的に除去するというのは，かならずしも賢明なやり方であるとは限らない．もしそれが，なんらかの構造的な原因によって生じたものだとすれば，他の観測値データのもたらしえない情報が，異常値にふくまれているわけだから，それを読みとる努力を怠ってはならない．ひいてはそれが，モデル改善のための重要なてがかりを与えてくれることにもなろう．またそれが，誤差分布の非正規性のために生じたものならば，最小2

乗法にかわる，より頑健な推定法の適用を試みるべきであろう．結局，異常値を即座に除去することが正当化されるのは，それらが上記の第2の原因によって生じた場合に限られる．

また，残差の大きさによって異常値を検出するという方法には，次のような困難がつきまとう．かりに，異常値が1個ふくまれているとしよう．推定回帰直線は，異常値の“磁力”に引っぱられて，かなり片寄ったものになるものと予想される．その結果，ほんらい正常な観測値の残差までが不当に大きくなることがある．とくに，最小2乗法は，たとえば最小絶対偏差法などと比べて，異常値の“磁力”によって悪影響をうける度合が強い．つまり，最小2乗法は，異常値にたいする頑健性が乏しい．したがって，最小2乗推定の残差によって異常値を検出しようとするのは，どだい不適切であるともいえる．たとえば最小絶対偏差法などによって回帰式を予備推定してみて，異常値検出に供するというやり方も考えられる．§6.3.2で述べたような加重回帰をうまく用いて，異常値による攪乱を防備する(予め保険をかけておく)ことも考えられよう．

さて次に，異常値を検出するための，形式的な有意性検定の方法について述べておこう．

帰無仮説 $\varepsilon \sim N(0, \sigma^2 I)$ のもとで，個々の残差 e_i は，正規分布 $N(0, \sigma^2(1-p_{ii}))$ にしたがう．また

$$\left[\sum_{j=1}^{n} e_j^2 - e_i^2/(1-p_{ii})\right]/\sigma^2 \tag{6.61}$$

は，e_i と独立に，自由度 $n-p-1$ の χ^2 分布にしたがう(§3.2.2(iv)の条件を確かめよ)．これより，スチューデント化された残差

$$t_i = \frac{\sqrt{n-p-1}\, e_i}{\sqrt{\sum e_j^2 - e_i^2/(1-p_{ii})}\ \sqrt{1-p_{ii}}}, \qquad i=1, 2, \cdots, n \tag{6.62}$$

は，帰無仮説のもとで，自由度 $n-p-1$ の t 分布にしたがう．このことを用いて，次のような検定方式が導かれる．すなわち，

$$\max_i |t_i| \geq t_{\alpha/2n}^{n-p-1} \tag{6.63}$$

ならば帰無仮説 $\boldsymbol{\varepsilon} \sim N(\mathbf{0}, \sigma^2 \boldsymbol{I})$ を棄却し，しからざるとき，仮説を受容する．ただし，不等式の右辺は，自由度 $(n-p-1)$ の t 分布の両側 $100\,\alpha/n$%点である．

この検定の有意水準が確かにαであることを，以下のようにして示すことができる．

一般に，任意の事象$A_1, A_2, \cdots, A_k$にたいし

$$P(A_1 \cup \cdots \cup A_k) \leq P(A_1) + \cdots + P(A_k) \tag{6.64}$$

となる．さらに，事象$B_1, \cdots, B_k$にたいし，$B_1 \cap \cdots \cap B_k$は$\bar{B}_1 \cup \cdots \cup \bar{B}_k$の補集合だから，(6.64) を用いて

$$\begin{aligned} P(B_1 \cap \cdots \cap B_k) &= 1 - P(\bar{B}_1 \cup \cdots \cup \bar{B}_k) \\ &\geq 1 - \sum_{i=1}^{k} P(\bar{B}_i) \end{aligned} \tag{6.65}$$

を得る．ただし$\bar{B}_i$はB_iの補集合である．$\bar{B}_i$が独立事象のとき等号が成りたつ．かくして，帰無仮説$\boldsymbol{\varepsilon} \sim N(\mathbf{0}, \sigma^2 I)$のもとで

$$\begin{aligned} \Pr\left\{\max_i |t_i| > t_{\alpha/2n}{}^{n-p-1}\right\} &= 1 - \Pr\{|t_i| \leq t_{\alpha/2n}{}^{n-p-1},\ i = 1, 2, \cdots, n\} \\ &\leq 1 - \left[1 - \sum_{i=1}^{n} \Pr\{|t_i| > t_{\alpha/2n}{}^{n-p-1}\}\right] \\ &= \alpha. \end{aligned} \tag{6.66}$$

したがって，上記の検定方式の 有意水準はα(以下)である(帰無仮説が 正しいとき，誤って棄却される確率がα以下となる検定方式のことを，普通，水準αの検定方式という)．$t_1, t_2, \cdots, t_n$がたがいに強く相関している場合には，(6.66) の左辺の確率は，そうとう大幅にαを割りこむことになり，検出力はかなり低いと考えられる．

時と場合によっては，あらかじめ異常とおぼしき観測値の見当がついていることがある．たとえば，k番目の観測値y_kがどうも異常ではないか，という予見のある場合である．このような場合には，k番目の残差e_kを (6.62) のように，スチューデント化して$|t_k| \geq t_{\alpha/2}{}^{n-p-1}$のとき，「$k$番目の観測値は異常でない」という帰無仮説を棄却することにすれば，水準αの検定方式が得られる．また，m個の観測値$y_{k_1}, \cdots, y_{k_m}$の異常なことが予見される場合には，おなじく$|t_{k_1}|, \cdots, |t_{k_m}|$を計算したうえで

$$\max_{i=1,\cdots,m} |t_{k_i}| \geq t_{\alpha/2m}{}^{n-p-1} \tag{6.67}$$

ならば，有意水準αで「$y_{k_1}, \cdots, y_{k_m}$は異常でない」という帰無仮説を棄却することにすればよい．

6.4.4 数値例

表6.3のデータは，テレビの視聴者の“慣性”を調べるためにとられたものである．すなわち，ニュース番組の視聴率(Y，10点満点に換算してある)が，その直前の番組の視聴率(X)の高低によって影響をうけるかどうかを調べたい．つまり，ニュースの時間帯は，どの局もだいたいおなじなので，視聴者の選局というものが，どういう動機でなされるのかは，放送局にとって重要な問題である．YのXにたいする回帰が有意であれば，「ニュース番組の選局は，視聴者の慣性に依存しており，内容の良し悪しだけが決定要因とはいえない」という結論になる．また逆に，回帰が有意でなければ，「視聴者が，内容に応じて主体的にニュース番組を選局する」という仮説が有力になる．

推定結果は，表6.4に見るとおりである．まずはじめに，回帰の有意性を，検定統計量 (5.43) によって調べてみよう．$R^2=0.396$を (5.43) に代入して

$$W_0^{obs}=\frac{0.396}{1-0.396}\div\frac{1}{28}=18.38 \tag{6.68}$$

表 6.3 視聴率の調査データ[1)]

	X	Y		X	Y
1	2.50	3.80	16	5.50	4.35
2	2.70	4.10	17	5.70	4.15
3	2.90	5.80	18	5.90	4.85
4	3.10	4.80	19	6.10	6.20
5	3.30	5.70	20	6.30	3.80
6	3.50	4.40	21	6.50	7.00
7	3.70	4.80	22	6.70	5.40
8	3.90	3.60	23	6.90	6.10
9	4.10	5.50	24	7.10	6.50
10	4.30	4.15	25	7.30	6.10
11	4.50	5.80	26	7.50	4.75
12	4.70	3.80	27	2.50	1.00
13	4.90	4.75	28	2.70	1.20
14	5.10	3.90	29	7.30	9.50
15	5.30	6.20	30	7.50	9.00

X=ニュースの前の番組の視聴率，Y=ニュースの視聴率．

1) Chatterjee and Price : *Regression Analysis by Example*, Wiley, 1977 より引用．

表 6.4 表6.3の回帰分析

変数	係数値	標準誤差	t 比
X	0.665	0.155	4.287
定数項	1.706	0.817	2.088
$n=30$	$R^2=0.396$	$s=1.402$	

を得る．限界水準は0.0002であり，回帰は確かに有意である．

これで万事が終りというわけではない．残差分析をやる必要がある．2種類の標準化された残差 $\tilde{e}_i$(6.59) と e_i^*(6.60) およびスチューデント化された残差(6.62)の絶対値 $|t_i|$ は，表6.5に見るとおりである．$\tilde{e}_i$をグラフにかくと，図6.5のようになる．ごく大雑把な見当として，$|\tilde{e}_i|>1.5$ならば，第i番目の観測値は異常値ではないかと疑ってみることにすれば，合計6個の観測値がそれに該当する．

検定方式 (6.63) によって，全体としての異常値の存在を検定してみよう．$\max|t_i|=2.48$である．自由度27$(=n-p-1)$のt分布の両側0.333%点は3.23だから，有意水準10%で，「異常値が存在しない」という帰無仮説は受容され

表 6.5 標準化された残差系列(表6.3のデータ)

i	$\tilde{e}_i$	e_i^*	$\|t_i\|$
1	0.31	0.33	0.32
2	0.43	0.45	0.44
3	1.54	1.62	1.76
4	0.74	0.76	0.77
5	1.29	1.33	1.39
6	0.26	0.27	0.26
7	0.45	0.46	0.46
8	−0.50	−0.51	0.51
9	0.76	0.78	0.78
10	−0.30	−0.31	0.30
11	0.79	0.80	0.81
12	−0.74	−0.75	0.75
13	−0.16	−0.16	0.16
14	−0.86	−0.87	0.88
15	0.69	0.70	0.70
16	−0.73	−0.74	0.74
17	−0.96	−0.99	1.00
18	−0.56	−0.57	0.56
19	0.31	0.32	0.31
20	−1.50	−1.54	1.66
21	0.69	0.71	0.71
22	−0.54	−0.56	0.56
23	−0.14	−0.15	0.14
24	0.05	0.05	0.05
25	−0.33	−0.35	0.34
26	−1.39	−1.39	1.47
27	−1.69	−1.79	2.00
28	−1.64	−1.74	1.91
29	2.10	2.21	2.48
30	1.64	1.74	1.93

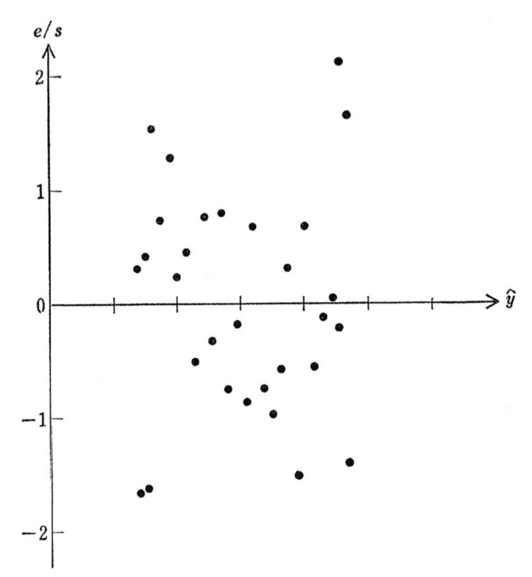

図 6.5　標準化された残差の推計値にたいするグラフ（表 6.3 のデータ）

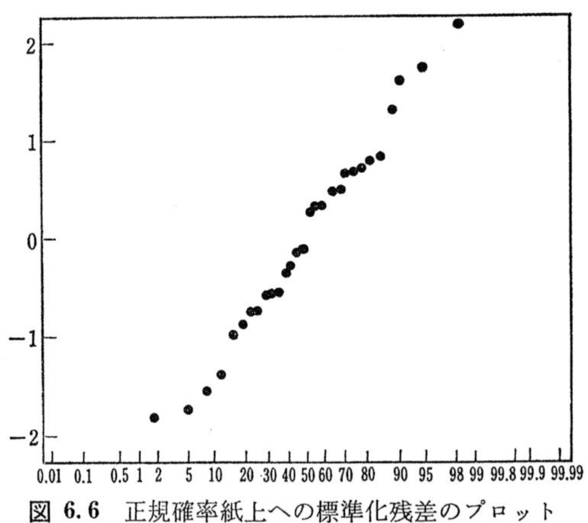

図 6.6　正規確率紙上への標準化残差のプロット

る（nが大きいため，検定の検出力は著しく低いことに注意しよう）.

標準化された残差 e_i^* を正規確率紙上にプロットしてみると，図 6.6 のようになる．確かに，右端の 4 点と左端の 1 点とが，全体としての直線傾向からはずれており，対応する観測値（3, 5, 27, 29, 30）番の異常性を示唆している．しかしながら，その他の観測値の残差も，そうきれいに直線上に並んでいるわけで

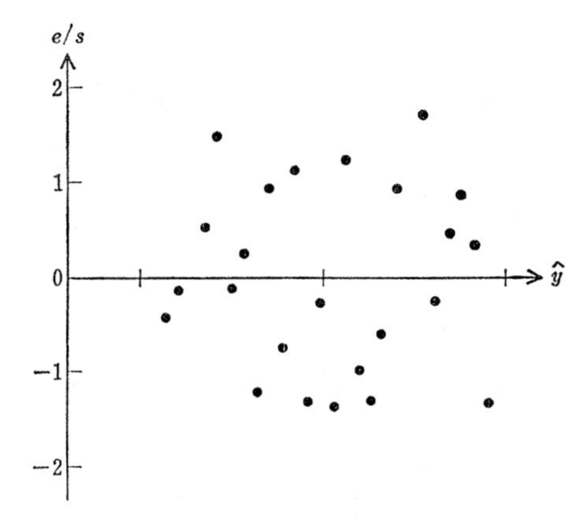

図 6.7 標準化された残差の推計値にたいするグラフ
(異常値除去後の回帰分析による)

はなく，図 6.6 から決定的な結論を導くのは無理のようである．

そこでとりあえず，$|\tilde{e}_i|>1.5$ となる観測値を除去して，再度，最小 2 乗推定してみると，表 6.6 のような結果が得られる(こうした手続きは，$c=1.5$ として加重回帰 (6.39) を適用するのとおなじことである)．標準化された残差のグラフは図 6.7 のようになり，異常に大きい残差は存在しない．しかし注目すべきは，異常値を除去したことにより，決定係数と回帰係数の有意性がともに低下した，という点である．すべての観測値を，(x,y) 平面上にプロットしてみればその理由が明白に読みとれる．また係数値も大きく変わった．異常値がたまたま (x,y) 平面の左下方と右上方に位置していたため，それらの“磁力”のおかげで，回帰係数の有意性が誇張されていたのである．実際，異常値を除去して再推定した回帰式の有意性の限界水準は 0.0067 であり，x と y の関係は，以前ほど有意とはいえなくなる．

表 6.6 異常値除去後の回帰分析

変数	係数値	標準誤差	t 比
X	0.351	0.118	2.990
定数項	3.260	0.617	5.288
$n=24$	$R^2=0.289$	$s=0.8505$	

一般に，異常値の存在は，回帰式の適合度をそこなうものと思われがちである．しかし，この数値例が示すように，あながちそうとは限らない．異常値のおかげで，ありえない関係が統計的に有意と判定される，という実例は決して少なくない．

7. 説明変数の問題

回帰分析の応用にあたって，もっとも頭を悩まされる問題は，説明変数の取捨選択である．モデルの定式化(どういう変数によって従属変数の変動を“説明”すべきか)が，推定以前に，はっきり決まっているなどという好都合なことはめったにない．いくつかの候補変数が与えられ，試行錯誤ののちに，最良と思われる変数の組合せを選んで，最終的にひとつの回帰式に到達する．試行錯誤の過程においては，主観的判断と客観的判断とが入り混じることであろう．このこと自体，別段，悪いことではない．要は，主観的判断のとりいれ方と，客観的判断のルールとを，ある程度まで，ちゃんと定式化しておくことである．

この章では，まず始めに，回帰式の説明変数選択のための客観的諸基準を紹介し，各基準がどういう合理性を背景とするものであるかを示し，相互の比較をおこなう．多重共線性，非線形性，2項回帰等についても，この章の終りに触れることにしたい．

7.1 説明変数選択のための諸基準

7.1.1 先験情報の活用

ある従属変数 y の変動を“説明”するための説明変数の候補として，k 個の変数がリストアップされているとしよう．これらの変数の全部または一部をとりこんだ回帰式は

$$\binom{k}{1}+\binom{k}{2}+\cdots+\binom{k}{k}=(1+1)^k-1=2^k-1 \tag{7.1}$$

ありうる．たとえば $k=10$ のとき，可能な回帰式の数は1023もある．あくまで客観主義の立場にたって，“最良”な回帰式(説明変数の組合せ)を選択しよ

うとすれば，原則として，可能な 2^k-1 個の回帰式をぜんぶ推定してみないといけない．

ところでしかし，わずか10個の候補変数のうちから適切な組合せを選ぶのに，1023本の回帰式をぜんぶ推定するなどというのは，どう考えても，時間と費用の浪費ではなかろうか．そこで多少の客観性は犠牲にしても，いま少し能率的な方法はないものかということになる．

通常，リストアップされた k 個の候補変数は，かならずしも無差別ではなく，なんらかの先験的基準によって，説明変数としての“寄与率”にかんする一定の順序づけの与えられている場合が少なくない．目的が構造分析であれば，現象のふるまいにかんする先験的理論情報により“効いてる”変数は何かについて，あらかじめ多少は知っている．また予測が目的ならば，前もって観測しやすい(コストも安く誤差も少ない)変数が優先されるはずである．

こうした順序づけは，完全になされる必要はない．たとえば，10個の候補変数のうち，3個は絶対に落とせないことが確信されているとしよう．こうした場合，残りの7個の変数のうち，いずれを追加的な説明変数として選択すべきかが問題となる．この程度の先験情報があれば，可能な回帰式の数を，一挙に1023から128に減らせる，そうとうな節約といえる．

多項式回帰

$$(7.2)\qquad y_i=\beta_0+\beta_1x_i+\beta_2x_i^2+\cdots+\beta_kx_i^k+\varepsilon_i,\qquad i=1,2,\cdots,n$$

や自己回帰(auto-regression)

$$(7.3)\qquad y_t=\beta_0+\beta_1y_{t-1}+\beta_2y_{t-2}+\beta_2y_{t-3}+\cdots+\beta_ky_{t-k}+\varepsilon_t,\qquad t=1,2,\cdots,T$$

の場合，変数の順序づけは，ほぼ確定している．このような場合には，可能な回帰式の数を大幅に節減できる．すなわち一般に，p 次の項が式に入れば，$p-1$ 次以下の項は必ず式に含まれると仮定するのは，さほど不自然とはいえまい．したがって，多項式または自己回帰式の次数がたかだか k であるという先験情報があれば，k 個の回帰式を推定するだけでことが足りる．

変数の順序づけが完全になされている上記のような場合には，逐次的に1次から出発して，2次，3次と順々に，あるいは逆に，k 次から出発して，$k-1$ 次，$k-2$ 次と順々に推定してゆき，一定の停止ルール(たとえば自由度修正重相関係数が減少したところで打ち切る)にしたがって，機械的に説明変数を選択することもできる．

また，追加される変数の“説明力”を示すなんらかの基準統計量にもとづき，逐次的に変数選択する方法もありうる．まずはじめに，k 個全部の変数について各々の“説明力”を求め，最も説明力の高い変数を選択する．ついで，残りの $k-1$ 個の変数について各々の“追加的”説明力を求め，第2の変数を選択する．こうした手続きを逐次的にすすめ，残されたすべての変数の説明力が所定の水準以下になったところで停止して，有効な説明変数群を確定する．これが，変数増加法と呼ばれる選択方法の概略である．逆に，すべての変数を含む回帰式から出発して，同様のルールに従って変数を逐次的に除去してゆく変数減少法というのもある．また，両者を兼ねあわせた変数増減法というのもある[1]．この節のはじめに述べた“総なめ”式の方法にくらべて，はるかに効率的であるとともに，あくまで「データをして語らしめる(letting data speak themselves)」という立場を守っているのが，これらの方法の特徴といえよう．

7.1.2 予備検定

回帰係数の有意性検定の結論にもとづいて変数選択する方法を，**予備検定** (preliminary test)という．すなわち，変数 x_k の取捨選択にあたり，回帰係数 $\beta_k=0$ という仮説を検定し，仮説が受容されれば x_k を式から除き，仮説が棄却されれば x_k を式に含める，というやり方である．予備検定にもとづく変数選択法の推測統計的意味づけについては，古くから，さまざまな文脈において多くの議論がなされている．要は，同一の標本データを用いて変数選択をおこない，しかる後に推定をおこなうという一連の手続きが，推定結果にどれくらいの片寄りをもたらすか，さらに，(何もしない時にくらべて)平均2乗誤差をどれくらい低減できるか，という問題が論じられる．

もっとも標準的な問題設定は，以下のとおりである．線形回帰モデル

$$\text{(7.4)} \qquad \boldsymbol{y}=\boldsymbol{X}\boldsymbol{\beta}+\boldsymbol{\varepsilon}=\boldsymbol{X}_1\boldsymbol{\beta}_1+\boldsymbol{X}_2\boldsymbol{\beta}_2+\boldsymbol{\varepsilon}, \qquad \boldsymbol{\varepsilon}\sim N(\boldsymbol{0}, \sigma^2\boldsymbol{I})$$

において，$p-r$ 個の変数 $\boldsymbol{X}_1$ は絶対に落とせない“核変数”であり，r 個の変数 $\boldsymbol{X}_2$ は，効いてるかどうかが不確かな“任意変数”であるとしよう．たとえ

1) これらの方法についての詳細は，奥野忠一他「多変量解析法」(日科技連)を参照せよ．

$\boldsymbol{\beta}_2=\mathbf{0}$ ($\boldsymbol{X}_2$ はまったく効いていない) としても，$\boldsymbol{X}_2$ を含めたまま推定しても，$\boldsymbol{\beta}_1$ と $\boldsymbol{\beta}_2$ の最小2乗推定量は不偏である．しかし，余計な変数 $\boldsymbol{X}_2$ を含めたことにより，$\boldsymbol{\beta}_1$ の推定値や y の予測の標準誤差を，あたら大きくする結果になる（§5.1.1を参照）．逆に $\boldsymbol{X}_2$ を無条件に除いてしまうと，$\boldsymbol{\beta}_2=\mathbf{0}$ でないかぎり，$\boldsymbol{\beta}_1$ の推定と y の予測に片寄りが生じてくる．しかしその分，推定値と予測値の標準誤差は小さくなる．したがって，$\boldsymbol{X}_2$ を式に含めるか否かという問題は，「推定または予測の片寄りと分散のトレード・オフ」への対処のしかたに関わってくる．

任意変数 $\boldsymbol{X}_2$ の取捨選択を先験的に決定するのではなく，データを見てから決めようというのが，通常のやり方である．予備検定にもとづく決定方式というのは，次のように定式化される．まずはじめに，帰無仮説 $\boldsymbol{\beta}_2=\mathbf{0}$ を検定する．そのためには，(5.38) の W_0 を検定統計量とすればよい．帰無仮説が正しい ($\boldsymbol{\beta}_2=\mathbf{0}$) とき，$W_0$ は，自由度 $(r, n-p)$ の F 分布にしたがう．核変数 $\boldsymbol{X}_1$ は必ず式に含めるものとして，任意変数 $\boldsymbol{X}_2$ の取捨選択を，予備検定の結果によって決めるものとしよう．検定の棄却域を $W_0\geq\lambda$ (λ はあらかじめ指定された定数) とすれば，予備検定の手続きを，以下のように定式化することができる．まず簡単のために，(7.4) を

$$
\begin{aligned}
(7.5)\quad \boldsymbol{y}&=\boldsymbol{X}_1[\boldsymbol{\beta}_1+(\boldsymbol{X}_1'\boldsymbol{X}_1)^{-1}\boldsymbol{X}_1'\boldsymbol{X}_2\boldsymbol{\beta}_2]+[\boldsymbol{I}-\boldsymbol{X}_1(\boldsymbol{X}_1'\boldsymbol{X}_1)^{-1}\boldsymbol{X}_1']\boldsymbol{X}_2\boldsymbol{\beta}_2+\boldsymbol{\varepsilon}\\
&=\boldsymbol{X}_1\boldsymbol{\beta}_1^*+\boldsymbol{X}_2^*\boldsymbol{\beta}_2+\boldsymbol{\varepsilon}
\end{aligned}
$$

と変形しておく．明らかに $\boldsymbol{X}_1'\boldsymbol{X}_2^*=\mathbf{0}$ であり，$\boldsymbol{\beta}_1^*$ と $\boldsymbol{\beta}_2$ の最小2乗推定量は，各々 $\hat{\boldsymbol{\beta}}_1^*=(\boldsymbol{X}_1'\boldsymbol{X}_1)^{-1}\boldsymbol{X}_1'\boldsymbol{y}$, $\hat{\boldsymbol{\beta}}_2=(\boldsymbol{X}_2^{*\prime}\boldsymbol{X}_2^*)^{-1}\boldsymbol{X}_2^{*\prime}\boldsymbol{y}$ となる．検定統計量は

$$
(7.6)\qquad W_0=\frac{\hat{\boldsymbol{\beta}}_2'(\boldsymbol{X}_2^{*\prime}\boldsymbol{X}_2^*)\hat{\boldsymbol{\beta}}_2}{rs^2}
$$

となる．ただし s^2 は不偏分散推定量である．回帰係数の任意の1次結合 $\xi=\boldsymbol{c}'\boldsymbol{\beta}=\boldsymbol{c}_1'\boldsymbol{\beta}_1+\boldsymbol{c}_2'\boldsymbol{\beta}_2$ の推定を考えよう．上に言葉で述べた予備検定の手続きは，$\boldsymbol{\beta}_2$ を

$$
(7.7)\qquad \boldsymbol{b}_2^\lambda=\begin{cases}\hat{\boldsymbol{\beta}}_2, & W_0\geq\lambda\ \text{のとき}\\ \mathbf{0}, & W_0<\lambda\ \text{のとき}\end{cases}
$$

と推定し，ξ を

$$
(7.8)\qquad \hat{\xi}_\lambda=\boldsymbol{c}_1'\boldsymbol{b}_1^\lambda+\boldsymbol{c}_2'\boldsymbol{b}_2^\lambda
$$

と推定するものである．ただし

(7.9) $$\boldsymbol{b}_1^{\lambda}=\hat{\boldsymbol{\beta}}_1^*-(\boldsymbol{X}_2'\boldsymbol{X}_2)^{-1}\boldsymbol{X}_2'\boldsymbol{X}_1\boldsymbol{b}_2^{\lambda}$$

である．有意点$\lambda=0$ならば，データとは無関係に$\boldsymbol{X}_2$を式に含めることになり$\hat{\xi}_0$はξの不偏推定量だが分散は相対的に大きい．他方，$\lambda=\infty$とすれば，常に$\boldsymbol{X}_2$を排除することになり，$\hat{\xi}_\infty$は片寄りをもつ．しかし分散は相対的に小さいであろう．

最適な有意点λ_{opt}を求めるために，$\hat{\xi}_\lambda$の平均2乗誤差を基準にとることにしよう．途中の計算は省略するが，$\hat{\xi}_\lambda$の平均2乗誤差は

(7.10) $$E(\hat{\xi}_\lambda-\xi)^2=\sigma^2[\boldsymbol{c}_1'\boldsymbol{c}_1+h(\theta,\lambda)\boldsymbol{c}_2'\boldsymbol{c}_2] +(\boldsymbol{\beta}_2'\boldsymbol{c}_2)^2[s(\theta,\lambda)-2h(\theta,\lambda)+1]$$

となる．ただし

(7.11) $$h(\theta,\lambda)=\Pr\{F'(r+2,n-p;\theta)\geq\lambda\},$$

(7.12) $$s(\theta,\lambda)=\Pr\{F'(r+4,n-p;\theta)\geq\lambda\}.$$

$F'(\nu_1,\nu_2;\theta)$は，自由度(ν_1,ν_2)非心度θの非心F分布にしたがう確率変数であり

(7.13) $$\theta=\frac{\boldsymbol{\beta}_2'\boldsymbol{\beta}_2}{\sigma^2}$$

である[1]．さて，$\hat{\xi}_\lambda$の平均2乗誤差は，定数ベクトル$\boldsymbol{c}$に依存している．また，項$\sigma^2\boldsymbol{c}_1'\boldsymbol{c}_1$は$\lambda$の選択と無関係である．そこで

(7.14) $$R(\theta,\lambda)=\max_{c_2}\frac{E(\hat{\xi}_\lambda-\xi)^2-\sigma^2\boldsymbol{c}_1'\boldsymbol{c}_1}{\sigma^2\boldsymbol{c}_2'\boldsymbol{c}_2} =h(\theta,\lambda)+\theta[s(\theta,\lambda)-2h(\theta,\lambda)+1]$$

を危険(リスク)関数にとることにしよう．すなわち，$R(\theta,\lambda)$が全体として小さくなるようにλの値を決めたい．ところが図7.1に見るように，すべてのθにたいして一様にリスクを小さくするようなλは存在しない．しかしこの図から，次のようなことが読みとれる．通常の有意水準(5%または10%)で予備検定をやると，非心度$\theta(=\beta_p{}^2/\sigma^2)$がある程度大きいと，非常に高いリスクを被る可能性がある．

このままでは最適な有意点を求めることができないので，決定理論における

1) 途中の計算については，佐和隆光「計量経済学の基礎」pp. 160–166を参照されたい

リグレット(regret)という概念をもちこむことにしよう．リグレットは

(7.15) $$r(\theta,\lambda)=R(\theta,\lambda)-\min_{\lambda} R(\theta,\lambda)$$

と定義される．右辺の第2項は，θがわかっているとして，最良のλを選択したときに被るリスクの大きさをあらわしている．したがって$r(\theta,\lambda)$を，λを固定してθの関数とみれば，それは各θにたいして，「最善の方策をとらなかったことを“残念”に思う度合」を数量的にあらわすものと解釈できる．以下，$r=1$(1個の変数の取捨選択が問題となっている)の場合に議論を限るとすれば，図7.1から読みとれるように

(7.16) $$\min_{\lambda} R(\theta,\lambda)=\begin{cases}\theta, & \theta\leq 1 \text{ にたいし} \\ 1, & \theta>1 \text{ にたいし}\end{cases}$$

である．さて，最適有意点λ_{opt}を，最大リグレット

(7.17) $$\max_{\theta} r(\theta,\lambda)$$

を最小にするλの値と定義することにしよう．こうして決まるλ_{opt}のことを，

表 7.1 ミニマクス・リグレット有意点($r=1$)

自由度	λ_{opt}	$\sqrt{\lambda_{opt}}$	限界水準
2	1.971	1.404	0.295
4	1.921	1.386	0.238
6	1.904	1.380	0.217
8	1.899	1.378	0.206
10	1.893	1.376	0.199
12	1.888	1.374	0.195
14	1.887	1.374	0.191
16	1.885	1.373	0.189
18	1.884	1.373	0.187
20	1.882	1.373	0.185
22	1.882	1.372	0.184
24	1.881	1.372	0.183
26	1.881	1.372	0.182
28	1.880	1.371	0.181
30	1.879	1.371	0.181
40	1.877	1.370	0.178
60	1.877	1.370	0.176
120	1.876	1.370	0.173

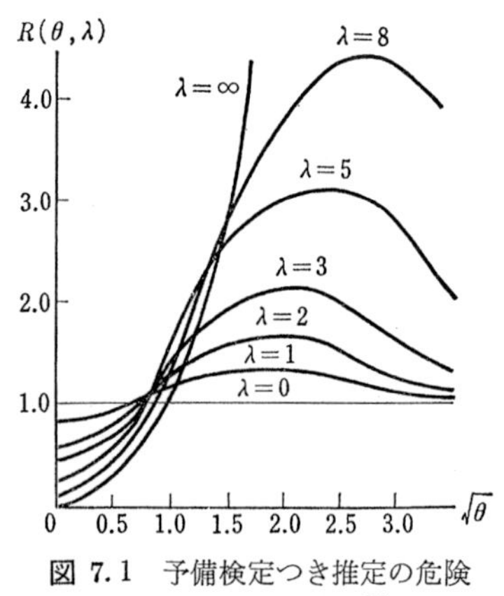

図 7.1 予備検定つき推定の危険関数($r=1$, 横軸は$\sqrt{\theta}$にとられていることに注意)

ミニマクス・リグレット有意点と呼ぶことにする．もちろんλ_{opt}は，自由度$n-p$に応じて変わる．その値は，表7.1にみるとおりである．$r=1$のときはt検定が用いられることが多いため，$\sqrt{\lambda_{opt}}$の値も併記しておいた．第4列目は，$\theta=0$のときの$\Pr\{W_0 \geq \lambda_{opt}\}$である．

大雑把にいって，自由度が極端に小さくないかぎり，ミニマクス・リグレット有意点は，自由度のいかんにかかわらず1.88（t検定ならば1.37）前後である．ということは，最適な有意水準そのものは自由度とともに大幅に変動することを意味する．

7.1.3　予備検定にたいする批判

予備検定の適用にたいして，次のような批判が，理論家の立場からなされる．

2乗誤差を損失関数（したがって平均2乗誤差を危険関数）とするとき，予備検定の結果として導かれる推定量$\boldsymbol{b}_2{}^{\lambda}$は，非許容的(inadmissible)である．すなわち，$r \geq 3$，$\boldsymbol{X}'\boldsymbol{X}=\boldsymbol{I}$のとき，$\boldsymbol{b}_2{}^{\lambda}$の平均2乗誤差は，修正スタイン推定量

$$\boldsymbol{\beta}_2{}^{s}=\left[1-\frac{c}{W_0}\right]^{+}\hat{\boldsymbol{\beta}}_2 \tag{7.18}$$

の平均2乗誤差よりも一様に（パラメータ値のいかんにかかわらず常に）大きい．ただしcは，$2(r-2)(n-p)/[r(n-p+2)]$より小さい任意の正定数であり，a^{+}は，$a<0$ならば$a^{+}=0$，$a \geq 0$ならば$a^{+}=a$を意味する[1]．この結果の意味について，もう少し深く考えてみることにしよう．

第1，予備検定にもとづく推定という常套的方法は，用いるべきでない．なぜなら，それよりも明らかにベターな推定法が存在するのだから．第2，予備検定つきの推定法の性質について，あれこれ理論的に吟味するのは意味がない．なぜなら，非許容的なものの中で最良なものは何か，といった類の問題は，しょせん意味がないからである．

かくして，上記のやや驚くべき結論が証明されてから以降は，変数選択のための予備検定にかんする，統計理論家たちの関心は，急速にさめてしまったようである．しかし，たとえ非許容的な手法であっても，それが実際によく用い

1）　この結果の証明は，論文S. Sclove *et al.*：Non Optimality of Preliminary-Test Estimators for the Multinormal Mean, *Annals of Mathematical Statistics*, 43, 1972, pp. 1481–90を参照．

られているのだから，そうした手法にかんする議論には，相応の意味が認められてしかるべきではなかろうか．また，スタインの推定量(最小2乗推定量に1より小さい数をかけて短縮(shrink)させる)を現実の応用の場で用いるのは，どうも気持ちが悪いのではないか．このような感想を抱かれる読者も少なくあるまい．

また，もうひとつの抗弁として，次のような反論もありうる．私たちがやろうとしているのは，$\boldsymbol{\beta}_2$ の推定ではなくて，モデルの選択である．つまり，$\boldsymbol{y}$ を $\boldsymbol{X}_1$ のみで説明するモデルと，$\boldsymbol{y}$ を $(\boldsymbol{X}_1, \boldsymbol{X}_2)$ で説明するモデルを比較して，いずれか一方を選択しようとしているのである．したがって，$\boldsymbol{\beta}_2$ の推定という立場からの批判は，いささか的外れである．

7.1.4 重相関係数の修正

そこで「回帰モデルの選択」という観点から，説明変数選択の問題をみなおしてみよう．選択のための基準となる最も基本的な統計量は，残差平方和と，その変換である重相関係数((4.102)参照)である．残差平方和が小さいほど，また重相関係数が大きい(1に近い)ほど，回帰式のあてはまりは良好といえる．しかし，これらの量だけにもとづいて，回帰式のあてはまりの良し悪しを判定するのは片手落ちであることを，以下に示そう．

二つの回帰モデルが包含関係にある場合について考える．

(7.19)
$$\text{M1}:\quad \boldsymbol{y}=\boldsymbol{X}_1\boldsymbol{\beta}_1+\boldsymbol{\varepsilon}_1,$$
$$\text{M2}:\quad \boldsymbol{y}=\boldsymbol{X}_1\boldsymbol{\beta}_1+\boldsymbol{X}_2\boldsymbol{\beta}_2+\boldsymbol{\varepsilon}_2=\boldsymbol{X}\boldsymbol{\beta}+\boldsymbol{\varepsilon}_2$$

を比較して，いずれか一方を選択したい．ただし，$\boldsymbol{X}_1$ は $n\times(p-r)$ であり，$(\boldsymbol{X}_1, \boldsymbol{X}_2)$ は $n\times p$ である．M1はM2のスペシャル・ケースであるという意味で，両者の関係を包含(nested)であるという．M1の重相関を R_0 と書き，M2のそれを R と書くことにすれば，重相関の定義(4.102)および分解公式(4.134)より，$\boldsymbol{X}_2$ が何であれ，$R\geq R_0$ という不等式が成りたつ．つまり，重相関係数を高めることだけが目的なら，何でもいいから変数を追加すればよい，ということになる．極端な話，説明変数の個数と観測値の個数がピッタリ等しいとき，重相関は1，すなわち残差はゼロになる(2点を通る直線は一義的に決まること，3点を通る平面は一義的に決まることから類推すればよい)．ともあれ，重相関係数の大小を基準にして，M1 と M2 を比較するとすれば，$\boldsymbol{X}_2$ が何であれ，ほとんど常に M2 が選ばれることになる．したがって，重相関を基準とするモデル選択は，あまり意味をなさないことがおわかり頂けたと思う．

上に述べたことを，もう少し形式的にいい直すと，次のようになる．一般に回帰モデルの説明変数を逐次的に追加してゆくとき，自由度(標本のサイズと説明変数の数の差)の低減を代償に，重相関をいくらでも高くすることができる．ところで，自由度が低減するということは，推定や予測の結果の信頼度が低下することを意味するわけで，それ自体としては好ましくない．つまり，自由度が小さいと，式のあてはまりは見かけの上で良好だけれども，区間予測や区間推定の幅は，ほとんど用をなさないほど広くなる．すなわち，推定値や予測値の信頼度は低い．こうした"あてはまり"と"信頼度"との間のトレード・オフを加味した，モデル選択のための基準として，最もよく実用されるのが，**自由度修正重相関係数**(multiple correlation coefficient adjusted for the degrees of freedom) $\bar{R}$ である．それは

$$\bar{R}^2 = \max\left\{1 - \frac{n-1}{n-p}(1-R^2),\ 0\right\} \tag{7.20}$$

の正の平方根として定義される．$\bar{R}^2$ のことを**自由度修正決定係数**という．$1-R^2$ は変数の追加とともに単調減少するけれども，その前にかかっている係数 $(n-1)/(n-p)$ によって割引かれるため，$\bar{R}^2$ は，変数の追加とともに増加するとは限らない．"効かない"変数を追加すると，かえって $\bar{R}$ は低下する可能性がある．この点を，もう少し詳しくみてみることにしよう．

M1 と M2 の自由度修正決定係数を，各々 $\bar{R}_0{}^2, \bar{R}^2$ とする．(4.134) より，それらは

$$\bar{R}_0{}^2 = 1 - \frac{n-1}{n-p+r} \cdot \frac{\hat{\boldsymbol{y}}_{2\cdot1}'\hat{\boldsymbol{y}}_{2\cdot1} + \boldsymbol{e}'\boldsymbol{e}}{\boldsymbol{y}'\boldsymbol{y} - n\bar{y}^2}, \tag{7.21}$$

$$\bar{R}^2 = 1 - \frac{n-1}{n-p} \cdot \frac{\boldsymbol{e}'\boldsymbol{e}}{\boldsymbol{y}'\boldsymbol{y} - n\bar{y}^2} \tag{7.22}$$

となる．$\bar{R} > \bar{R}_0$，すなわち M2 の方が望ましいためには

$$\frac{\hat{\boldsymbol{y}}_{2\cdot1}'\hat{\boldsymbol{y}}_{2\cdot1}/r}{\boldsymbol{e}'\boldsymbol{e}/(n-p)} > 1 \tag{7.23}$$

となることが必要である．(4.133) と (4.129) より

$$\hat{\boldsymbol{y}}_{2\cdot1}'\hat{\boldsymbol{y}}_{2\cdot1}=\hat{\beta}_2'\boldsymbol{X}_2^{*\prime}\boldsymbol{X}_2^*\hat{\beta}_2 =\hat{\beta}_2'\boldsymbol{A}_{22\cdot1}\hat{\beta}_2. \tag{7.24}$$

ただし $\boldsymbol{A}_{22\cdot1}=\boldsymbol{X}_2'\bar{P}_{X_1}\boldsymbol{X}_2$ となる．したがって (7.23) の左辺は，仮説 $\beta_2=\mathbf{0}$ を検定するための検定統計量 W_0 (5.38) にほかならない．かくして，自由度修正重相関係数の大小によるモデル選択の方法は，予備的検定 (7.7) において常に $\lambda=1$ にするのと同じである．$r=1$ のときは，有意水準がおよそ 30 %強の F 検定(または t 検定)をおこなっていることになる．

回帰分析の応用の場では，$\bar{R}$ 最大化の決定方式が，もっとも広く実用されているようである．

7.1.5　情報量基準

モデル選択の一般理論として，赤池弘次氏の情報量基準 **AIC**(Akaike's Information Criterion)というのがある．確率変数 Y の真の確率分布 $g(y)$ とモデル $f(y|\theta)$ との“距離”をカルバック=リーブラー(Kullback–Leibler)の情報量の θ にかんする最小値

$$I(f:g)=\min_{\theta}\int g(y)\log\frac{f(y|\theta)}{g(y)}dy \tag{7.25}$$

によって測るという考え方から導かれたものである．上記の量が小さい(真の確率分布との距離が近い)ほど，モデル $f(y|\theta)$ は望ましいとされる．

大雑把にいって AIC は，モデルの情報量 (7.25) の漸近的不偏推定量として導かれる統計量である．すなわちそれは，モデルの尤度関数を $L(\boldsymbol{\theta}|\boldsymbol{y})=f(\boldsymbol{y}|\boldsymbol{\theta})$ とし，$\boldsymbol{\theta}$ の次元を p とするとき

$$\mathrm{AIC}=-2\log L(\hat{\boldsymbol{\theta}}|\boldsymbol{y})+2p \tag{7.26}$$

と定義される．右辺の第 1 項は，尤度の最大値(尤度関数に最尤推定値を代入したもの)に－2をかけたものであり，第 2 項は，モデルの含む未知母数の個数の 2 倍である．すなわち第 1 項は，モデルの適合度(goodness of fit)の高低をはかる量であり，第 2 項は，パラメータの増加にたいするペナルティーである，と解釈することができる．

かくして「AIC の小さいモデルほど望ましい」ということになる．すなわち，

「データへのあてはまりが良くて，なるべく母数節約的なモデルほど望ましい」とされる．いくつかの可能なモデルが与えられたとき，AIC を最小にするようなモデルを選択するという方式のことを，**MAIC**(Minimum AIC)**方式**という．モデルの尤度関数がちゃんと定義されているかぎり，どんな統計的問題にも適用可能である，という点が，赤池氏によってあみだされた MAIC 方式の長所である．その反面，つねにモデルの分布型を特定化しないといけない，という欠点をあわせもつことも指摘しておこう．

さて，(7.19) の M1 と M2 からの二者択一という問題に，MAIC 方式を適用してみよう．そのためには，各々の誤差項が正規分布にしたがうこと

$$\varepsilon_1 \sim N(\mathbf{0}, \sigma_1^2 \boldsymbol{I}), \qquad \varepsilon_2 \sim N(\mathbf{0}, \sigma_2^2 \boldsymbol{I}) \tag{7.27}$$

を仮定しないといけない．仮定のもとで，M1 の尤度関数は

$$\log L_1(\boldsymbol{\beta},\ \sigma_1^2|\boldsymbol{y}) = -\frac{n}{2}\log(2\pi) - \frac{n}{2}\log(\sigma^2) - \frac{1}{2\sigma^2}(\boldsymbol{y}-\boldsymbol{X}_1\boldsymbol{\beta}_1)'(\boldsymbol{y}-\boldsymbol{X}_1\boldsymbol{\beta}_1) \tag{7.28}$$

となる．これを最大にする $\boldsymbol{\beta}$ と σ^2(すなわち最尤推定値)は，各々，$\hat{\boldsymbol{\beta}}_1 = (\boldsymbol{X}_1'\boldsymbol{X}_1)^{-1}\boldsymbol{X}_1'\boldsymbol{y}$ と

$$\hat{\sigma}_1^2 = \frac{1}{n}(\boldsymbol{y}-\boldsymbol{X}_1\hat{\boldsymbol{\beta}}_1)'(\boldsymbol{y}-\boldsymbol{X}_1\hat{\boldsymbol{\beta}}_1) \tag{7.29}$$

によって与えられる(§4.2.3(i)および§4.3.2(ii)参照)．したがって，最大尤度は

$$\log L_1(\hat{\boldsymbol{\beta}}_1, \hat{\sigma}_1^2|\boldsymbol{y}) = -\frac{n}{2}\log(2\pi) - \frac{n}{2}\log(\hat{\sigma}_1^2) - \frac{n}{2} \tag{7.30}$$

となる．まったく同様にして，M2 の最大尤度は

$$\log L_2(\hat{\boldsymbol{\beta}}_1, \hat{\sigma}_2^2|\boldsymbol{y}) = -\frac{n}{2}\log(2\pi) - \frac{n}{2}\log(\hat{\sigma}_2^2) - \frac{n}{2} \tag{7.31}$$

によって与えられる．ただし

$$\begin{aligned} \hat{\sigma}_2^2 &= \frac{1}{n}(\boldsymbol{y}-\boldsymbol{X}\hat{\boldsymbol{\beta}})'(\boldsymbol{y}-\boldsymbol{X}\hat{\boldsymbol{\beta}}) \\ &= \frac{1}{n}(\boldsymbol{y}-\boldsymbol{X}_1\hat{\boldsymbol{\beta}}_1-\boldsymbol{X}_2{}^*\hat{\boldsymbol{\beta}}_2)'(\boldsymbol{y}-\boldsymbol{X}_1\hat{\boldsymbol{\beta}}_1-\boldsymbol{X}_2{}^*\hat{\boldsymbol{\beta}}_2) \\ &= \frac{1}{n}(\boldsymbol{y}-\boldsymbol{X}_1\hat{\boldsymbol{\beta}}_1)'(\boldsymbol{y}-\boldsymbol{X}_1\hat{\boldsymbol{\beta}}_1) - \frac{1}{n}\hat{\boldsymbol{\beta}}_2'\boldsymbol{X}_2{}^{*\prime}\boldsymbol{X}_2{}^*\hat{\boldsymbol{\beta}}_2 \end{aligned} \tag{7.32}$$

$$=\hat{\sigma}_1{}^2-\frac{1}{n}\hat{\beta}_2{}'\boldsymbol{X}_2{}^{*\prime}\boldsymbol{X}_2{}^*\hat{\beta}_2.$$

ただし $\boldsymbol{X}_2{}^*=\bar{\boldsymbol{P}}_{X_1}\boldsymbol{X}_2$, $\hat{\beta}_1=(\boldsymbol{X}_1{}'\boldsymbol{X}_1)^{-1}\boldsymbol{X}_1{}'\boldsymbol{y}$, $\hat{\beta}_2=(\boldsymbol{X}_2{}^{*\prime}\boldsymbol{X}_2{}^*)^{-1}\boldsymbol{X}_2{}^{*\prime}\boldsymbol{y}$ である．M1 には $p-r+1$ 個の母数が，M2 には $p+1$ 個の母数が含まれていることに注意して，各々の AIC の差をとると

$$\text{AIC(M2)}-\text{AIC(M1)}=n\log\left(\frac{\hat{\sigma}_2{}^2}{\hat{\sigma}_1{}^2}\right)+2r \tag{7.33}$$

となる．これが非負ならば M1 を，負ならば M2 を選ぼうというのが，MAIC 方式である．(7.29) を (7.32) に代入して，適当な変形をおこなうと，条件

$$\text{AIC(M2)}-\text{AIC(M1)}\geq 0 \tag{7.34}$$

は

$$W_0\leq[\exp(2r/n)-1]\frac{n-p}{r} \tag{7.35}$$

と同等であることが，すぐにわかる．ただし，W_0 は (7.6) に定義される検定統計量である．したがって，MAIC 決定方式もまた，W_0 の観測値が，n, p, r によって決まる (7.35) の右辺の値以下ならば M1 を，しからざるときは M2 を選ぶという，予備検定と同様の結果になる．上式の右辺のことを，MAIC 有意点と呼ぶことにしよう．$r=1$ の場合の MAIC 有意点は，表 7.2 に見るとおりである．観測値の数 n が増加するにつれて，MAIC 有意点は 2 に漸近する．有意水準は，n の増加とともに減少し，その漸近値は 15％強である．

表 7.2　MAIC 有意点と有意水準 ($r=1$)

n ＼ p	2	3	4	5	10
10	1.573(0.253)	1.329(0.293)	1.107(0.341)	0.885(0.400)	—
12	1.633(0.233)	1.452(0.263)	1.270(0.297)	1.088(0.337)	—
16	1.732(0.211)	1.598(0.230)	1.464(0.252)	1.332(0.275)	0.666(0.452)
20	1.788(0.199)	1.682(0.213)	1.578(0.228)	1.471(0.245)	0.947(0.356)
30	1.860(0.184)	1.793(0.192)	1.724(0.201)	1.654(0.211)	1.309(0.267)
50	1.918(0.173)	1.877(0.177)	1.836(0.182)	1.796(0.187)	1.593(0.214)
100	1.960(0.164)	1.940(0.166)	1.918(0.170)	1.899(0.172)	1.798(0.184)
200	1.980(0.160)	1.971(0.162)	1.960(0.164)	1.949(0.164)	1.899(0.170)
500	1.991(0.158)	1.988(0.160)	1.985(0.160)	1.980(0.160)	1.960(0.162)
1000	1.997(0.158)	1.994(0.158)	1.991(0.158)	1.991(0.158)	1.980(0.160)

情報量基準は，“真”の確率分布とモデルの隔たりの推定値(AIC)をもって，モデルの良さの尺度にしようとするものである．予測の平均2乗誤差を危険関数とする§7.1.2で導いた決定方式にくらべると，情報量基準の方が，変数の追加(母数の増加)にたいして，より節約的(parsimonious)である．しかし，通常の有意性検定(水準5%または10%)にくらべると，より放漫(prodigal)である．有意点を2(情報量基準の漸近値)にとることは，経験的にも適切と思われる，という応用統計の立場からの支持もある[1)]．

7.1.6　C_p 基準

もうひとつ実用されることの多い基準として，アメリカの統計学者マローズ(C.L. Mallows)によって提案された，**C_p 基準**というのがある．

いま確率変数 Y の変動のしくみに関心があるものとしよう．Y の期待値は，時間的(または個体別)に変動する．その変動のしかたを，いくつかの変数によって説明したい．Y にかんする n 個の観測値をタテに並べたベクトルを $\boldsymbol{y}$ と書く．$\boldsymbol{y}$ の期待値を

(7.36)　$$E(\boldsymbol{y})=\boldsymbol{\eta}$$

とし，分散共分散行列を

(7.37)　$$V(\boldsymbol{y})=\omega^2\boldsymbol{I}$$

と仮定する．Y と関連のありそうな p 個の変数 $X_1, X_2, \cdots, X_p$ を選んできて，$\boldsymbol{y}$ に対応するそれらの観測値を並べた $n\times p$ 行列を $\boldsymbol{X}$ とする．そうして，

(7.38)　$$\boldsymbol{\eta}\in\mathcal{M}(\boldsymbol{X})$$

すなわち未知の平均ベクトル $\boldsymbol{\eta}$ は，$\boldsymbol{X}$ の列で張られる線形部分空間に属する，と想定してみる．このことは

(7.39)　$$\boldsymbol{y}=\boldsymbol{X\beta}+\boldsymbol{\varepsilon},\qquad E(\boldsymbol{\varepsilon})=\boldsymbol{0},\qquad V(\boldsymbol{\varepsilon})=\sigma^2\boldsymbol{I}$$

と仮定するのと同じである．ただし $\boldsymbol{X\beta}$ は，$\mathcal{M}(\boldsymbol{X})$ 上への $\boldsymbol{\eta}$ の射影である．すなわち

(7.40)　$$\boldsymbol{\beta}=(\boldsymbol{X}'\boldsymbol{X})^{-1}\boldsymbol{X}'\boldsymbol{\eta}$$

である．回帰モデル (7.39) に最小2乗法を適用して $\boldsymbol{\beta}$ を推定し，

(7.41)　$$\hat{\boldsymbol{y}}=\boldsymbol{X}\hat{\boldsymbol{\beta}}=\boldsymbol{X}(\boldsymbol{X}'\boldsymbol{X})^{-1}\boldsymbol{X}'\boldsymbol{y}$$

---

1)　奥野忠一他「多変量解析法」(日科技連) p.139参照.

によって$\boldsymbol{\eta}$を推定する．推定の平均2乗誤差は

$$(7.42)\qquad \begin{aligned}\varDelta_p &= E\|\hat{\boldsymbol{y}}-\boldsymbol{\eta}\|^2\\ &= E\|\boldsymbol{P}_X\boldsymbol{y}-\boldsymbol{P}_X\boldsymbol{\eta}-\bar{\boldsymbol{P}}_X\boldsymbol{\eta}\|^2\\ &= E(\boldsymbol{y}-\boldsymbol{\eta})'\boldsymbol{P}_X(\boldsymbol{y}-\boldsymbol{\eta})+\boldsymbol{\eta}'\bar{\boldsymbol{P}}_X\boldsymbol{\eta}\\ &= \mathrm{tr}\,\boldsymbol{P}_X E(\boldsymbol{y}-\boldsymbol{\eta})(\boldsymbol{y}-\boldsymbol{\eta})'+\boldsymbol{\eta}'\bar{\boldsymbol{P}}_X\boldsymbol{\eta}\\ &= \omega^2\mathrm{tr}\,\boldsymbol{P}_X+\boldsymbol{\eta}'\bar{\boldsymbol{P}}_X\boldsymbol{\eta}\\ &= p\omega^2+\boldsymbol{\eta}'\bar{\boldsymbol{P}}_X\boldsymbol{\eta}\\ &= p\omega^2+\mathrm{SSB}_p\end{aligned}$$

となる．ただし，$\boldsymbol{P}_X=\boldsymbol{X}(\boldsymbol{X}'\boldsymbol{X})^{-1}\boldsymbol{X}'$，$\bar{\boldsymbol{P}}_X=\boldsymbol{I}-\boldsymbol{P}_X$，$\mathrm{SSB}_p$は$\boldsymbol{\eta}$から$\mathcal{M}(\boldsymbol{X})$へ下した垂線の長さの平方，すなわちモデル (7.39) の偏りの2乗和(sum of squares of biases)とみなせる．

ところで，残差平方和

$$(7.43)\qquad \mathrm{RSS}_p=(\boldsymbol{y}-\hat{\boldsymbol{y}})'(\boldsymbol{y}-\hat{\boldsymbol{y}})$$

の期待値は

$$(7.44)\qquad \begin{aligned}E(\mathrm{RSS}_p) &= E\|\boldsymbol{y}-\hat{\boldsymbol{y}}\|^2\\ &= E\|\bar{\boldsymbol{P}}_X\boldsymbol{y}\|^2\\ &= E\|\bar{\boldsymbol{P}}_X(\boldsymbol{y}-\boldsymbol{\eta})+\bar{\boldsymbol{P}}_X\boldsymbol{\eta}\|^2\\ &= (n-p)\omega^2+\mathrm{SSB}_p\end{aligned}$$

となる．かくして (7.42) と (7.44) を見比べると

$$(7.45)\qquad \mathrm{RSS}_p+(2p-n)\omega^2$$

が(ω^2を既知としたとき)$\varDelta_p$の不偏推定量となることが，すぐにわかる．$\varDelta_p$は，モデル (7.39) にもとづく，$\boldsymbol{\eta}$の推定値の平均2乗誤差だから，その値が小さければ小さいほど，回帰モデル (7.39) は望ましいことになる．(7.42) の右辺の第1項は，変数の増加にたいするペナルティーであり，第2項は，回帰モデルの近似度の良さをあらわすという点，情報量基準(AIC)と相通ずるところがある．

以上のような考察を背景として，マローズは，(7.45) をω^2で基準化し，ω^2を推定値$\hat{\omega}^2$でおきかえた

(7.46)
$$C_p=\frac{\mathrm{RSS}_p}{\hat{\omega}^2}+2p-n$$

をもって，モデル選択の基準とすることを提案した．もちろん，C_pの小さいモデルほど望ましいことになる．

$\hat{\omega}^2$の推定のしかたについて，一般論を述べることはできない．比較されるモデル群が，包含関係にある場合には，「最も複雑なモデル」の誤差分散の不偏推定値を$\hat{\omega}^2$とすることが考えられる．また，そうでない場合も含めて，各々のモデルの誤差分散の不偏推定値のうち，最小のものを$\hat{\omega}^2$とするのも一法であろう．

包含関係にある二つのモデル((7.19)のM1とM2)を比較する場合について，もう少し詳しく見てみることにしよう．

(7.47)
$$\hat{\omega}^2=\frac{\mathrm{RSS}_p}{n-p}$$

とすることにしよう．M1のC_pは

(7.48)
$$C_{p-r}=\frac{\mathrm{RSS}_{p-r}}{\mathrm{RSS}_p/(n-p)}+2(p-r)-n$$

M2のC_pは

(7.49)
$$C_p=\frac{\mathrm{RSS}_p}{\mathrm{RSS}_p/(n-p)}+2p-n$$

となる．

(7.50)
$$C_{p-r}-C_p=\frac{\mathrm{RSS}_{p-r}-\mathrm{RSS}_p}{\mathrm{RSS}_p/(n-p)}-2r$$

となり，$C_{p-r}\leq C_p$は

(7.51)
$$W_0\leq 2$$

と同等なことがわかる．かくして，C_pにもとづく決定方式は，やはりF統計量W_0の観測値が2を超えるか否かに応じて，M2またはM1を選択するものである．赤池の情報量基準は，漸近的にはC_p基準と同等になる．小標本の場合，C_p基準の方が，より一層，パラメータ節約的である．

想定された回帰モデルが“真”であるということは，(7.42)の右辺の第2項SSB_pがゼロということである．このときRSS_pの期待値(7.44)は$(n-p)\omega^2$となり，($\hat{\omega}^2$の確率的変動を無視すれば)C_pの期待値はpとなる．この点に着目すれば，横座標に説明変数の個数(p)を目盛り，縦軸にC_pを目盛ったグラフ

を作図するという方法に思いあたる．45°線に近いほど，モデルの精度は高い（モデルのバイアスは小さい）ことになる．45°線の近傍にあって，原点に近いモデルが望ましい．

C_p 基準は，漸近的には MAIC 基準と同等である．しかし，C_p 基準の場合，分布型を仮定しなくてもよいという利点をもつことを強調しておこう．

7.1.7　不偏な決定方式

さて以上において，回帰モデルにおける変数選択の基準をいくつか紹介してきたが，いずれもそれなりの形式的合理性を背景にもっており，一概にどの基準が良いとか悪いとかを論ずることはできない．ともあれ，比較の対象となるモデルが包含関係にある場合，いずれの基準も予備的 F 検定に帰着する．諸基準間の差異は，つまるところ，有意点をどう選ぶかにのみかかわる．

(7.19) の M1 と M2 を比較する場合，基準のとり方によって，単純なモデル M1 が有利になったり，複雑なモデル M2 が有利になったりする．いいかえれば，ある基準は単純なモデルの方に片寄っており，他の基準は複雑なモデルの方に片寄っている．そこで，決定方式の“片寄り”というものを数学的に定式化し，“片寄り”のない，すなわち不偏な決定方式というものを導いてみよう．

回帰モデル (7.39) を想定することに伴うリスクを，マローズのやり方にしたがって，$\varDelta_p$(7.42) によって測ることにして，包含関係にある二つのモデル M1 と M2 を比較してみよう．明らかに，$\varDelta_{p-r}\leq\varDelta_p$ ならば M1 が，$\varDelta_{p-r}>\varDelta_p$ ならば M2 が望ましい．$\varDelta_{p-r}$ や $\varDelta_p$ は，もとより未知である．正規分布の仮定のもとで，自由度 $(r, n-p)$ の F 分布にしたがう統計量 W_0 を，モデル選択の基準に用いることにしよう．すなわち，W_0 の観測値をあらかじめ指定された定数 c と比べて，$W_0^{obs}\leq c$ ならば M1 を，$W_0^{obs}>c$ ならば M2 を選択する．

そこで，望ましい方のモデルを選択する確率が少なくとも 1/2 であることを要請してみよう．すなわち

$$\Pr\{W_0\leq c\,|\,\varDelta_{p-r}\leq\varDelta_p\}\geq 0.5, \tag{7.52}$$

$$\Pr\{W_0>c\,|\,\varDelta_{p-r}>\varDelta_p\}\geq 0.5 \tag{7.53}$$

の 2 条件を要請する．(7.52) の左辺は，M1 の方が望ましいときに，実際に M1 を選択する確率にほかならない．同様に，(7.53) の左辺は，M2 の方が望

ましいときに，実際にM2を選択する確率である．それらの確率が，いずれも0.5以上であることを，これらの2式は要請している．これらの2条件を満足する決定方式(定数cの値)のことを，不偏な決定方式(不偏な有意点)ということにしよう．正規分布の仮定のもとで，

$$W_0=\frac{\mathrm{RSS}_{p-r}-\mathrm{RSS}_p}{\mathrm{RSS}_p}\div\frac{r}{n-p} \tag{7.54}$$

は自由度$(r, n-p)$，非心度$(\mathrm{SSB}_{p-r}/\omega^2-\mathrm{SSB}_p/\omega^2,\ \mathrm{SSB}_p/\omega^2)$の2重非心$F$分布にしたがう．

$$\mathrm{SSB}_{p-r}-\mathrm{SSB}_p=\Delta_{p-r}-\Delta_p+r\omega^2 \tag{7.55}$$

となること，および$\Pr\{W_0\leq c\}$が分子の非心度の減少関数であること，さらにW_0の分布が連続であることから，上記の2条件は，

$$\Pr\{W_0\leq c\,|\,\Delta_{p-r}=\Delta_p\}=0.5 \tag{7.56}$$

と同値である．また(7.55)からただちに明らかなように，$\Delta_{p-r}=\Delta_p$のとき，W_0の分子の非心度はrに等しい．したがって，より複雑なモデルM2が真であるという仮定のもとで，W_0の分母の非心度はゼロとなり，結局，不偏な有意点cは，自由度$(r, n-p)$，非心度$(r, 0)$のF分布のメディアンにほかならない．こうして求まる**不偏有意点**は，表7.3に与えられる．

表7.1〜7.3を比較してみると，いくつかのおもしろい事実が読みとれる．

表 7.3 不偏決定の有意点

$d.f.$ \ r	1	2	3	4	5
5	1.261	1.754	1.932	2.022	2.076
10	1.178	1.639	1.805	1.889	1.978
15	1.152	1.603	1.766	1.848	1.896
20	1.140	1.586	1.748	1.828	1.876
30	1.128	1.569	1.729	1.809	1.856
40	1.122	1.561	1.720	1.800	1.847
50	1.118	1.556	1.715	1.794	1.841
70	1.116	1.550	1.709	1.788	1.834
100	1.111	1.546	1.704	1.783	1.830
200	1.107	1.541	1.699	1.777	1.824
500	1.105	1.538	1.696	1.776	1.821

$d.f.$ ＝自由度．

$r=1$ の場合に限って見てみよう．情報量基準にしろ C_p 基準にしろ，いずれも，より簡単なモデル(説明変数の少ないモデル)M1の方に片寄っている．すなわち，M1とM2が無差別($\Delta_p=\Delta_{p-r}$)のとき，M1を選択する確率が1/2以上である．また，自由度修正重相関にもとづく決定は，有意点を1にとるのと同じことだから，$r=1$ のとき，ほぼ不偏であることがわかる．

7.1.8　包含関係にないモデルの比較

回帰モデルが包含関係にない場合でも，AICや $\bar{R}$ はそのまま適用できる．しかし，C_p 基準については，未知の分散 ω^2 をいかにして推定すべきか，というやっかいな問題が生じてくる．たとえば

$$(7.57)\qquad \begin{aligned} &\text{M1}:\quad \boldsymbol{y}=\boldsymbol{X}_1\boldsymbol{\beta}_1+\boldsymbol{\varepsilon}_1,\\ &\text{M2}:\quad \boldsymbol{y}=\boldsymbol{X}_2\boldsymbol{\beta}_2+\boldsymbol{\varepsilon}_2 \end{aligned}$$

という包含関係にない(unnested)二つの回帰モデルを比較する場合，両方を含むモデル，すなわち $\boldsymbol{X}_1\cup\boldsymbol{X}_2$ を説明変数とするモデルを推定して，その不偏分散推定値を $\hat{\omega}^2$ にすることが考えられる．

包含関係にない場合，諸基準にもとづく選択を予備的検定に帰着させることはできないので，諸基準間の関連を論ずることはむずかしい．

帰無仮説が対立仮説に包含されない場合の尤度比検定について，コックス(D. R. Cox)の研究がある[1]．帰無仮説と対立仮説が包含関係にあるとき，尤度比の対数に -2 をかけた統計量

$$(7.58)\qquad -2\log\frac{L(\hat{\boldsymbol{\theta}}_1|\boldsymbol{y})}{L(\hat{\boldsymbol{\theta}}_2|\boldsymbol{y})}$$

は，近似的に自由度 r の χ^2 分布にしたがう．ただし r は，帰無仮説の含意する，未知母数にかんする制約条件の個数であり，$\hat{\boldsymbol{\theta}}_1$ は帰無仮説のもとでの最尤推定量，$\hat{\boldsymbol{\theta}}_2$ は対立仮説のもとでの最尤推定量である．仮説が包含関係にない場合には，むろん，こうしたことは成りたたない．そこで(7.58)の分布を正規分布で近似して，検定方式を導こうというのがコックスの考え方の大筋である．回帰モデルの変数選択や関数型の選択のために，コックスの方法は，ある程度有効と思われる．しかしこの方法は，これまでのところ，あまり実用され

---

1) D. R. Cox: Tests of Separate Families of Hypotheses, *Proc. 4th Berkeley Symp.*, Vol. 1, 1961, pp. 105-123を参照せよ．

ていないし，分布の近似度についてもよくわかっていないので，これ以上，深入りすることはさけたい．

容易に確かめられるように，モデルが包含関係にあろうがなかろうが，MAIC 決定方式は，尤度比 (7.58) が“母数の個数の差”の 2 倍を超えるか否かによって，M2 または M1 を選択する．ただし，$L(\hat{\boldsymbol{\theta}}_1|\boldsymbol{y})$ は M1 のもとでの最大尤度，$L(\hat{\boldsymbol{\theta}}_2|\boldsymbol{y})$ は M2 のもとでの最大尤度である．

7.1.9 数値例

回帰分析の応用例として引用されることの多い，ハルド(A. Hald)のデータに，以上述べきたった諸基準を適用してみよう．セメントの発熱量を，その化学的素成によって説明しようという試みである．データは，表 7.4 に見るとおりである．X_1 から X_4 は，各々，セメントを構成する成分の量であり，従属変数 Y は，セメント 1 g 当りの発熱量である．定数項のほかに合計 4 個の説明変数があるわけだから，可能な回帰式の数は 15 である．15 本の回帰式全部について，R^2, AIC, C_p, $\bar{R}^2$ を計算した結果が，表 7.5 に収められている．

C_p 基準の計算に必要な ω^2 の推定値には，すべての説明変数を含む(最大の)モデルの不偏分散推定値をあてることにした．このほかたとえば，すべての回帰式の不偏分散推定値を比べてみて，その最小値を $\hat{\omega}^2$ とする，という方法も考えられよう．いずれにせよ，$\hat{\omega}^2$のとり方によって，変数選択の結果が影響されるという点は，C_p を実用化するうえでの難点といえよう．

AIC による序列と C_p による序列とは，ほぼ一致している．これらの基準が漸近的に同等であることから，当然，予想される結果といえる．$\bar{R}$ による序列と，AIC または C_p による序列との

表 7.4 Hald のデータ系列

	X_1	X_2	X_3	X_4	Y
1	7	26	6	60	78.5
2	1	29	15	52	74.3
3	11	56	8	20	104.3
4	11	31	8	47	87.6
5	7	52	6	33	95.9
6	11	55	9	22	109.2
7	3	71	17	6	102.7
8	1	31	22	44	72.5
9	2	54	18	22	93.1
10	21	47	4	26	115.9
11	1	40	23	34	83.8
12	11	66	9	12	113.3
13	10	68	8	12	109.4

$X_1 = 3\,CaO \cdot Al_2O_3$ 量
$X_2 = 3\,CaO \cdot SiO_2$ 量
$X_3 = 4\,CaO \cdot Al_2O_3 \cdot Fe_2O_3$ 量
$X_4 = 2\,CaO \cdot SiO_2$ 量
Y＝セメント 1 g 当り発熱量

表 7.5　Hald のデータにもとづく回帰式

説明変数	RSS	R^2	AIC	C_p	$\bar{R}^2$	$d.f.$
(1)	1265.7	0.534	98.4(13)	200.5(14)	0.492(13)	11
(2)	906.4	0.666	92.1(10)	140.5(12)	0.636(10)	11
(3)	1939.4	0.286	104.0(15)	313.2(15)	0.221(15)	11
(4)	883.9	0.675	93.7(11)	136.7(11)	0.645(12)	11
(1,2)	57.9	0.979	58.3(1)	0.68(1)	0.975(4)	10
(2,3)	415.4	0.847	85.9(9)	60.4(9)	0.816(9)	10
(1,3)	1227.1	0.548	100.0(14)	196.1(13)	0.458(14)	10
(1,4)	74.8	0.972	63.6(6)	3.5(6)	0.966(6)	10
(2,4)	868.9	0.680	95.5(12)	136.2(10)	0.616(11)	10
(3,4)	175.7	0.935	74.7(8)	20.4(8)	0.922(8)	10
(1,2,3)	48.1	0.982	59.9(3)	1.04(3)	0.976(2)	9
(1,3,4)	50.8	0.981	60.6(4)	1.50(4)	0.975(3)	9
(1,2,4)	48.0	0.982	59.9(2)	1.02(2)	0.976(1)	9
(2,3,4)	73.8	0.973	65.5(7)	5.33(7)	0.964(7)	9
(1,2,3,4)	47.9	0.982	61.8(5)	3.00(5)	0.974(5)	8

たとえば (1,2) は，X_1 と X_2 を含む回帰式という意味である．AIC, C_p, $\bar{R}^2$ の欄のカッコの中の数字は，おのおのの基準による回帰式の良さの順序づけである．

間には，かなりの差が認められる．すでに述べたように，$\bar{R}$ にもとづく決定方式は，他の基準によるものと比べて，変数の追加にたいして寛容である．そのため，AIC と C_p が (1,2) を選ぶのにたいし，$\bar{R}$ は (1,2,4) を選ぶ．しかしながら，15 本の回帰式の順序づけにかんするかぎり，諸基準間に大差は認められない．ちなみに，AIC と $\bar{R}$ による順序づけの間の順位相関係数は 0.97 と高い．

予備的検定にもとづく逐次選択法は，変数群にどういう先験的序列をあたえるかによって，結果に大差が生じてくる．たとえば，従属変数との単相関の大きさによって(4,2,1,3)という序列をあたえたとしよう．(4)→(4,2)→(4,2,1)→(4,2,1,3)という順序で，AIC，C_p または $\bar{R}$ が減少するかぎり前へ進む，という決定方式にしたがうとしよう．AIC は(4)を，C_p および $\bar{R}$ は(4,2,1)を選ぶ．回帰式(4)は，AIC による全体の順序づけでは下位にランクされているにもかかわらず，逐次決定方式によると選択されることになる．

まずはじめに従属変数との単相関が最大の変数を選び，ついで，残りの変数のうちから偏相関の最大のものを選び，F 比で測られる当該変数の“寄与率”

が2以上ならば，その変数を式にとり込んで前に進む，という変数増加法によると，(4, 1, 2) が選ばれる．また逆に，(1, 2, 3, 4) から出発して，“寄与率”が2以下の変数を，逐次的にとり除いてゆくという変数減少法だと (1, 2) が選ばれる．

7.2 多重共線性

7.2.1 多重共線とは

回帰モデルの $n \times p$ 説明変数行列 $\boldsymbol{X}$ について，その階数は p であることが仮定されていた．そのためには，観測値の個数 n が，変数の数 p よりも大きいこと，さらに $\boldsymbol{X}$ の p 個の列が1次独立であることが必要である．この仮定が満たされない場合，行列 $\boldsymbol{X}'\boldsymbol{X}$ の階数は p 未満となり，その逆行列は存在しない．したがって，最小2乗推定量は定義されない(一般化逆行列を用いて，$\mathrm{rank}\boldsymbol{X} < p$ の場合に最小2乗推定量の定義を拡張してやることは可能である．しかしながら，こうして便宜的に拡張された最小2乗推定量の意味づけは，必ずしも明確でないため，本書では，通常の意味での逆行列が存在する場合にかぎって最小2乗推定量を定義することにしたい)．

さて，行列 $\boldsymbol{X} = (\boldsymbol{x}_1, \boldsymbol{x}_2, \cdots, \boldsymbol{x}_p)$ の階数が p 未満であるということは，

$$\alpha_1 \boldsymbol{x}_1 + \alpha_2 \boldsymbol{x}_2 + \cdots + \alpha_p \boldsymbol{x}_p = \boldsymbol{0} \tag{7.59}$$

となるような，すべてがゼロではない定数 $\alpha_1, \alpha_2, \cdots, \alpha_p$ が存在することを意味する．すなわち，p 個の変数に“共線関係”が存在することを意味する．

いま説明の便宜上，$p=2$ として，$\boldsymbol{x}_1 = \alpha \boldsymbol{x}_2$ という関係が成りたっているとしよう．このとき

$$\boldsymbol{y} = \beta_1 \boldsymbol{x}_1 + \beta_2 \boldsymbol{x}_2 + \boldsymbol{\varepsilon} \tag{7.60}$$

と

$$\boldsymbol{y} = (\alpha\beta_1 + \beta_2)\boldsymbol{x}_2 + \boldsymbol{\varepsilon} \tag{7.61}$$

とは，みかけ上，同等であり，与えられた観測値にもとづいて，一方を他方から識別することは不可能である．つまり，X_1 が変動すれば，それに比例して X_2 も変動するため，Y の変動を規定する要因が，2変数 X_1 と X_2 であると考えても，X_2 だけだと考えても，みかけ上は同じことになる．X_1 と X_2 の各々

が，Yの変動をどの程度“説明”するかに関心があっても，与えられた観測値データの共線関係のために，いかんともしがたい．

ところで一般には，説明変数のあいだに，厳密な共線関係が存在しているなどということは，めったにない．現実に起こりうるのは，共線関係が近似的に成りたっているケース，すなわち，すべてがゼロでない定数$\alpha_j\,(j=1,2,\cdots,p)$にたいして

$$\alpha_1\boldsymbol{x}_1+\alpha_2\boldsymbol{x}_2+\cdots+\alpha_p\boldsymbol{x}_p\fallingdotseq\boldsymbol{0} \tag{7.62}$$

となるケースである．このような場合，回帰係数$\boldsymbol{\beta}$を最小2乗推定することは，原則として可能である．しかし実際問題として，以下に述べるような推定上の困難が生じてくる．

$p=2$の場合について考えよう．$\boldsymbol{X}'\boldsymbol{X}=(m_{ij})$，$\boldsymbol{X}'\boldsymbol{y}=(m_{iy})$とすれば，(7.60)の$\beta_1$と$\beta_2$の最小2乗推定量は，正規方程式

$$\begin{aligned}m_{11}\hat{\beta}_1+m_{12}\hat{\beta}_2&=m_{1y},\\ m_{12}\hat{\beta}_1+m_{22}\hat{\beta}_2&=m_{2y}\end{aligned} \tag{7.63}$$

の解

$$\hat{\beta}_1=\frac{m_{22}m_{1y}-m_{12}m_{2y}}{m_{11}m_{22}-m_{12}{}^2},\qquad \hat{\beta}_2=\frac{m_{11}m_{2y}-m_{12}m_{1y}}{m_{11}m_{22}-m_{12}{}^2} \tag{7.64}$$

によって与えられる．$\boldsymbol{x}_1$と$\boldsymbol{x}_2$の間に近似的な共線関係$\boldsymbol{x}_1\fallingdotseq\alpha\boldsymbol{x}_2$が成りたっておれば，$|(m_{ij})|\fallingdotseq 0$，すなわち

$$m_{11}m_{22}-m_{12}{}^2\fallingdotseq 0 \tag{7.65}$$

となり，最小2乗推定値は一応求まるものの，分母がゼロに近いため，その値はさぞかし不安定であろうと予想される．実際，分母がゼロに近いということは，観測誤差や丸めの誤差のために，分子の値がごくわずか変化したとき，推定値が大幅に変動する可能性を示唆している．また，$\hat{\beta}_1$と$\hat{\beta}_2$の分散共分散行列は

$$\sigma^2\begin{bmatrix}m_{11} & m_{12}\\ m_{12} & m_{22}\end{bmatrix}^{-1}=\frac{\sigma^2}{m_{11}m_{22}-m_{12}{}^2}\begin{bmatrix}m_{22} & -m_{12}\\ -m_{12} & m_{11}\end{bmatrix} \tag{7.66}$$

となる．多重共線のために，たとえσ^2が小さくても，推定量の分散・共分散は著しく大きくなることがわかる．すなわち，得られた推定値の信頼度は非常に低い．さらに，$\boldsymbol{x}_1$と$\boldsymbol{x}_2$が強い正の相関をもっている$(\alpha>0)$ならば，$\hat{\beta}_1$と$\hat{\beta}_2$の間に強い負の相関が生じてくる．このことは，X_1の係数β_1を過大(または過小)

推定したとすれば，逆に，X_2の係数β_2を過小(または過大)推定する傾向の強いことを示している．この事実は，直観的にも納得されるであろう．多重共線のもたらす困難というのは，要するに，β_1とβ_2の識別が不可能に近いということである．YにたいするX_1とX_2の重なりあった影響は観察可能であるけれども，個別の影響を分離して検出することは困難である．こうした状況のもとでは，一方の影響を過大評価すれば，必然，他方を過小評価することになるであろう．

7.2.2 多重共線の原因

多重共線の問題は，とりわけ社会科学的データの回帰分析にたずさわる人達にとって，最大の頭痛の種である．すでにみたとおり，この問題は，ある意味で「データ観測上の問題」であり，能動的な観測または実験の不可能な分野において不可避の問題ともいえる．実験計画が可能な分野では，説明変数行列を自在にデザインすることができる．それゆえ，多重共線などということは，ほとんど問題とされない．

説明変数間の多重共線関係が，与えられた標本データにおいて，たまたま認められるにすぎないのか，あるいは，もっと本質的な構造的理由によるのかを区別しておく必要がある．前者の場合には，観測値データを増やすことによって，あるいは観測をやりなおすことによって，問題を回避することができる．しかしながら後者の場合には，観測値の個数をいくら増やしても，問題の解決にはならない．たとえば，2変数X_1とX_2はYの変動を規定する要因としては“独立”だけれども，それらの変動は独立でない．すなわち，第3の変数X_3が背後に存在しており，X_1とX_2の変動の大部分は，X_3の変動によって規定されている，という場合がありうる．こうした場合，X_1とX_2の間の共線性は“構造的”であって，それだけに問題の処理はやっかいである．

多重共線に対処するためのひとつの可能な推定上の工夫として，後に述べるリッジ回帰という方法がある．それはさておき，通常よく用いられるのは，多重共線関係にある変数群の一部を除去するという方法である．かりにX_1とX_2が強度の多重共線関係にあるとしよう．X_1がすでに式に含まれているとき，X_2を追加することによりもたらされる“説明力”の増加はそう大きくない，と予想される．前節で述べた説明変数選択のためのいずれの基準によるとしても，X_2 の追加は有意味でない，と判定されるであろう．その結果，X_2 の Y にたいする影響は，X_1 のそれに吸収されてしまうことになる．回帰分析の目的が予測であり，X_1 と X_2 の多重共線が構造的なものであれば，X_2 を除去することによって，(モデルの定式化に誤りがあるにもかかわらず) より精度の高い予測がかなえられるであろう． 結局， 多重共線の問題は，「共線関係にある変数の一部を除去する」ことにより処理されている，というのが実状といってさしつかえなかろう．

7.2.3 数値例

多重共線性が，回帰モデルの推定にいかほどの困難をもたらすかを例示する

表 7.6　心臓疾患による死亡率とカロリー摂取[1)]

国名	X_1	X_2	Y	国名	X_1	X_2	Y
オーストラリア	33	8	81	メキシコ	23	3	43
オーストリア	31	6	55	オランダ	37	6	38
セイロン	17	2	24	ニュージーランド	40	8	72
デンマーク	39	6	52	ノルウェー	38	6	41
フィンランド	30	7	88	ポルトガル	25	4	38
フランス	29	7	45	スウェーデン	39	7	52
ドイツ	35	6	50	スイス	33	7	52
アイルランド	31	5	69	イギリス	38	6	66
イスラエル	23	4	66	アメリカ	39	8	89
イタリア	21	3	45	カナダ	38	8	80
日本	8	3	24				

X_1=総カロリーに占める脂肪のカロリーの比率，X_2=総カロリーに占める動物性蛋白のカロリーの比率，$Y=100\times$[log(55歳から59歳までの男子10万人当りの心臓疾患による死亡者数)−2]．

表 7.7　回帰分析 (表 7.6 のデータ)

変数	係数値	標準誤差	t 比
X_1	−0.2230	0.6563	−0.340
X_2	8.0437	3.0046	2.677
定数項	16.6217	11.9115	1.395
$n=21$	$R^2=0.499$		$s=1.3057$

1) E. Hilleboe: Fat in the Diet and Mortality from Heart Disease; A Methodological Note, *New York State Journal of Medicine*, 57, 1957, pp. 2243-54.

ために，表7.6のデータを回帰分析してみよう．心臓病の発症率というものが，動物性蛋白や脂肪の摂取量と関係あることは，よく知られた事実である．こうした関係を検証するために用意されたのが，表7.6のデータである．

表 7.8 相関行列

	X_1	X_2	Y
X_1	1.0	0.823	0.547
X_2		1.0	0.704
Y			1.0

まずはじめに，Y(＝心臓病による死亡率)を，X_1(＝脂肪による摂取カロリー比率)とX_2(＝蛋白質による摂取カロリー比率)に線形回帰してみると，表7.7のような結果が得られる．予想に反して，X_1の係数推定値は負となった．推定値の有意性を示すt比の絶対値は0.34ときわめて低い．この推定結果は脂肪の摂取が多ければ多いほど心臓病による死亡率が低い，あるいは，脂肪の摂取量と心臓病による死亡率との間には有意な関係が認められない，という常識に反した結論を示唆するのであろうか．こうした結論に飛躍する前に，もっと詳しくデータを見てみよう．3変数の相関係数は表7.8に見るとおりである．この表からすぐにわかるように，YをX_1だけに回帰したときの決定係数は$(0.547)^2=0.299$である．回帰係数の符号は，むろん正である．回帰式の有意性を(5.43)の検定統計量によって調べてみると

$$W_0^{obs}=\frac{0.299}{1-0.299}\div\frac{1}{19}=8.10. \tag{7.67}$$

限界水準は0.0126となり，YをX_1のみで説明する回帰式の有意性はかなり高い．にもかかわらず，X_1とX_2の両方を説明変数にする回帰式においては，X_1の係数は負に推定され，有意でない．ところで，X_1とX_2の相関係数は0.823ときわめて高い．一般に，動物性蛋白の含有量の高い食品は脂肪も多く含む傾向がある．したがって，X_1とX_2の間に高い相関が存在するのは納得できる．結局，表7.8のような容易に首肯できない推定結果を得たのは，X_1とX_2の共線関係によるのであり，もっとはっきりした結論を得るためには，観測値の個数をさらに増やすほかなさそうである．

数値例をもうひとつ示そう．表7.9のデータの説明変数X_1, X_2, X_3の間に強度の多重共線が存在することは，一見しただけでも明らかであろう．実際，3変数間の相関は，表7.12に見るとおり，きわめて高い．まずはじめに，1～20

表 7.9　多重共線の強いデータ

	X_1	X_2	X_3	Y
1	0.9058	0.7032	0.9122	3.3969
2	−1.2412	−0.5561	−1.1962	−0.3080
3	−2.0597	−1.6159	−1.9354	−6.3585
4	1.2744	1.5220	0.8931	6.4611
5	−0.1614	−0.1057	0.2681	0.2937
6	−1.5733	−1.3272	−1.3775	−5.0308
7	0.2498	0.3383	−0.1730	1.5801
8	0.7747	0.8368	0.9919	4.8025
9	−0.6027	0.0268	0.0878	1.7319
10	−0.6211	−0.5603	−0.4230	−2.6825
11	−0.6197	−0.2043	−0.5523	−0.0131
12	−0.5850	0.1953	−0.4545	0.5272
13	1.4753	0.8339	1.7095	5.5834
14	0.6292	0.5757	0.4698	2.2575
15	0.4562	0.6753	0.5587	2.9447
16	−0.7657	−0.5887	−0.9011	−2.1265
17	0.5347	0.1881	0.3307	2.6529
18	1.3280	1.1656	1.0959	5.0004
19	0.0108	−0.6710	−0.5096	−0.0384
20	−0.2672	0.0047	−0.0680	0.8022
21	0.2831	0.2834	0.1107	3.4818
22	1.3401	1.2898	1.3038	6.7089
23	−1.8143	−1.5703	−1.2902	−6.5048
24	−0.4386	−0.5724	−0.6075	0.0824
25	−0.4300	−0.7227	−0.9668	−0.1089
26	0.3104	0.5535	0.5141	1.5196
27	0.4720	0.2344	0.3979	1.1541
28	−0.7847	−0.4588	−0.1298	−2.4874
29	−0.6901	−0.7513	−0.7630	−2.4128
30	0.2091	0.3651	0.5264	1.6498

表 7.10　回　帰　分　析　I

変　数	係数値	標準偏差	t 比
X_1	0.56538	0.72364	0.78
X_2	2.76127	0.65007	4.25
X_3	0.60275	0.72849	0.83
定 数 項	0.90799	0.19981	4.54
$n=20$	$R^2=0.9468$	$s=0.8443$	

表 7.11 回帰分析 II

変数	係数値	標準偏差	t 比
X_1	1.81834	0.62813	2.89
X_2	2.80892	0.64629	4.35
X_3	−0.73011	0.64026	−1.14
定数項	0.92736	0.17503	5.30
$n=30$	$R^2=0.9329$	$s=0.9297$	

表 7.12 説明変数間の相関行列

	X_1	X_2	X_3
X_1	1.0	0.93	0.94
X_2		1.0	0.92
X_3			1.0

の 20 個の観測値を用いて回帰分析すると，表 7.10 のような結果が得られる．次に 30 個全部の観測値を用いて回帰分析すると，結果は表 7.11 のようになる．

30 個の観測値は，同一の構造から生成されたにもかかわらず，全体をつかっての推定結果と，一部分をつかっての推定結果に大きな差違が生じてくる．このことは，とりもなおさず，多重共線の存在するとき推定値が“不安定”になることのあらわれである．実のところ，これらの観測値を生みだした真の構造は

$$y_i=1+x_{1i}+2x_{2i}+x_{3i}+\varepsilon_i, \qquad \varepsilon_i \sim N(0,1) \tag{7.68}$$

である．いずれにせよ，定数項を除いて，回帰係数の推定値は，その真値から大きく隔たっている．多重共線の故である．ただし係数推定値の和は，いずれも 4 に近い．

以上の数値例が鮮かに示すように，回帰分析の結果は，多重共線の存在によって，いちじるしく歪められる可能性が高い．

7.2.4 リッジ回帰

説明変数間に多重共線が存在するとき，ひとつの可能な対応策として，最小 2 乗法に次のような改良をほどこす方法がある．積率行列 $\boldsymbol{X}'\boldsymbol{X}$ が特異に近いことがそもそもの原因なのだから，$\boldsymbol{X}'\boldsymbol{X}$ の対角要素に正定数 k を加えて，

$$\hat{\beta}_k=(\boldsymbol{X}'\boldsymbol{X}+k\boldsymbol{I})^{-1}\boldsymbol{X}'\boldsymbol{y} \tag{7.69}$$

という推定量を考えてみる．このような推定量のことを，**リッジ (ridge) 推定量**という．リッジ推定量は，むろん不偏でない．しかし，$\boldsymbol{X}'\boldsymbol{X}+k\boldsymbol{I}$ の逆行列

は，$\boldsymbol{X}'\boldsymbol{X}$ のそれよりも“安定的”と予想される．また実際，

$$V(\hat{\beta}_k)=\sigma^2(\boldsymbol{X}'\boldsymbol{X}+k\boldsymbol{I})^{-1}\boldsymbol{X}'\boldsymbol{X}(\boldsymbol{X}'\boldsymbol{X}+k\boldsymbol{I})^{-1} \leq \sigma^2(\boldsymbol{X}'\boldsymbol{X})^{-1}=V(\hat{\beta}) \tag{7.70}$$

となることが容易に確かめられ，$\hat{\beta}_k$ の分散は，$\hat{\beta}$ のそれよりも小さいことがわかる．したがって，k をうまく選べば，リッジ推定量を用いることにより，推定値や予測値の平均2乗誤差を小さくできる．

実際問題として，k の値の決め方は難しい．いくつかの方法が提案されているが，いずれも計算が面倒であったり，恣意性が強すぎたりして，実用化には程遠いようである[1)]．

リッジ推定を用いることによって，多重共線がどの程度回避できるかを示す

表 7.13　リッジ回帰による推定値

k	$\hat{\beta}_1$	$\hat{\beta}_2$	$\hat{\beta}_3$
0.0	1.8183	2.8089	−0.7301
0.05	1.4691	2.2315	0.1049
0.10	1.3431	1.9615	0.4233
0.15	1.2725	1.7999	0.5857
0.20	1.2238	1.6891	0.6803
0.25	1.1861	1.6062	0.7396
0.30	1.1549	1.5404	0.7783
0.35	1.1278	1.4860	0.8038
0.40	1.1035	1.4395	0.8206
0.45	1.0815	1.3988	0.8314
0.50	1.0610	1.3625	0.8379
0.55	1.0419	1.3298	0.8411
0.60	1.0239	1.2998	0.8420
0.65	1.0069	1.2722	0.8411
0.70	0.9906	1.2465	0.8388
0.75	0.9751	1.2224	0.8354
0.80	0.9602	1.1998	0.8311
0.85	0.9459	1.1784	0.8262
0.90	0.9321	1.1581	0.8208
0.95	0.9188	1.1388	0.8150
1.00	0.9060	1.1203	0.8089

1)　k の選択について詳しくは，後藤昌司「多変量データの解析法」（科学情報社）pp. 75-86 を参照されたい．

ために，表 7.9 のデータにリッジ回帰を適用した結果を表 7.13 に示した．なお $\boldsymbol{X}'\boldsymbol{X}$ にたいする $k\boldsymbol{I}$ の重みを明確にするため，説明変数を基準化したモデル

$$(7.71)\qquad y_i=\alpha_1\left(\frac{x_{1i}-\bar{x}_1}{s_1}\right)+\alpha_2\left(\frac{x_{2i}-\bar{x}_2}{s_2}\right)+\alpha_3\left(\frac{x_{3i}-\bar{x}_3}{s_3}\right)+\varepsilon_i$$

にリッジ回帰を適用し α_j の推定値 $\hat{\alpha}_j$ を得たのち，$\hat{\beta}_j=\hat{\alpha}_j/s_j$ として β_j の推定値を求めた．ただし，$\bar{x}_j=\sum_i x_{ji}/n$，$s_j{}^2=\sum_i(x_{ji}-\bar{x}_j)^2/n$，$\alpha_j=\beta_j s_j$ である．

$k=0$ の場合は，当然のこと表 7.11 の推定結果と一致している．積率行列の対角要素をわずかに大きくする($k=0.05$ の欄を見よ)だけで，推定値の符号は逆転する．$k=0.45$ 前後で推定値は安定するようになる．すなわち，k の値をこれ以上大きくしても，推定値にさほど大きな変化は認められない．ちなみに $k=0.45$ のとき，推定値は，$\hat{\beta}_1=1.0815$，$\hat{\beta}_2=1.3988$，$\hat{\beta}_3=0.8314$ となる．回帰係数の真値が $\beta_1=1$, $\beta_2=2$, $\beta_3=1$ であったことを思い起こすと，表 7.11 に与えられる単純回帰の推定結果にくらべて，多少の改善はかなえられたといえよう．

7.3 変数変換と非線形性

7.3.1 変数変換による線形化

これまでの議論は，従属変数 Y と説明変数 $X_1, \cdots, X_p$ との関係が線形(1次)式であらわされることを前提としてきた．一般に，変数間の関数関係というものは，せまい範囲で局所的にみるかぎり，おおむね1次式で近似できる場合がほとんどである．しかしながら，広い範囲で大局的にみると，多くの場合，なんらかの非線形性が認められる．だからといって，線形回帰分析を無用ときめつけるのは早計である．変数を適当に変換(たとえば対数をとる)することによって，非線形な関係を線形表示できる場合が決して少なくない．

線形化の可能な非線形関数の代表例は，表 7.14 に見るとおりである．これらの関数を図示したのが，図 7.2 である．

線形対数 (log–linear) モデル (i) は，経済データの回帰分析によく用いられる．たとえば，生産設備(x)を2倍にしても産出高(y)が比例的に倍加する($\beta=1$)とは限らない．2倍以上になる($\beta>1$)こともあれば，それ以下($\beta<1$)のこともある．またこのモデルは，弾性値(x の増加率と y の増加率との比)

表 7.14 線形化の可能な関数例

関数		変数変換	線形表示	図示
(i)	$y=\alpha x^{\beta}$	$y'=\log y$, $x'=\log x$	$y'=\log\alpha+\beta x$	(a), (b)
(ii)	$y=\alpha e^{\beta x}$	$y'=\log y$	$y'=\log\alpha+\beta x$	(c), (d)
(iii)	$y=\alpha+\beta\log x$	$x'=\log x$	$y=\alpha+\beta x'$	(e), (f)
(iv)	$y=\dfrac{x}{\alpha x-\beta}$	$y'=\dfrac{1}{y}$, $x'=\dfrac{1}{x}$	$y=\alpha-\beta x'$	(g), (h)
(v)	$y=\dfrac{e^{\alpha+\beta x}}{1+e^{\alpha+\beta x}}$	$y'=\log\left(\dfrac{y}{1-y}\right)$	$y'=\alpha+\beta x$	(i)

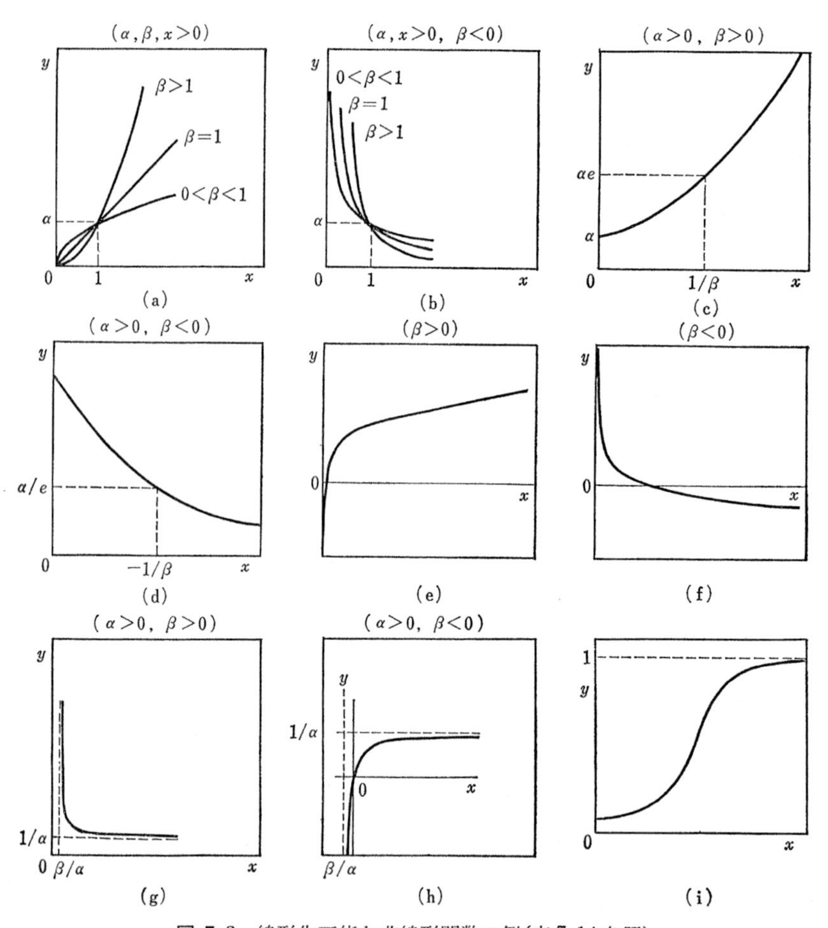

図 7.2 線形化可能な非線形関数の例(表 7.14 参照)

(7.72) $$\frac{\Delta y/y}{\Delta x/x} \fallingdotseq \frac{dy}{dx}\cdot\frac{x}{y}=\beta$$

が一定値になるような関係をあらわしている.

モデル (ii) は指数関数モデルと呼ばれる. xが時間をあらわす変数だとすれば, 成長率

(7.73) $$\frac{dy}{dx}\cdot\frac{1}{y}=\beta$$

が一定となる関係をあらわしている.

モデル (iii) については

(7.74) $$\frac{dy}{dx}\cdot\frac{x}{y}=\frac{\beta}{y}$$

となり, 弾性性がyの増大とともに, 次第に逓減してゆく関係をあらわしている. 従属変数の変動に, 一定の上限または下限が存在し, 説明変数の増大とともに従属変数がそうした限界に漸近してゆく, という関係を示すのがモデル (iv) である.

モデル (v) はロジスティック関数とよばれ, 微分方程式

(7.75) $$\frac{dy}{dx}\cdot\frac{1}{y}=\beta(1-y), \qquad 0<y<1$$

の解である. yの(xの増加にたいする)成長率が, yが1に漸近するにつれて逓減する, という関係をあらわしている. §7.3.3で述べる2項回帰モデルとの関連で, 重要な非線形モデルのひとつである.

7.3.2 ボックス=コックス変換

非線形な関係を守備よく線形近似するための巧妙な方法が, ボックス(G. E. P. Box)とコックス(C. R. Cox)によって提案されている. 簡単に紹介しておこう[1].

従属変数yに, 次のような変換をほどこす.

(7.76) $$\begin{aligned} y^{(\lambda)} &= \frac{y^{\lambda}-1}{\lambda}, \qquad \lambda \fallingdotseq 0,\ -1\leq\lambda\leq 1 \\ &= \log y, \qquad \lambda=0 \end{aligned}$$

1) 詳細は原論文 Box and Cox: An Analysis of Transformations, *Journal of the Royal Statistical Society, B*, 26, pp. 211-252を参照せよ.

$\lim_{\lambda\to 0}(y^\lambda-1)/\lambda=\log y$ となることは容易に確められる．したがってこの変換群は，平方根，3乗根，対数，逆数等の変換をすべて含むことがわかる．

$\boldsymbol{y}^{(\lambda)}=(y_1{}^{(\lambda)}, y_2{}^{(\lambda)}, \cdots, y_n{}^{(\lambda)})'$ として，

$$\boldsymbol{y}^{(\lambda)}\sim N(\boldsymbol{X\beta}, \sigma^2\boldsymbol{I}) \tag{7.77}$$

を仮定する．すなわち，変換された従属変数の観測値ベクトルが線形正規回帰モデルにしたがうことを仮定する．λ もまた未知母数であることに注意しよう．観測値ベクトル $\boldsymbol{y}$ の同時密度(尤度)関数は

$$L=\frac{|J|}{(2\pi\sigma^2)^{n/2}}\exp\left\{-\frac{1}{2\sigma^2}(\boldsymbol{y}^{(\lambda)}-\boldsymbol{X\beta})'(\boldsymbol{y}^{(\lambda)}-\boldsymbol{X\beta})\right\} \tag{7.78}$$

となる．ただし，$|J|$ はヤコビアン

$$J=\prod_{i=1}^{n}\frac{dy_i{}^{(\lambda)}}{dy_i}=\prod_{i=1}^{n}y_i{}^{\lambda-1} \tag{7.79}$$

の絶対値である．$|J|$ は β や σ^2 と無関係だから，とりあえず λ を所与の定数と思って，β と σ^2 にかんして $\log L$ を最大にすると，その最大値は

$$\begin{aligned}\log L_{\max}(\lambda)&=-\frac{n}{2}\log(2\pi)-\frac{n}{2}-\frac{n}{2}\log\{\mathrm{RSS}(\lambda;\boldsymbol{y})\}-\frac{1}{2}\log J\\&\propto-\frac{n}{2}\log\{\mathrm{RSS}(\lambda;\boldsymbol{z})\}\end{aligned} \tag{7.80}$$

となる．ただし

$$\mathrm{RSS}(\lambda;\boldsymbol{y})=\boldsymbol{y}^{(\lambda)\prime}[\boldsymbol{I}-\boldsymbol{X}(\boldsymbol{X}'\boldsymbol{X})^{-1}\boldsymbol{X}']\boldsymbol{y}^{(\lambda)} \tag{7.81}$$

$\boldsymbol{z}^{(\lambda)}$ は

$$z_i{}^{(\lambda)}=\frac{y_i{}^{(\lambda)}}{J^{1/n}}=\begin{cases}\dfrac{y_i{}^{(\lambda)}}{\tilde{y}^{\lambda-1}}, & \lambda\neq 0\\ \tilde{y}\log y_i, & \lambda=0\end{cases} \tag{7.82}$$

を第 i 要素とする n 次元ベクトル，$\tilde{y}$ は観測値の幾何平均

$$\tilde{y}=\left(\prod_{i=1}^{n}y_i\right)^{1/n} \tag{7.83}$$

である．

$|\lambda|\leq 1$ の範囲内で λ の値を適当に変化させ，対応する $L_{\max}(\lambda)$ を計算し，$L_{\max}(\lambda)$ が最大となるような λ を選べばよい．

7.3.3　2項回帰モデル

非線形モデルを線形化して最小2乗推定するという方法の一例として，2項

回帰モデルを紹介しておこう．2項確率変数 z ($z=0$ または 1) の確率

(7.84) $$p_z(x)=\Pr\{z=1|x\}$$

が，なんらかの説明変数 x に依存するものとしよう．たとえば，庭つき一戸建住宅に住む ($z=1$) か住まない ($z=0$) かは，ある程度まで，その人の所得水準 (x) に依存するであろう．また，肺がんに罹る ($z=1$) か否か ($z=0$) は，その人の喫煙量 (x) にある程度依存することであろう．すなわち一般に，ある事象が生起する確率を，なんらかの説明変数の関数とみなそうというわけである．

線形式

(7.85) $$p_z(x)=\alpha+\beta x$$

は，あきらかに不適切である．なぜならば，x の変域をあらかじめ限定しないかぎり，$0\leq p_z(x)\leq 1$ という条件が満たされないからである（以下，説明をわかりやすくするために，説明変数は1個とする．2個以上の説明変数のケースへの拡張は，まったく容易である）．そこで，なんらかの確率分布関数 $F(t)$ を選んできて

(7.86) $$p_z(x)=F(\alpha+\beta x)$$

というモデルを考えてみる．標準正規分布 $N(0,1)$ の分布関数 $\Phi(t)$ を用いたモデル

(7.87) $$p_z(x)=\Phi(\alpha+\beta x)$$

のことを，通常，**プロビット** (probit) **モデル**という．分布関数がロジスティック関数

(7.88) $$L(t)=\frac{e^t}{1+e^t}, \qquad -\infty<t<\infty$$

によって与えられる確率分布のことをロジスティック分布という．この分布は，変数の尺度を多少変換してやれば，標準正規分布と見分けがつかないほどよく似ている．そこで，(7.87) の Φ を L におきかえてやると

(7.89) $$p_z(x)=\frac{e^{\alpha+\beta x}}{1+e^{\alpha+\beta x}}$$

となり，これと同等な線形モデル

(7.90) $$\log\left[\frac{p_z(x)}{1-p_z(x)}\right]=\alpha+\beta x$$

が得られる．モデル (7.89) または (7.90) のことを，**ロジット**(logit)・**モデル**という．

ところで一般に，確率 $p_z(x)$ を正確に観測することは不可能である．いくつかの異なる説明変数値 $x_1, x_2, \cdots, x_m$ にたいして，それぞれ $n_i(>1)$ 個の観測値 $z_{i1}, \cdots, z_{in_i}$ をとって，

$$(7.91)\qquad \hat{p}(x_i)=\frac{\sum_{k=1}^{n_i} z_{ik}}{n_i}, \qquad i=1,2,\cdots,m$$

として各 $p(x_i)$ を推定せざるをえない．すべての観測値がたがいに独立であるとすれば，$E[\hat{p}(x_i)]=p(x_i)$，$V[\hat{p}(x_i)]=p(x_i)(1-p(x_i))/n_i$ となる．また，$\hat{p}(x_i)$ と $\hat{p}(x_j)$ は，$i\neq j$ ならば独立である．さて，$\hat{p}(x_i)=\hat{p}_i$ とすれば

$$(7.92)\qquad \log\left(\frac{\hat{p}_i}{1-\hat{p}_i}\right)\fallingdotseq\log\left(\frac{p_i}{1-p_i}\right)+\frac{1}{(1-p_i)p_i}(\hat{p}_i-p_i)$$

となることから

$$(7.93)\qquad \log\left(\frac{\hat{p}_i}{1-\hat{p}_i}\right)=\alpha+\beta x_i+\varepsilon_i$$

とかけば，$\varepsilon_i=(\hat{p}_i-p_i)/[p_i(1-p_i)]$ の期待値は 0，分散は

$$(7.94)\qquad V(\varepsilon_i)=\frac{1}{n_i p_i(1-p_i)}$$

となり，ε_i と $\varepsilon_j(i\neq j)$ はたがいに独立である．したがって，線形回帰モデル (7.93) の誤差項は，分散不均一しかし相互に無相関，ということになる．$V(\varepsilon_i)$ を推定値 $1/[n_i\hat{p}_i(1-\hat{p}_i)]$ によって置きかえて，一般化最小 2 乗法を適用すれば，比較的，効率の高い推定値が得られるものと予想される．すなわち

$$(7.95)\qquad \sqrt{n_i\hat{p}_i(1-\hat{p}_i)}\log\left(\frac{\hat{p}_i}{1-\hat{p}_i}\right)$$
$$=\alpha\sqrt{n_i\hat{p}_i(1-\hat{p}_i)}+\beta x_i\sqrt{n_i\hat{p}_i(1-\hat{p}_i)}+\varepsilon_i\sqrt{n_i\hat{p}_i(1-\hat{p}_i)}$$

と変換して，単純な最小 2 乗法により α と β を推定すればよい．

実例をひとつ示そう．表 7.15 は，炭坑労働者の呼吸器疾患発症率と年齢との関係を調べるためにとられたデータが収められている．推定結果は以下のとおりである．

$$(7.96)\qquad p_z(x)=\frac{\exp(-4.804+0.510x)}{1+\exp(-4.804+0.510x)}.$$

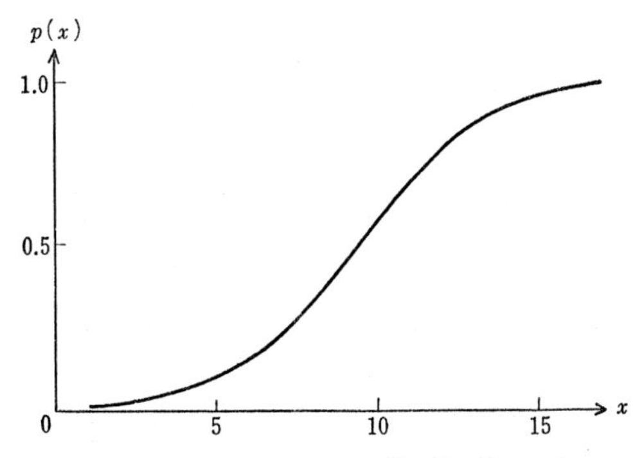

図 7.3　推定ロジスティック関数 (7.96) のグラフ

年齢とともに有症率が有意に高まることが確かめられる．推計値は，表 7.15 の第 5 欄に与えられている．

表 7.15　呼吸器疾患の有症率にかんするデータ[1]

年齢	X	有症者	無症者	有症者の推計値
20-24	1	16	1936	26
25-29	2	32	1759	34
30-34	3	73	2040	77
35-39	4	169	2614	165
40-44	5	223	2051	216
45-49	6	357	2036	356
50-54	7	521	1569	472
55-59	8	558	1192	572
60-64	9	478	658	501

炭坑労働者について，ある呼吸器疾患の有無を調べて，年齢別に仕分けしたものである．

1)　J. R. Ashford and R. R. Sowden: Multivariate Probit Analysis, *Biometrics*, 26, 1970, pp. 535-46.

文献解題

本文でも，くりかえし述べたように，回帰分析は，実用されることのもっとも多い統計手法のひとつである．にもかかわらず，回帰分析をタイトルに掲げた本は，意外に少ない．主なものをいくつかあげてみよう．

［1］ Chatterjee, S. and B. Price：*Regression Analysis by Example*, John Wiley & Sons, New York, 1977.（加納 悟・佐和隆光訳：回帰分析の実際，新曜社，1981.）

［2］ Daniel, C. and F. S. Wood：*Fitting Equations to Data*, Wiley-Interscience, New York, 1971.

［3］ Draper, N. and H. Smith：*Applied Regression Analysis*, John Wiley & Sons, New York, 1966.（中村慶一訳：応用回帰分析，森北出版，1968.）

［4］ Plackett, R. L.：*Regression Analysis*, Clarendod Press, Oxford, 1960

［5］ Seber, G. A. F.：*Linear Regression Analysis*, John Wiley & Sons, New York, 1977

［6］ 刈屋武昭：回帰分析の理論，岩波書店，1979

まず［4］は，きわめて洗練された筆致で書かれた名著である．それだけに内容は高度であり，読みこなすのは大変である．また，かならずしも網羅的ではなく，今からみると，やや時代遅れの感も否めない．日本語訳のある［3］は，回帰分析の入門書として，内外で広く愛読されている．タイトルが示すように，"応用"を主眼とし，数学的にはやさしく書かれており，実例が豊富である．"理論好き"の読者には，多少ものたりないかもしれない．もっぱら"理論"を中心に，網羅的に，最新の成果をもとり入れて書かれたのが［5］である．全体としてのまとまりと叙述のスマートさを欠くきらいはあるが，座右に備えておいて役にたつ本である．［1］と［2］は，応用例を通じて回帰分析の理論をわからせようという主旨の本である．いずれも名著といえる．とくに［1］は，応用例を通じて，回帰分析の全貌を鳥瞰しており，本書のように，どちらかというと"理論"に重きをおいた本の副読本として，まことにうってつけである．［2］は，いわゆるデータ解析学派の立場から，残差分析に重点をおいて書かれたものである．［6］は，わが国の気鋭の統計学者の手になる近著である．回帰分析の理論が，決定理論の立場から，うまく整理されている．また，検定の頑健性にかんする議論について詳しい．教科書というよりは研究書である．

回帰分析のみをテーマとする本は少ないけれども，ほとんどすべての統計学の通論的テキストは，回帰分析にかなりの紙幅をさいている．代表例をいくつかあげておこう．

［7］ Rao, C.R.：*Linear Statistical Inferences and Its Applications*, 2nd ed., John Wiley & Sons, New York, 1973.（奥野忠一他訳：統計的推測とその応用，東京図書，1977.）

［8］ 奥野忠一・芳賀敏郎他：多変量解析法，日科技連出版社，1971.

［9］ 後藤昌司：多変量データの解析法，科学情報社，1973.

［7］は，回帰分析をはじめとする，線形代数をベースとした統計理論のテキストである．かなりの大部であり，内容はかなり高級だが，大学院レベルの教科書として，内外で広く読まれている．［8］は，全体の3分の1強を回帰分析にさいており，とくに変数選択問題にくわしい．行列をつかわずに書かれており，初学者向きといえる．［9］もまた，多くの紙幅を回帰分析にさいている．リッジ回帰について詳しいのが特色である．

計量経済学のテキストや研究書にも，回帰分析の概説書としてすぐれたものが少なくない．時系列データの回帰分析に重点をおいているのが，それらの特徴である．2,3文献例をあげておこう．

［10］ Goldberger, A. S.：*Econometric Theory*, John Wiley & Sons, New York, 1964.（福地崇生・森口親司訳：計量経済学の理論，東洋経済新報社，1971.）

［11］ Johnston, J.：*Econometric Methods*, 2nd ed., McGraw-Hill, New York, 1972.（竹内　啓他訳：計量経済学の方法，東洋経済新報社，1974.）

［12］ 佐和隆光：計量経済学の基礎，東洋経済新報社，1970.

［13］ 佐和隆光：数量経済分析の基礎，筑摩書房，1974.

［11］の初版は，今日の計量経済学書の標準的スタイルをつくった画期的名著（1963年刊）である．回帰分析の一通りの理論が，きわめて要領よくまとめられている．［11］をもう少し詳しくしたのが［10］である．［12］は，教科書というよりは研究書であり，本書の第6章にあたる「標準的諸仮定からのズレ」にかんする議論を中心としており，本書においても，何度か引用されている．［13］は，行列代数を用いずに，回帰分析を初学者向けに解説したものである．

統計学の予備知識の不十分な読者には，次のような参考書をおすすめしたい．やさしい順にあげておく．

［14］ 佐和隆光：初等統計解析，新曜社，1974.

［15］ 高橋宏一他：統計学要論，共立出版，1975.

［16］ Hogg, R. V. and A. T. Craig：*Introduction to Mathematical Statistics*, 3rd ed., Macmillan, New York, 1970.

［17］ 竹内　啓：数理統計学，東洋経済新報社，1968.

線形代数の知識の補充のためには，［11］の第4章，［7］の第1章，または以下の文献を参考とされたい．

［18］ 佐武一郎：線形代数学，裳華房，1973.

［19］ 斉藤正彦：線型代数入門，東大出版会，1966.

本書では，計算プログラムについては一切触れなかった．文献［2］,［3］,［8］,［9］には，計算プログラムが与えられている．また，わが国でも普及しはじめたプログラム・パッケージ SPSS (Statistical Package for the Social Sciences) のすぐれた解説書である

［20］ 三宅一郎他：SPSS 統計パッケージ—解析編—，東洋経済新報社，1977.

の第23章が，回帰分析用プログラムの解説にあてられている．

付表 1　標準正規分布の百分位点

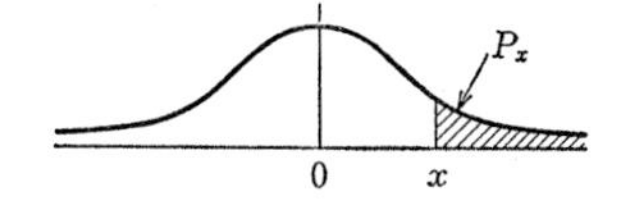

$Z \sim N(0, 1)$ のとき，
$P_x = \Pr\{Z \ge x\}$

P_x	x	P_x	x	P_x	x	P_x	x	P_x	x
0.50	0.00	**0.050**	**1.64**	0.030	1.88	0.020	2.05	**0.010**	**2.33**
0.45	0.13	0.048	1.66	0.029	1.90	0.019	2.07	0.009	2.37
0.40	0.25	0.046	1.68	0.028	1.91	0.018	2.10	0.008	2.41
0.35	0.39	0.044	1.71	0.027	1.93	0.017	2.12	0.007	2.46
0.30	0.52	0.042	1.73	0.026	1.94	0.016	2.14	0.006	2.51
0.25	0.67	0.040	1.75	**0.025**	**1.96**	0.015	2.17	**0.005**	**2.58**
0.20	0.84	0.038	1.77	0.024	1.98	0.014	2.20	0.004	2.65
0.15	1.04	0.036	1.80	0.023	2.00	0.013	2.23	0.003	2.75
0.10	**1.28**	0.034	1.83	0.022	2.01	0.012	2.26	0.002	2.88
0.05	**1.64**	0.032	1.85	0.021	2.03	0.011	2.29	**0.001**	**3.09**
								0.000	∞

頻用される％点は太字で記した．

付表 2　t 分布の 100α％点 $t_n{}^\alpha$

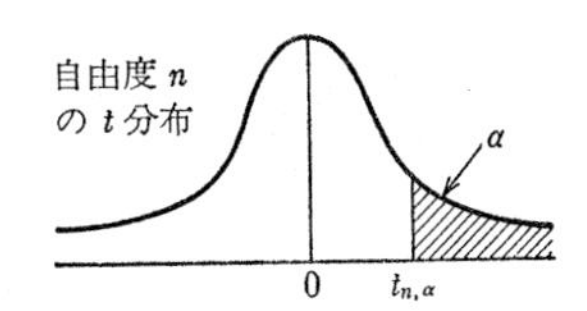

$T \sim t(n)$ のとき，
$\Pr\{T \ge t_n{}^\alpha\} = \alpha$
$\Pr\{T \le -t_n{}^\alpha\} = \alpha$
$\Pr\{|T| \ge t_{n,\alpha}\} = 2\alpha$

n (自由度)	α 0.10	0.05	0.025	0.010	0.005	n (自由度)	α 0.10	0.05	0.025	0.010	0.005
1	3.08	6.31	12.71	31.82	63.66	12	1.36	1.78	2.18	2.68	3.06
2	1.89	2.92	4.30	6.97	9.92	14	1.34	1.76	2.14	2.62	2.98
3	1.64	2.35	3.18	4.54	5.84	16	1.34	1.75	2.12	2.58	2.92
4	1.53	2.13	2.78	3.75	4.60	18	1.33	1.73	2.10	2.55	2.88
5	1.48	2.02	2.57	3.36	4.03	20	1.32	1.72	2.09	2.53	2.84
6	1.44	1.94	2.45	3.14	3.71	30	1.31	1.70	2.04	2.46	2.75
7	1.42	1.89	2.36	3.00	3.50	40	1.30	1.68	2.02	2.42	2.70
8	1.40	1.86	2.31	2.90	3.36	60	1.30	1.67	2.00	2.39	2.66
9	1.38	1.83	2.26	2.82	3.25	120	1.29	1.66	1.98	2.36	2.62
10	1.37	1.81	2.23	2.76	3.17	∞[$N(0, 1)$]	1.28	1.64	1.96	2.33	2.58

付表 3.1 F分布 $F(n_1, n_2)$ の5%点 $F_{n_1,n_2}{}^{0.05}$

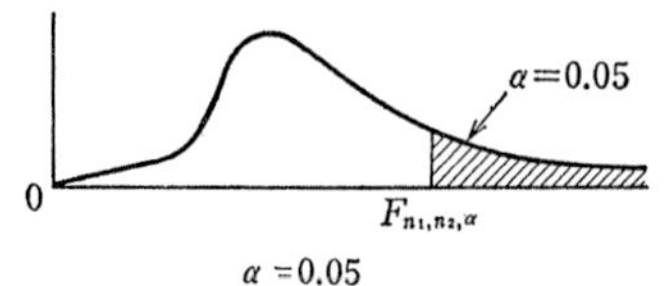

$W \sim F(n_1, n_2)$ のとき，
$\Pr\{W \geq F_{n_1,n_2}{}^{0.05}\} = 0.05$

n_2 (分母の自由度)	n_1 (分子の自由度) 1	2	4	6	8	10	12	24	∞
1	161.4	199.5	224.6	234.0	238.9	241.9	243.9	249.1	254.3
2	18.51	19.00	19.25	19.33	19.37	19.40	19.41	19.45	19.50
3	10.13	9.55	9.12	8.94	8.85	8.79	8.74	8.64	8.53
4	7.71	6.94	6.39	6.16	6.04	5.96	5.91	5.77	5.63
5	6.61	5.79	5.19	4.95	4.82	4.74	4.68	4.53	4.36
6	5.99	5.14	4.53	4.28	4.15	4.06	4.00	3.84	3.67
7	5.59	4.74	4.12	3.87	3.73	3.64	3.57	3.41	3.23
8	5.32	4.46	3.84	3.58	3.44	3.35	3.28	3.12	2.93
9	5.12	4.26	3.63	3.37	3.23	3.14	3.07	2.90	2.71
10	4.96	4.10	3.48	3.22	3.07	2.98	2.91	2.74	2.54
11	4.84	3.98	3.36	3.09	2.95	2.85	2.79	2.61	2.40
12	4.75	3.89	3.26	3.00	2.85	2.75	2.69	2.51	2.30
13	4.67	3.81	3.18	2.92	2.77	2.67	2.60	2.42	2.21
14	4.60	3.74	3.11	2.85	2.70	2.60	2.53	2.35	2.13
15	4.54	3.68	3.06	2.79	2.64	2.54	2.48	2.29	2.07
20	4.35	3.49	2.87	2.60	2.45	2.35	2.28	2.08	1.84
25	4.24	3.39	2.76	2.49	2.34	2.24	2.16	1.96	1.71
30	4.17	3.32	2.69	2.42	2.27	2.16	2.09	1.89	1.62
40	4.08	3.23	2.61	2.34	2.18	2.08	2.00	1.79	1.51
60	4.00	3.15	2.53	2.25	2.10	1.99	1.92	1.70	1.39
120	3.92	3.07	2.45	2.17	2.02	1.91	1.83	1.61	1.25
∞	3.84	3.00	2.37	2.10	1.94	1.83	1.75	1.52	1.00

付表 3.2　F 分布 $F(n_1, n_2)$ の 1 %点 $F_{n_1,n_2}{}^{0.01}$

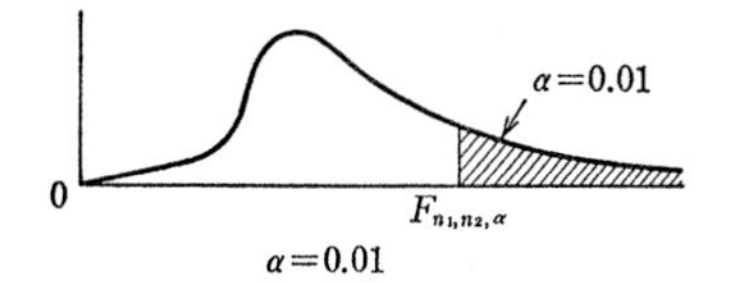

$W \sim F(n_1, n_2)$ のとき,
$\Pr\{W \geq F_{n_1,n_2}{}^{0.01}\} = 0.01$

n_2 (分母の自由度)	n_1 (分子の自由度) 1	2	4	6	8	10	12	24	∞
1	4052	5000	5625	5859	5982	6056	6106	6235	6366
2	98.50	99.00	99.25	99.33	99.37	99.40	99.42	99.46	99.50
3	34.12	30.82	28.71	27.91	27.49	27.23	27.05	26.60	26.13
4	21.20	18.00	15.98	15.21	14.80	14.55	14.37	13.93	13.46
5	16.26	13.27	11.39	10.67	10.29	10.05	9.89	9.47	9.02
6	13.75	10.92	9.15	8.47	8.10	7.87	7.72	7.31	6.88
7	12.25	9.55	7.85	7.19	6.84	6.62	6.47	6.07	5.65
8	11.26	8.65	7.01	6.37	6.03	5.81	5.67	5.28	4.86
9	10.56	8.02	6.42	5.80	5.47	5.26	5.11	4.73	4.31
10	10.04	7.56	5.99	5.39	5.06	4.85	4.71	4.33	3.91
11	9.65	7.21	5.67	5.07	4.74	4.54	4.40	4.02	3.60
12	9.33	6.93	5.41	4.82	4.50	4.30	4.16	3.78	3.36
13	9.07	6.70	5.21	4.62	4.03	4.10	3.96	3.59	3.17
14	8.86	6.51	5.04	4.46	4.14	3.94	3.80	3.43	3.00
15	8.68	6.36	4.89	4.32	4.00	3.80	3.67	3.29	2.87
20	8.10	5.85	4.43	3.87	3.56	3.37	3.23	2.86	2.42
25	7.77	5.57	4.18	3.63	3.32	3.13	2.99	2.62	2.17
30	7.56	5.39	4.02	3.47	3.17	2.98	2.84	2.47	2.01
40	7.31	5.18	3.83	3.29	2.99	2.80	2.66	2.29	1.80
60	7.08	4.98	3.65	3.12	2.82	2.63	2.50	2.12	1.60
120	6.85	4.79	3.48	2.96	2.66	2.47	2.34	1.95	1.38
∞	6.63	4.61	3.32	2.80	2.51	2.32	2.18	1.79	1.00

付表 4.1　ダービン=ワトソン比の5%有意点（d_L と d_U）

n	$k=1$ d_L	$k=1$ d_U	$k=2$ d_L	$k=2$ d_U	$k=3$ d_L	$k=3$ d_U	$k=4$ d_L	$k=4$ d_U	$k=5$ d_L	$k=5$ d_U
15	1.08	1.36	0.95	1.54	0.82	1.75	0.69	1.97	0.56	2.21
16	1.10	1.37	0.98	1.54	0.86	1.73	0.74	1.93	0.62	2.15
17	1.13	1.38	1.02	1.54	0.90	1.71	0.78	1.90	0.67	2.10
18	1.16	1.39	1.05	1.53	0.93	1.69	0.82	1.87	0.71	2.06
19	1.18	1.40	1.08	1.53	0.97	1.68	0.86	1.85	0.75	2.02
20	1.20	1.41	1.10	1.54	1.00	1.68	0.90	1.83	0.79	1.99
21	1.22	1.42	1.13	1.54	1.03	1.67	0.93	1.81	0.83	1.96
22	1.24	1.43	1.15	1.54	1.05	1.66	0.96	1.80	0.86	1.94
23	1.26	1.44	1.17	1.54	1.08	1.66	0.99	1.79	0.90	1.92
24	1.27	1.45	1.19	1.55	1.10	1.66	1.01	1.78	0.93	1.90
25	1.29	1.45	1.21	1.55	1.12	1.66	1.04	1.77	0.95	1.89
26	1.30	1.46	1.22	1.55	1.14	1.65	1.06	1.76	0.98	1.88
27	1.32	1.47	1.24	1.56	1.16	1.65	1.08	1.76	1.01	1.86
28	1.33	1.48	1.26	1.56	1.18	1.65	1.10	1.75	1.03	1.85
29	1.34	1.48	1.27	1.56	1.20	1.65	1.12	1.74	1.05	1.84
30	1.35	1.49	1.28	1.57	1.21	1.65	1.14	1.74	1.07	1.83
31	1.36	1.50	1.30	1.57	1.23	1.65	1.16	1.74	1.09	1.83
32	1.37	1.50	1.31	1.57	1.24	1.65	1.18	1.73	1.11	1.82
33	1.38	1.51	1.32	1.58	1.26	1.65	1.19	1.73	1.13	1.81
34	1.39	1.51	1.33	1.58	1.27	1.65	1.21	1.73	1.15	1.81
35	1.40	1.52	1.34	1.58	1.28	1.65	1.22	1.73	1.16	1.80
36	1.41	1.52	1.35	1.59	1.29	1.65	1.24	1.73	1.18	1.80
37	1.42	1.53	1.36	1.59	1.31	1.66	1.25	1.72	1.19	1.80
38	1.43	1.54	1.37	1.59	1.32	1.66	1.26	1.72	1.21	1.79
39	1.43	1.54	1.38	1.60	1.33	1.66	1.27	1.72	1.22	1.79
40	1.44	1.54	1.39	1.60	1.34	1.66	1.29	1.72	1.23	1.79
45	1.48	1.57	1.43	1.62	1.38	1.67	1.34	1.72	1.29	1.78
50	1.50	1.59	1.46	1.63	1.42	1.67	1.38	1.72	1.34	1.77
55	1.53	1.60	1.49	1.64	1.45	1.68	1.41	1.72	1.38	1.77
60	1.55	1.62	1.51	1.65	1.48	1.69	1.44	1.73	1.41	1.77
65	1.57	1.63	1.54	1.66	1.50	1.70	1.47	1.73	1.44	1.77
70	1.58	1.64	1.55	1.67	1.52	1.70	1.49	1.74	1.46	1.77
75	1.60	1.65	1.57	1.68	1.54	1.71	1.51	1.74	1.49	1.77
80	1.61	1.66	1.59	1.69	1.56	1.72	1.53	1.74	1.51	1.77
85	1.62	1.67	1.60	1.70	1.57	1.72	1.55	1.75	1.52	1.77
90	1.63	1.68	1.61	1.70	1.59	1.73	1.57	1.75	1.54	1.78
95	1.64	1.69	1.62	1.71	1.60	1.73	1.58	1.75	1.56	1.78
100	1.65	1.69	1.63	1.72	1.61	1.74	1.59	1.76	1.57	1.78

k=（定数項を除く）説明変数の個数，n=観測値個数．

付表 4.2　ダービン=ワトソン比の1%有意点（d_L と d_U）

n	$k=1$ d_L	$k=1$ d_U	$k=2$ d_L	$k=2$ d_U	$k=3$ d_L	$k=3$ d_U	$k=4$ d_L	$k=4$ d_U	$k=5$ d_L	$k=5$ d_U
15	0.81	1.07	0.70	1.25	0.59	1.46	0.49	1.70	0.39	1.96
16	0.84	1.09	0.74	1.25	0.63	1.44	0.53	1.66	0.44	1.90
17	0.87	1.10	0.77	1.25	0.67	1.43	0.57	1.63	0.48	1.85
18	0.90	1.12	0.80	1.26	0.71	1.42	0.61	1.60	0.52	1.80
19	0.93	1.13	0.83	1.26	0.74	1.41	0.65	1.58	0.56	1.77
20	0.95	1.15	0.86	1.27	0.77	1.41	0.68	1.57	0.60	1.74
21	0.97	1.16	0.89	1.27	0.80	1.41	0.72	1.55	0.63	1.71
22	1.00	1.17	0.91	1.28	0.83	1.40	0.75	1.54	0.66	1.69
23	1.02	1.19	0.94	1.29	0.86	1.40	0.77	1.53	0.70	1.67
24	1.04	1.20	0.96	1.30	0.88	1.41	0.80	1.53	0.72	1.66
25	1.05	1.21	0.98	1.30	0.90	1.41	0.83	1.52	0.75	1.65
26	1.07	1.22	1.00	1.31	0.93	1.41	0.85	1.52	0.78	1.64
27	1.09	1.23	1.02	1.32	0.95	1.41	0.88	1.51	0.81	1.63
28	1.10	1.24	1.04	1.32	0.97	1.41	0.90	1.51	0.83	1.62
29	1.12	1.25	1.05	1.33	0.99	1.42	0.92	1.51	0.85	1.61
30	1.13	1.26	1.07	1.34	1.01	1.42	0.94	1.51	0.88	1.61
31	1.15	1.27	1.08	1.34	1.02	1.42	0.96	1.51	0.90	1.60
32	1.16	1.28	1.10	1.35	1.04	1.43	0.98	1.51	0.92	1.60
33	1.17	1.29	1.11	1.36	1.05	1.43	1.00	1.51	0.94	1.59
34	1.18	1.30	1.13	1.36	1.07	1.43	1.01	1.51	0.95	1.59
35	1.19	1.31	1.14	1.37	1.08	1.44	1.03	1.51	0.97	1.59
36	1.21	1.32	1.15	1.38	1.10	1.44	1.04	1.51	0.99	1.59
37	1.22	1.32	1.16	1.38	1.11	1.45	1.06	1.51	1.00	1.59
38	1.23	1.33	1.18	1.39	1.12	1.45	1.07	1.52	1.02	1.58
39	1.24	1.34	1.19	1.39	1.14	1.45	1.09	1.52	1.03	1.58
40	1.25	1.34	1.20	1.40	1.15	1.46	1.10	1.52	1.05	1.58
45	1.29	1.38	1.24	1.42	1.20	1.48	1.16	1.53	1.11	1.58
50	1.32	1.40	1.28	1.45	1.24	1.49	1.20	1.54	1.16	1.59
55	1.36	1.43	1.32	1.47	1.28	1.51	1.25	1.55	1.21	1.59
60	1.38	1.45	1.35	1.48	1.32	1.52	1.28	1.56	1.25	1.60
65	1.41	1.47	1.38	1.50	1.35	1.53	1.31	1.57	1.28	1.61
70	1.43	1.49	1.40	1.52	1.37	1.55	1.34	1.58	1.31	1.61
75	1.45	1.50	1.42	1.53	1.39	1.56	1.37	1.59	1.34	1.62
80	1.47	1.52	1.44	1.54	1.42	1.57	1.39	1.60	1.36	1.62
85	1.48	1.53	1.46	1.55	1.43	1.58	1.41	1.60	1.39	1.63
90	1.50	1.54	1.47	1.56	1.45	1.59	1.43	1.61	1.41	1.64
95	1.51	1.55	1.49	1.57	1.47	1.60	1.45	1.62	1.42	1.64
100	1.52	1.56	1.50	1.58	1.48	1.60	1.46	1.63	1.44	1.65

k, n は付表 4.1 参照.

索　　引

ア　行

カ　行

サ　行

タ 行

ナ 行

ハ　行

マ　行

ヤ　行

ラ　行

ワ　行

著者略歴

佐和隆光（さわ たかみつ）

昭和 17 年　和歌山県に生まれる
昭和 40 年　東京大学経済学部卒業
昭和 44 年　京都大学助教授(経済研究所)となり，
　　　　　　現在教授　　経済学博士

統計ライブラリー
回 帰 分 析 (新装版)

定価はカバーに表示

1979 年 4 月 20 日　初 版第 1 刷
2020 年 1 月 5 日　新装版第 1 刷
2023 年 3 月 25 日　　　第 9 刷

著 者　佐 和 隆 光
発行者　朝 倉 誠 造
発行所　株式会社 朝 倉 書 店

東京都新宿区新小川町 6-29
郵 便 番 号　162-8707
電 話　03(3260)0141
FAX　03(3260)0180
https://www.asakura.co.jp

〈検印省略〉

中央印刷・渡辺製本

ISBN 978-4-254-12246-6　C 3341　　Printed in Japan